# イラストでわかる!
# 兵器メカニズム図鑑

坂本 明

SAKAMOTO AKIRA
*presents*

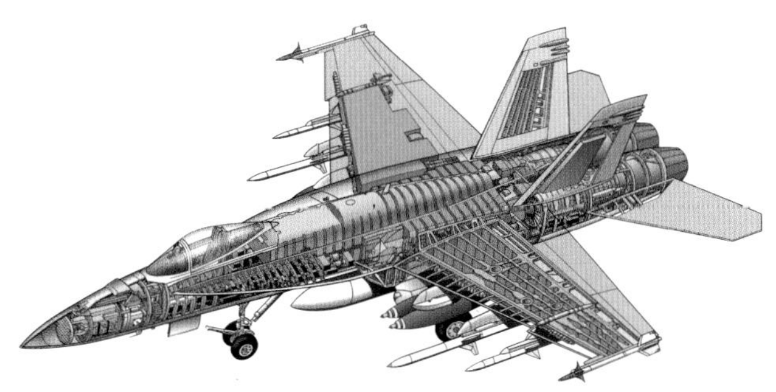

ONE PUBLISHING

近現代の戦争は〝兵器〟同士の激突であり、
それはすなわち科学技術（テクノロジー）の戦いであるといえる。
兵器を知ることは、
戦争を理解することにつながるのだ。
本書では、陸・海・空の戦闘空間（バトルスペース）で活躍する
世界各国の兵器の歴史、構造、運用を
イラストで徹底解説している。
本書が読者諸氏の戦争への
理解の契機となれば誠に幸いである――。

イラストでわかる!
# 兵器メカニズム図鑑

CONTENTS

## 兵器透視図解コレクション *Cutaway View of Weapons*

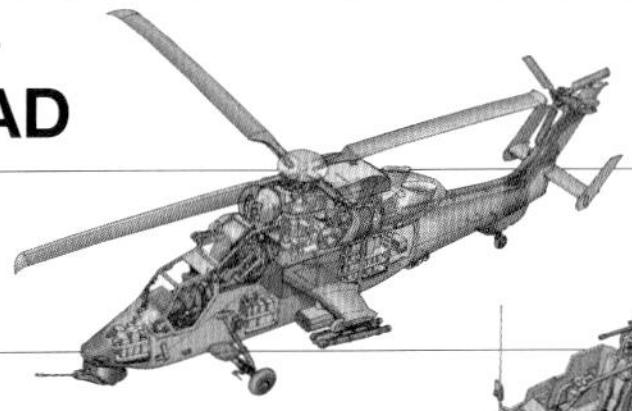

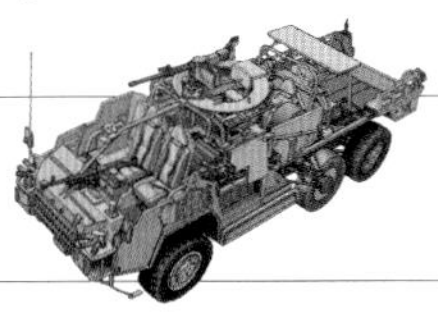

## ヴィジュアル解説 *Visual Explanations*

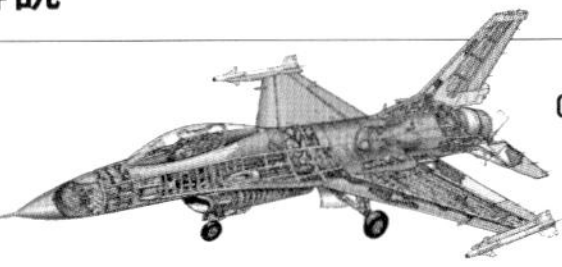

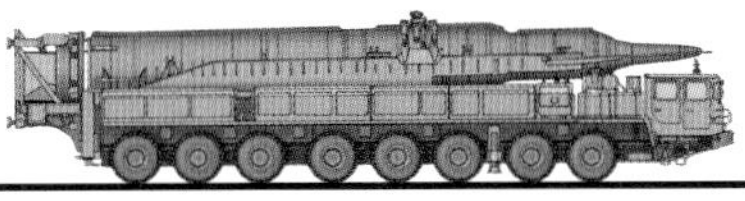

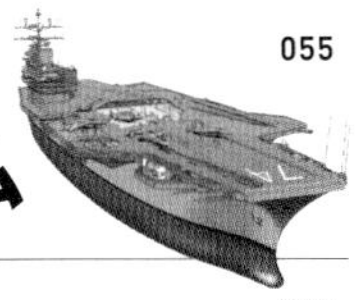

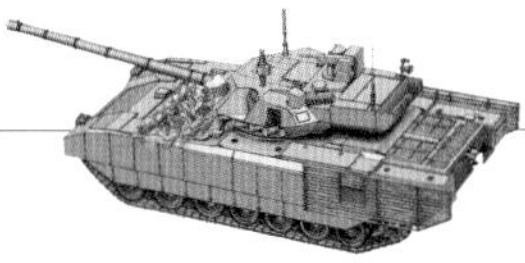

# アメリカ海軍 艦上戦闘攻撃機
# F/A-18 E/F スーパー・ホーネット

*US NAVY Carrier-based Multirole Fighter F/A-18 E/F SUPER HORNET*

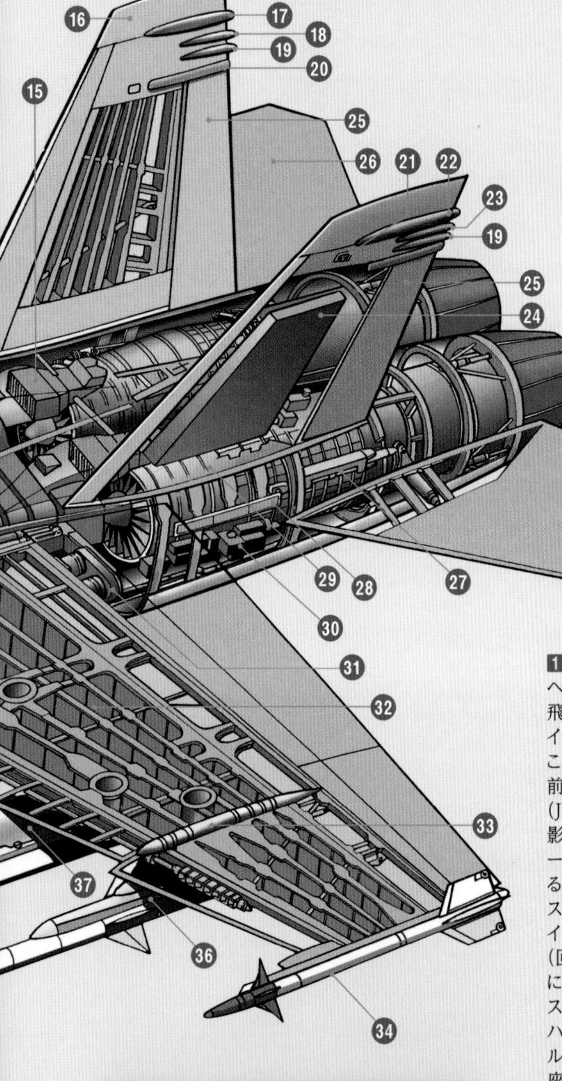

**SPECification**

（F/A-18E/F）
**全幅**：13.62m　**全長**：18.38m
**全高**：4.88m
**空虚重量**：14007kg
**最大離陸重量**：29938kg
**最大速度**：マッハ1.6（時速1958km）
**航続距離**：3054km
（AIM-9×2、480ガロン*増槽×5）

＊ガロン＝
1ガロンは3.785412ℓ。

## アメリカ海軍 戦闘攻撃機搭乗員

イラストは海軍や海兵隊で運用するF/A-18E/Fスーパー・ホーネットに搭乗するパイロット*の装備。複座のF型ではWSO*が後席に座るが、WSOはJHMCS*を装着していないHGU-68/Pヘルメットを被る。

＊パイロット＝アメリカ海軍では戦闘機搭乗員をnaval aviator（ネイバル・アビエーター）と呼称するが、ここでは便宜的にパイロットとする。 ＊WSO＝Weapon System Officer（操縦資格を持つ兵装士官） ＊JHMCS＝Joint Helmet Mounted Cueing System（ヘルメット装着型統合目標指定システム）

**1**JHMCS付きHGU-68/Pフライト・ヘルメット：JHMCS（ジェイヘミクス）は飛行情報や戦術情報をヘルメットのバイザー部に投影し、照準機能を持つ。これによりパイロットは、常に自分の眼前に必要な情報を表示できる（JHMCSは単眼式で右目側だけに投影される） **2**LPU-36ライフ・プリザーバー：水に浸かると自動的に展張する救命浮き輪 **3**ハイドレーション・システム（チューブ式給水システム）のバイト・バルブ：長時間の任務やフェリー（回航）などのフライトで水分補給のために携帯する **4**PCU-78統合型トルソ・ハーネス・サバイバル・ベスト：射出座席のパラシュート・ハーネスを接続するトルソ・ハーネスとサバイバル・ベストを一体化したもの **5**接続金具：射出座席のパラシュート・ハーネスを接続する **6**多目的ポーチ **7**フラッシュライト：ストリームライト社製のLEDライト。赤外線LED、点滅など5種類のモードがある **8**ラジオ・ポーチ：AN/PRC-112B1緊急用無線機（戦術ビーコンとGPS受信機の機能を持つ）を収納 **9**トルソ・ハーネス（パラシュート帯） **10**接続金具：射出座席のシートベルトと接続して体を座席に固定する **11**CSU-20/P耐Gスーツ **12**フライト・ブーツ：ウェルコ社製。金属製の先芯が入っており足先を保護する **13**ヘルメット・バッグ **14**フライト・グローブ **15**酸素マスク接続ホース：酸素マスクと機体の酸素供給口を連結する **16**RU-103/Pレギュレーター：海軍機や海兵隊機では高圧液体酸素を使用しているので、呼吸に適するように圧力調整を行う必要がある **17**MBU-24/P酸素マスク **18**CWU-27Pフライト・スーツ **19**ヘッドセット・コード

CFT（コンフォーマル・フューエル・タンク）は機体の下部ではなく胴体部に密着させて取り付ける増槽（増設燃料タンク）。F/A-18E/Fブロック3では作戦の行動半径を拡げるためCFTの採用が提案されている。写真の機体のコクピット後方の胴体上方の膨らんだ部分が装着されたCFT。

# 傑作艦上機F/A-18ホーネットを超える〝スーパー・ホーネット〟の攻撃能力とは?

アメリカ海軍の主力戦闘攻撃機として一九八三年から運用が開始されたF/A-18ホーネット*は、さまざまな改良を重ねて進化し続け、今日も現用機の座にある。高い飛行性と機動性を与えるハイブリッド翼*を持ち、また全天候戦闘攻撃機として開発され、多様な兵装を搭載して運用できるため機体重量は大きいが、搭乗員が一人で戦闘/攻撃任務をこなせるよう可能な限り電子化・自動化されている。

そのF/A-18の発展型マルチロール機として一九九九年から運用が始まったのが、F/A-18E(単座型)/F*(複座型)スーパー・ホーネット。主翼面積を二五パーセント増やすなど機体を大型化、エンジンおよびレーダーを始めとするアビオニクス*類を換装強化、JDAM*やJSOW*などのスタンドオフ兵器(敵の射程外から発射できる爆弾やミサイル)を使えるようにするなど、攻撃能力が大きく向上している。

F/A-18E/Fには初期型、現主力であるブロック2およびブロック2+のアップデート版、機体構造を強化してアビオニクス類などを刷新したブロック3、電子戦機に回収されたEA-18Gなどの機体がある。ブロック3は二〇二〇年六月に試作機がアメリカ海軍に納入され、現在テスト飛行中。

*F/A-18ホーネット=スーパー・ホーネットに対して、旧型(A ~ D型)のホーネットは「レガシー・ホーネット」と呼ばれることがある。　*ハイブリッド翼=主翼の付け根から主翼前縁につながるなだらかな形状を持つストレーキ(胴体側面のフィン)と、比較的アスペクト比(長方形における長辺と短辺の比率)が大きく、後退角の浅い直線翼にちかい主翼の組み合わせ。　*F(複座型)=複座型は訓練用だけでなく、作戦機としても使用される。　*アビオニクス(avionics)=航空機の飛行に使用される電子機器。　*JDAM=Joint Direct Attack Munition(統合直接攻撃弾)　*JSOW=Joint StandOff Weapon(統合スタンドオフ兵器/滑空式誘導爆弾)

## F/A-18E(単座型)スーパー・ホーネットの構造

❶機関砲発射口　❷コンフォーマル・アンテナ・システム(IFF*)　❸M61Aバルカン20ミリ機関砲　❹グラス・コクピット*化された操縦席:飛行情報を表示する多機能ディスプレイ、各種センサーの情報を統合するカラー・タッチパネル式の戦術情報表示装置などを装備。ブロック2からはJHMCS(ヘルメット装着型統合目標指定システム)を搭載。射出座席はマーティン・ベーカー MK14　❺アビオニクス:電子装置の更新によりAN/ASQ-228 ATFLIR*(発達型前方監視赤外線)ポッドが携行可能となり、運用できる兵装の種類が増加している　❻機体内燃料タンク:機体の大型化に合わせて大容量となった。　❼LEX*スポイラー・パネル:エア・ブレーキが廃止され左右のストレーキ上にスポイラー(揚力を減少させて減速させる動翼)を移設した　❽大型化した外部リーディング・エッジ・フラップ　❾主翼:C/Dに比べ25パーセントほど大型化。機動性が向上し、兵装搭載量と航続距離が増加している　❿エルロン操作装置　⓫エルロン(補助翼)　⓬翼内燃料タンク　⓭携帯数の増えたチャフ*/フレア*のカートリッジ　⓮後縁フラップ　⓯ECS*(環境制御システム):ラム・エア(外気)を吸気して機内の与圧と温度管理、アビオニクスの冷却を行う装置　⓰大型化された垂直尾翼　⓱ポジション・ライト　⓲ALQ-214電波妨害装置アンテナ　⓳ALQ-67レーダー警戒装置受信アンテナ　⓴燃料放出口　㉑衝突防止灯　㉒EWハイバンド・トランスミット・アンテナ　㉓EWローバンド・トランスミット・アンテナ　㉔垂直尾翼内燃料タンク　㉕大型化したラダー(方向舵)　㉖水平安定板(オールフライング・テール):面積を増加し、より堅固で簡素化が図られた　㉗水平安定板作動機構　㉘編隊灯　㉙ジェネラル・エレクトリックF414-GE-400ターボファン・エンジン　㉚機体取り付け補機　㉛燃料供給システム　㉜構造が簡素化された主翼　㉝主翼折り畳み機構　㉞機外兵装ステーション*1,11:翼端のAIM-9空対空ミサイル専用　㉟リーディング・エッジ・フラップ作動機構　㊱ステーション2,10:E/F型から増設された空対空、空対地ミサイル用　㊲ステーション3,9:空対空ミサイル、空対地用ミサイル用　㊳主脚　㊴リーディング・エッジ・フラップ　㊵ステーション4,8:空対空ミサイル、空対地ミサイル、爆弾、増槽用　㊶ステーション5,7:空対空ミサイル、センサー・ポッド用。AN/ASQ-228 ATFLIRを装着できる　㊷エア・インテイク:ステルス性をより向上させるために開口部が楕円形状から平行四辺形状に変更されている　㊸増槽:空対空ミサイル、センサー・ポッド類、増槽を胴体下に装備するステーション6に取り付けられている　㊹ストレーキ　㊺前脚　㊻AN/APG-73マルチモード・レーダー:ブロックⅡからはAN/APG-79AESA*(アクティブ電子走査アレイ)レーダーに換装。

*IFF=Identification Friend or Foe(敵味方識別装置)　*グラス・コクピット=操縦や戦闘に必要な情報を液晶ディスプレイなどのモニターに集約表示する方式のコクピット。　*ATFLIR=Advanced Targeting Forward-Looking Infra-Red　*LEX=Leading Edge eXtension　*チャフ=レーダー電波を欺瞞するためのパッシブ・デコイ(囮)。　*フレア=赤外線センサーを欺瞞するためのアクティブ・デコイ。　*ECS=Environmental Control System　*機外兵装ステーション=兵装類を吊り下げて搭載する取り付け部(ハードポイント)。　*AESA=Active Electronically Scanned Array

## フランス陸軍 攻撃ヘリコプター

# EC665ティーガーHAD

*French Army Attack Helicopter EC665 TIGER*

4e BACのインシグニア（徽章）

❶AM-30781 30ミリ機関砲 ❷複合材製ローター・ブレード（回転翼） ❸コクピット：タンデム（縦列複座）式で前席にパイロット（操縦士）、後席にコ・パイロット（副操縦士）兼兵装オペレーター ❹照準システム・ポッド：昼間TV、赤外線前方監視装置、レーザー測距装置、光学センサーで構成される照準システム ❺ローター回転面操作機構 ❻ローター・ブレード・ダンパー（振動減衰装置） ❼ヒンジレス・ローター・ヘッド：操縦性や安定性などが向上している ❽エンジン・ヘッドギア（エンジン出力伝達ギア） ❾MTR390ターボシャフト・エンジン：2基搭載で最大出力は1322キロワット ❿エンジン排気システム：ローブミキサー・イジェクターIRS*と呼ばれるシステムにより排気ガスの温度を下げて赤外線放出を抑止する ⓫テイル・ローター動力伝達シャフト ⓬テイル・ローター ⓭航法灯およびレーダー警戒装置 ⓮テイル・ローター・ギアボックス ⓯垂直安定板および水平安定板 ⓰中間ギアボックス ⓱テイル・ローター・コントロール・ロッド ⓲尾輪 ⓳チャフ／フレア・ディスペンサー ⓴アビオニクス類 ㉑トランスミッション（変速機構） ㉒スタブ・ウイング：兵装や増槽などを吊下するための小翼 ㉓ミストラル近距離空対空ミサイル ㉔22連装SNEB 68ミリ・ロケット弾ポッド ㉕メイン燃料タンク：トランスミッション下の胴体部分に2基装備 ㉖アビオニクス類 ㉗降着装置* ㉘複合材が多用された胴体：機体の80パーセントちかくがカーボン複合材、その他にはアルミニウムやチタンを使用 ㉙速度計測用ピトー管 ㉚アビオニクス類 ㉛ミサイル警報装置およびECM*（電波妨害装置）アンテナ

*IRS＝InfraRed System *降着装置＝航空機の機体を地上で支える車輪と緩衝装置。
*ECM＝Electronic Counter Measures

## ティーガー搭乗員の装備

（フランス陸軍戦闘ヘリコプター連隊）

フランス陸軍では第4航空戦闘旅団（4e BAC*）隷下の戦闘ヘリコプター連隊（第1および第5戦闘ヘリコプター連隊）でティーガーを運用している。イラストは陸軍航空隊を示すブルーのケピ帽を被り、フライト・スーツを着用した戦闘ヘリ搭乗員（大尉）。フライト・スーツの上にメッシュ生地のサバイバル・ジャケットを装着している。左腕に抱えているのはタレス社製のHMD機能が付いたヘルメット（HMDは装着式）。ディスプレイ装置はアメリカ海兵隊のAH-1Z攻撃ヘリ搭乗員用と共通のもの。

*4e BAC＝4e brigade d'aérocombat（陸軍唯一の戦闘ヘリコプター旅団で、主に空中機動を行う諸兵科連合旅団）

# ヨーロッパ初の本格的攻撃ヘリコプターの フランス陸軍仕様は、多用途性がウリだ！

ＥＣ６６５ティーガーは、ヨーロッパ初の本格的な攻撃ヘリコプターである。複合材が多用された大型の機体、グラス・コクピットの採用、ＨＭＤ*（ヘルメット装着式ディスプレイ）の導入、最新のアビオニクス類を搭載するなど、最新技術の粋を集めて開発された。ティーガーは一九八〇年代にフランスと西ドイツ（当時）の共同開発に始まり、一九九〇年代から開発・製造はユーロコプター社（現エアバス・ヘリコプターズ）が行っている。ＥＣ６６５は社内名称である。

フランス陸軍の運用するＨＡＰ*（空対空戦闘／近接航空支援仕様）およびＨＡＤ*（計画では対戦車戦闘仕様だったが、高温環境での運用に適したＨＡＰの能力向上型に変更）、ドイツ陸軍のＵＨＴ*（多用途攻撃型）、オーストラリア陸軍のＡＲＨ*（武装偵察ヘリコプター）など、採用国によって仕様は異なるが、基本的に機体構造は同じである。

*HMD=Helmet Mounted Display *HAP=Helicoptere d' Appui Protection *HAD=Helicoptere d'Appui Destruction *UHT=Unterstützunghubschrauber Tiger *ARH=Armed Reconnaissance Helicopter

ドイツ連邦陸軍のUHT。機首部の30ミリ機関砲はなく、固定武装を持たない。武装は20ミリ機関砲ポッドまたは12.7ミリ機関銃ポッド、PARS3 LR対戦車ミサイル、HOT3対戦車ミサイルなどをスタブ・ウィングに吊下する。

## ティーガー HADの構造

フランス陸軍では2012年からティーガー HAPを運用してきたが、2015年に能力向上型のティーガー HADにアップグレードすることを決定。2025年までに保有するHAP全機がHADに換装される予定。HADは対地火力支援、揚陸作戦、空対空戦闘、対戦車戦闘、護衛任務、強行偵察など多様なミッションに対応できる能力を持つ。地対空ミサイルの進化や無人機（ドローン）の発達により、攻撃ヘリは時代遅れともいわれているが、多用途性を高めることで生き残ろうとしているのだ。

# 大日本帝国海軍 戦艦『大和』

*Imperial Japanese Navy Battleship YAMATO*

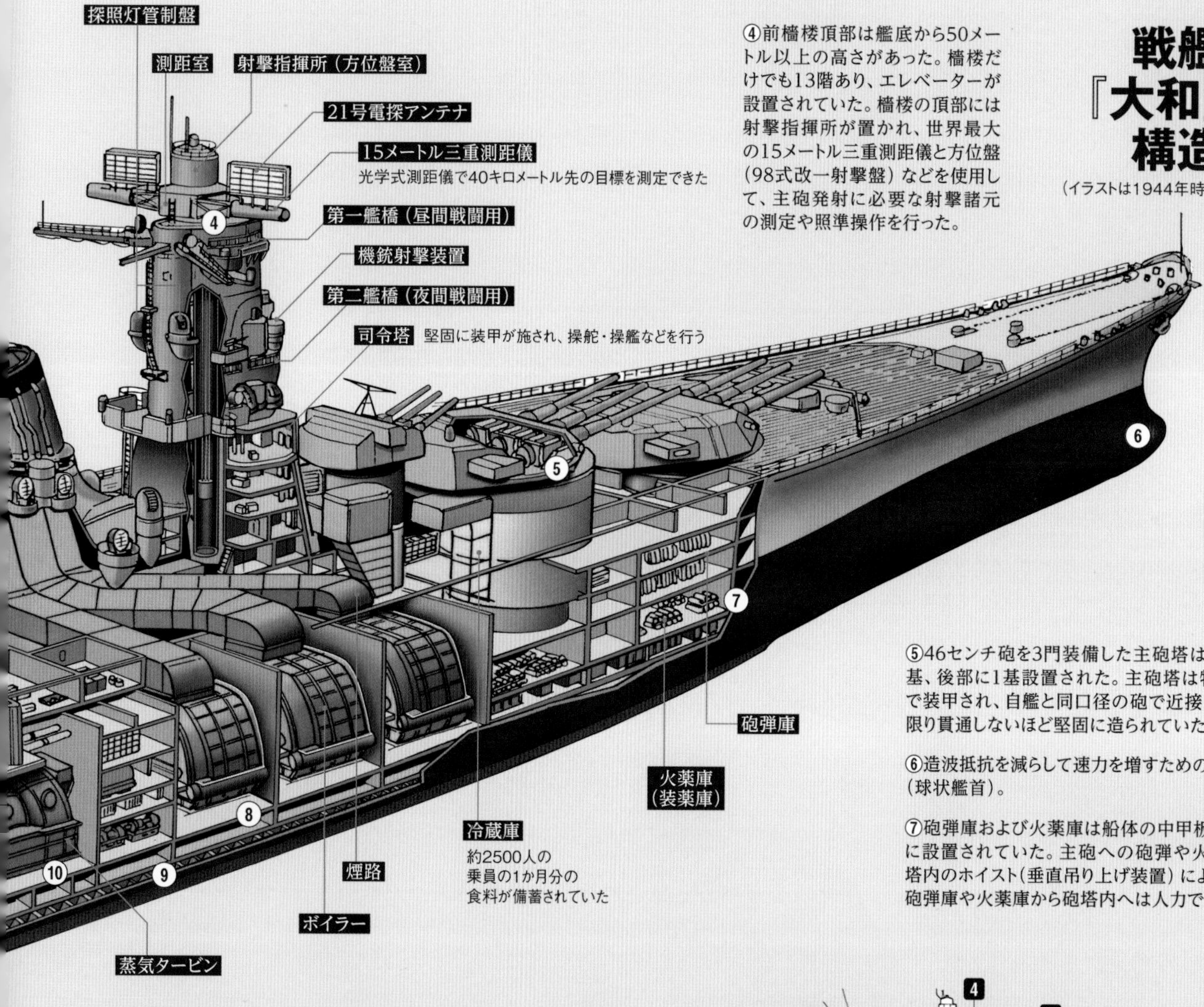

## 戦艦『大和』の構造

（イラストは1944年時で一部推定）

探照灯管制盤

測距室

射撃指揮所（方位盤室）

21号電探アンテナ

15メートル三重測距儀
光学式測距儀で40キロメートル先の目標を測定できた

第一艦橋（昼間戦闘用）

機銃射撃装置

第二艦橋（夜間戦闘用）

司令塔 堅固に装甲が施され、操舵・操艦などを行う

砲弾庫

火薬庫（装薬庫）

冷蔵庫
約2500人の乗員の1か月分の食料が備蓄されていた

煙路

ボイラー

蒸気タービン

④前檣楼頂部は艦底から50メートル以上の高さがあった。檣楼だけでも13階あり、エレベーターが設置されていた。檣楼の頂部には射撃指揮所が置かれ、世界最大の15メートル三重測距儀と方位盤（98式改一射撃盤）などを使用して、主砲発射に必要な射撃諸元の測定や照準操作を行った。

⑤46センチ砲を3門装備した主砲塔は、船体前部に2基、後部に1基設置された。主砲塔は特殊鋼VH甲鉄で装甲され、自艦と同口径の砲で近接して撃たれない限り貫通しないほど堅固に造られていた。

⑥造波抵抗を減らして速力を増すためのバルバス・バウ（球状艦首）。

⑦砲弾庫および火薬庫は船体の中甲板下の砲塔外側に設置されていた。主砲への砲弾や火薬の移動は砲塔内のホイスト（垂直吊り上げ装置）により行われたが、砲弾庫や火薬庫から砲塔内へは人力で運ばれた。

⑧12個の罐室（ボイラー室）は前檣楼直下に集中して置かれ（縦3個を4列に配置）、それぞれの罐の煙路を1本の煙突にまとめて排煙していた。

⑨第二次大戦時の軍艦は、敵の攻撃に2つの方法で対抗した。1つは厚い装甲や二重構造の船殻による直接防御、もう1つは艦内を多くの防水隔壁で区切り、被弾した際の浸水範囲を最小限に食い止める間接防御である。『大和』も同様の防御法が採られていた。なお、現代の軍艦は船体に装甲を施さず、複数の対空防御システムにより、ミサイルなどが命中する前に叩き落とす防御法となっている。

⑩蒸気タービン（艦本式*と呼ばれた高圧および低圧タービン）、減速機（減速ギア）、復水器（タービンを回転させた蒸気を水に戻して再びボイラーに送る装置。コンデンサーとも呼ばれる）が置かれた機械室。機械室は4室あり、回転軸により各タービンの回転をスクリューに伝達する。タービンの出力は15万3553馬力あった。

*艦本式タービン＝艦政本部（艦艇の計画・審査・建造・修理などを司った日本海軍の官庁）で開発された蒸気タービン。

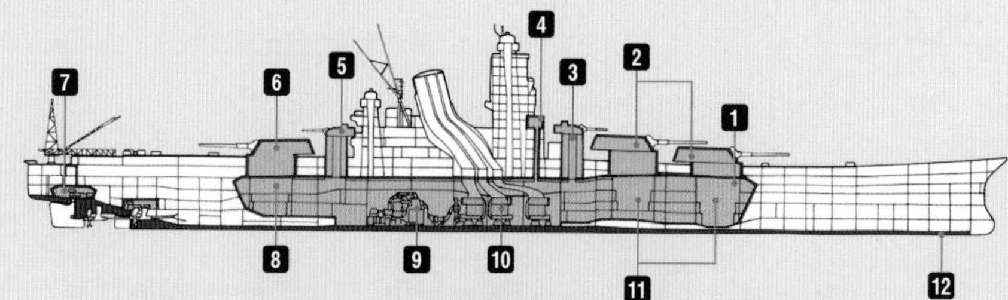


## 『大和』のバイタル・パート装甲法

浮力により船体を支える軍艦とはいえ、船体すべてを装甲で覆うことには限界がある。そのため機関部や弾薬庫や主砲塔といった重要区画（バイタル・パート）をできるだけ集約して、その部分に集中的に装甲を施すようにしていた。この集中防御方式は『大和』でも採用され、船体の中甲板以下を410ミリ、中甲板平面部を210ミリの装甲（MCN甲鉄）で覆っていた。バイタル・パートは同じ部分への魚雷3発の命中に耐え、46センチ砲弾が直撃しても貫通させない強度があった。

1バイタル・パート（グレーの部分） 2主砲塔 3副砲塔 4司令塔 5副砲塔 6主砲塔 7操舵室 8砲塔旋回部および火薬庫 9機械室（タービンおよび減速機） 10罐室（ボイラー） 11砲塔旋回部および火薬庫 12装甲（赤い部分）

# 日本の技術と経験を結集して建造した世界最大の戦艦『大和』の特徴とは？

第二次世界大戦開戦の直前まで、列強各国の海軍は「戦艦」が海軍の主力と認識しており、ビッグガン・レースとも呼ばれた主力艦の建艦競争が繰り広げられた。戦艦に搭載される主砲は、かつてのド級戦艦*の三〇・五センチ砲から三五・六センチ、三八センチと大型化していき、アメリカ海軍のアイオワ級は四〇・六センチ、日本海軍の大和型戦艦に至っては四六センチに達した。

大和型戦艦*は世界最大の戦艦であり、日本海軍が建造した最後の戦艦となった。全長二六三メートル、満載排水量七万二〇〇〇トン以上という巨大な船体ながら、中央部に檣楼（しょうろう）や煙突、指揮所や指揮装置などの構造物を配置し、動力源となる罐室も艦の中央に置くなどコンパクトにまとめる工夫が凝らされ、四六センチ砲という世界最大級の主砲（艦載砲）を搭載していた。

大和型戦艦は一番艦『大和』（一九四一年十二月就役）、二番艦『武蔵』（一九四二年八月就役）が建造されたが、両艦とも搭載した巨砲の威力を充分に発揮することなく、アメリカ海軍機の攻撃により撃沈された。

そして二十一世紀の現在、戦艦という艦種を運用する海軍は存在しない。

*ド級戦艦＝1906年に就役したイギリス海軍の戦艦『ドレッドノート』のこと。連装主砲塔を5基搭載し、蒸気タービン機関により高速航行が可能である本艦の出現は、従来の戦艦を一気に旧式化させた。日本では「弩級」と表記されることもある。　*大和型戦艦＝3番艦『信濃』は建造中に航空母艦に設計変更された。1944年11月の竣工わずか10日後にアメリカ海軍の潜水艦の魚雷攻撃により沈没した。

①『大和』には零式水上偵察機（観測を主任務とする3人乗りの単葉水上機。戦艦・空母・巡洋艦などに搭載された）と零式水上観測機（砲撃戦での着弾観測を主任務とする2人乗りの複葉水上機）が計7機搭載されていた。艦内からの出し入れには艦載機揚収クレーンを使用、格納庫には運搬車で搬入された。艦載機は艦尾に設置された2基の火薬式カタパルトで射出される。イラストのようにカタパルトは定位置が後ろ向きだが、射出時には風上に向けた。

②大和型戦艦は仮想敵国であったアメリカの戦艦を撃破するため、45口径*46センチ砲を搭載した。この砲は1460キログラムの砲弾（平頭型徹甲弾）を時速780キロメートルの初速度で発射し、最大射程は41.4キロメートルもあった。これはアメリカ戦艦の射程外から攻撃できる装甲を持つ距離であり、当時46センチ砲弾を防御できる他国の戦艦は存在しなかった。主砲塔は砲室（主砲と砲操作用の諸装置が置かれた）と、その下部構造（揚弾室および揚薬室）、それらを接続して旋回させる旋回盤で構成され、46センチ砲3門を装備した主砲塔は1基で2770トンの重量があった。なお、主砲発射時は砲口から伝わる爆風と衝撃が凄まじいため、艦上艦内にブザーを鳴らして乗組員に警告を発した。

③15.5センチ砲（最上型軽巡洋艦の主砲砲身を再利用）3門を装備した副砲塔。初期には船体前後と中央部両舷に計4基設置されていたが、改修により船体前後の2基が残された。

*45口径＝この場合の口径は砲身の長さ（口径長）。46センチ×45＝2070センチとなり、砲身の長さが20.7メートルであることを示す。

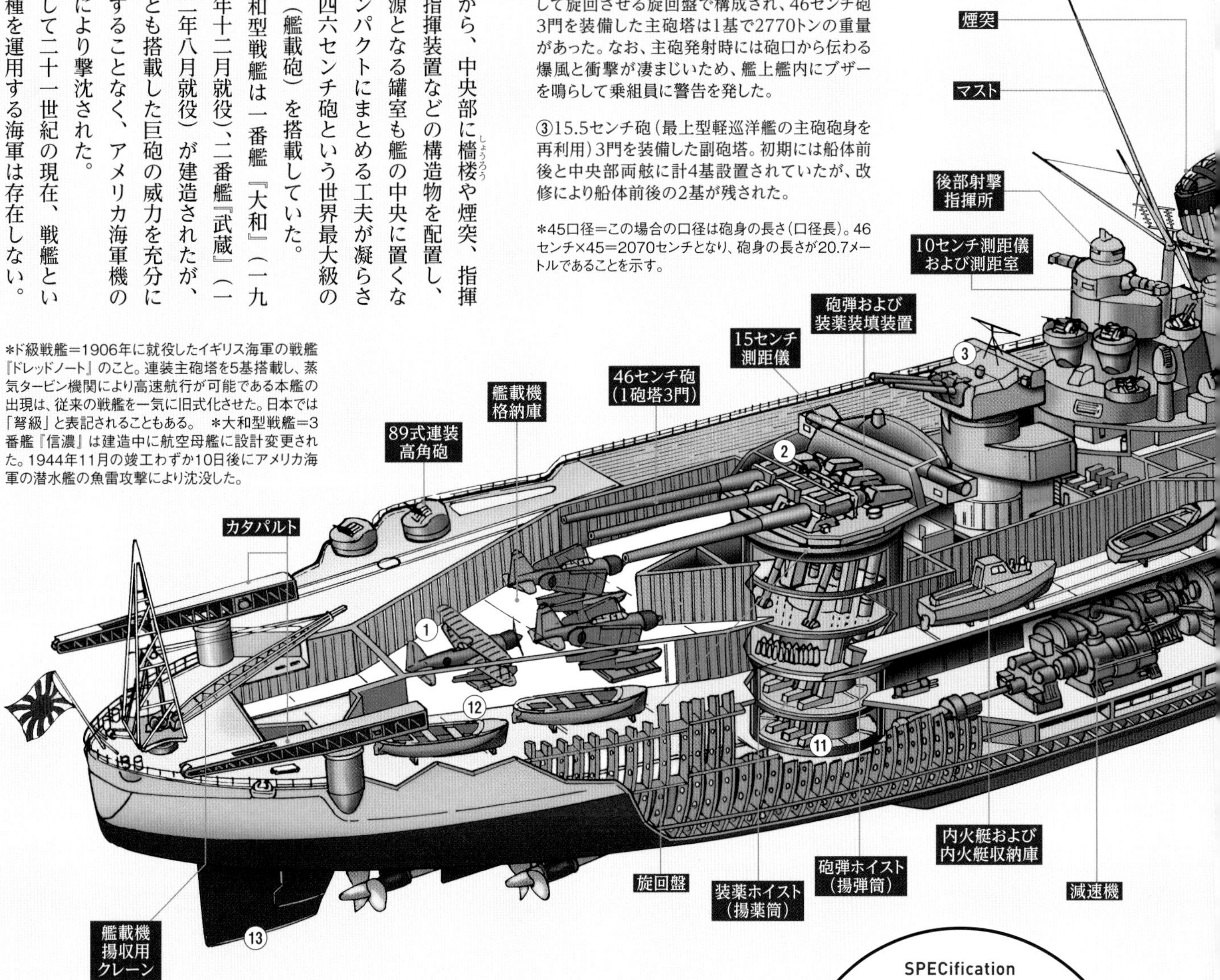

⑫内火艇*および艦載機は、主砲発射時の強烈な爆風と衝撃で破壊されないよう艦内に収容された。

⑬主・副2枚の舵。舵の損傷により行動不能とならないように副舵を装備したが、副舵のみではほとんど操艦できなかった。

*内火艇＝艦載艇（軍艦に搭載する小型ボート）の一種。

⑪砲塔旋回部分の内部は二段ずつの揚弾室と揚薬室があり、それぞれ砲弾と火薬を砲に送るホイスト装置があった。各室は砲塔が旋回した状態でも給弾作業が可能だった。ちなみに揚弾室には180発の砲弾（1砲塔あたり300発の割り当てのうち約3分の2）が置かれ、残りは砲弾庫で保管した。

**SPECification**

（戦艦『大和』）
**満載排水量***：72809t
**全長**：263m
**最大幅**：38.9m
**最大速力**：27.46ノット（時速約50km）
**航続距離**：16ノットで7200海里（13334km）
**乗員**：3332名（最終時）

*満載排水量＝乗組員・燃料・弾薬・水（蒸気機関で使用する予備罐水）など、すべてを搭載した状態での排水量。

## イギリス陸軍 戦術支援車

# コヨーテTSV

*British Army Tactical Support Vehicle COYOTE*

アフガニスタンで活動中のジャッカル。オープントップのように見えるが、乗員室は防弾装甲で覆われ、車体にはIEDや地雷から乗員を防護する装甲が施されている。12.7ミリ重機関銃、7.62ミリ汎用機関銃、40ミリ自動グレネード・ランチャーなどさまざまな兵器を搭載できる。乗員4名、最高速度時速130キロメートル、最大時速79キロメートルのオフロード速度を維持できる。

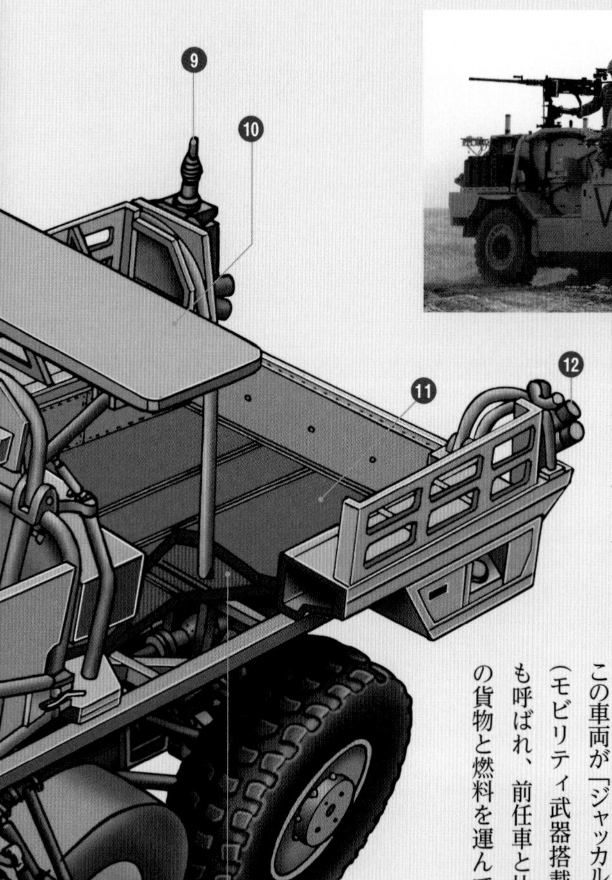


二〇〇七年七月、イギリス国防省はイラクとアフガニスタンにおける軍事活動の緊急作戦要件の下、それまで使用されていた武装型車両ランドローバー・ウルフとパトロール車両ランドローバー・スナッチに替わる新しい武装搭載パトロール車両の導入を発表した。この車両が「ジャッカル」で、MWMIK*（モビリティ武器搭載設置キット）とも呼ばれ、前任車と比較してより多くの貨物と燃料を運んで、より長い距離を活動できる。偵察、攻撃や防御戦闘、コンボイ（自動車の隊列）の護衛などの任務を行うための理想的なプラットフォームとして設計されている。

ジャッカルは車高を調節できるエア・サスペンション・システムを使った独立懸架、4×4全輪駆動で高いオフロード走行性能を持つ。このため地形による走行の制約が減り、この車両を運用する部隊は敵の待ち伏せや威力偵察の危険があるルートを回避できるようになった。現在は防御力を向上させた「ジャッカル2」が導入されている。

このジャッカル2の車体を延長して6×6仕様とした大型バージョンが「コヨーテTSV（戦術支援車）」である。ジャッカル2とコヨーテTSVは互いに補完するように設計されており、イギリス陸軍の偵察部隊の中核を担っている。

*MWMIK＝Mobility Weapon-Mounted Installation Kit

### イギリス軍歩兵の装備

イギリス軍では2016年から歩兵用の個人装備システム「Virtus（ヴィルトゥス）」を導入している。これはイラクやアフガニスタンでの戦闘経験を活かした装備で、ジャッカルやコヨーテに乗車する兵士も着用している。

**1**ヘルメット：ポリエチレン製で軽量。銃弾の直撃に耐えることはできないが、爆風や衝撃に対しては砕けることで頭部を保護する **2**防弾ガラス製ゴーグルおよびバイザー **3**スケーラブル・タクティカル・ベスト：ピン・クイック・リリース機構により負傷時に簡単に脱ぐことができるボディアーマー・ベスト。背面には背負った荷物が上体部にかける負荷を軽減する重量分散システムが組み込まれている **4**ハイドレーション・システム **5**ウエスト・ベルトおよびポーチ：ウエスト・ベルトはウェビング・テープでポーチ類を装着する方式。装着した装備類の重量をウエスト部全体に分散させて支える構造 **6**骨盤保護プロテクター **7**膝パッド **8**L85A2 アサルト・ライフル（レール・システム装備）

# 対テロ戦争の戦訓を活かして開発された装甲車両 ジャッカルとコヨーテとは?

## コヨーテTSVの構造

スパキャット社の設計・開発したHMT*600の6×6シャーシ、アリソン社製のトランスミッション、カミンズ社製のエンジン、フォックス・レーシング・ショックス社製のサスペンションおよびショック・アブソーバー、富士通とスマートゲージ・エレクトロニック社製の電子機器パッケージ、ジャンケル・アーマリング社の装甲や爆風減衰シートなどを組み合わせて生産されている。

❶無線機アンテナ ❷FN MAG*汎用機関銃 ❸ステアリング・ハンドル：トランスミッションは5速オートマティック式。 ❹無線機：ボウマン戦術無線通信システムを構成する車載型VHF無線機UK/VRC358および359、HF周波数ホイッピング無線機UK/PRC352など複数の無線機を搭載 ❺兵装取り付け架およびガン・リング武器サポート：取り付けた武器をリング状のマウントに沿って360度回転させて全方向に射撃できる ❻M2重機関銃* ❼ガナー（射手）席 ❽車内および無線交信用の通話装置 ❾無線機アンテナ ❿機材取り付け用プラットフォーム ⓫荷台 ⓬後部発煙弾発射機 ⓭HMT 400地雷爆風および弾道保護システム：IED*（即製爆発装置）や地雷に対抗するため車体上部の乗員室と荷台、車体下部の駆動装置収納部との間に装甲と爆風の衝撃を吸収するシートが施されている ⓮兵員席 ⓯予備タイヤ ⓰マルチリンク式サスペンション：上下に並んだアームにより形成されるサスペンションで、独立懸架方式のダブル・ウィッシュボーン式サスペンションの1つ ⓱動力伝達機構：絶対的な駆動力と踏破性の高さ、信頼性が要求されるため、機械的に前後軸を直結するセレクティブ式全輪駆動が使われている。このため後輪は2WDと4WDの走行が可能 ⓲昇降用ステップ ⓳エンジン室：カミンズ6.7L 6気筒ディーゼル・エンジンを横置きに搭載 ⓴補助席（前部射手席） ㉑装備収納ネット ㉒ドライバー席：ドライバー席を含めた各シートは対地雷防御が施された爆風緩和シートになっている ㉓ランフラット・タイヤ：パンクしても一定距離を走行できる ㉔昇降用ステップ ㉕スモーク・ディスチャージャー（発煙弾発射機） ㉖サンド・チャンネル：砂漠を走行中に砂にはまったとき、タイヤの下に敷いてグリップ力を増して脱出するための金属プレート

*HMT=High Mobility Transporter
*FN MAG=イギリス軍での制式名は L7A2 GPMG（汎用機関銃）。
*M2重機関銃=イギリス軍での制式名はL111A1。
*IED=Improvised Explosive Device

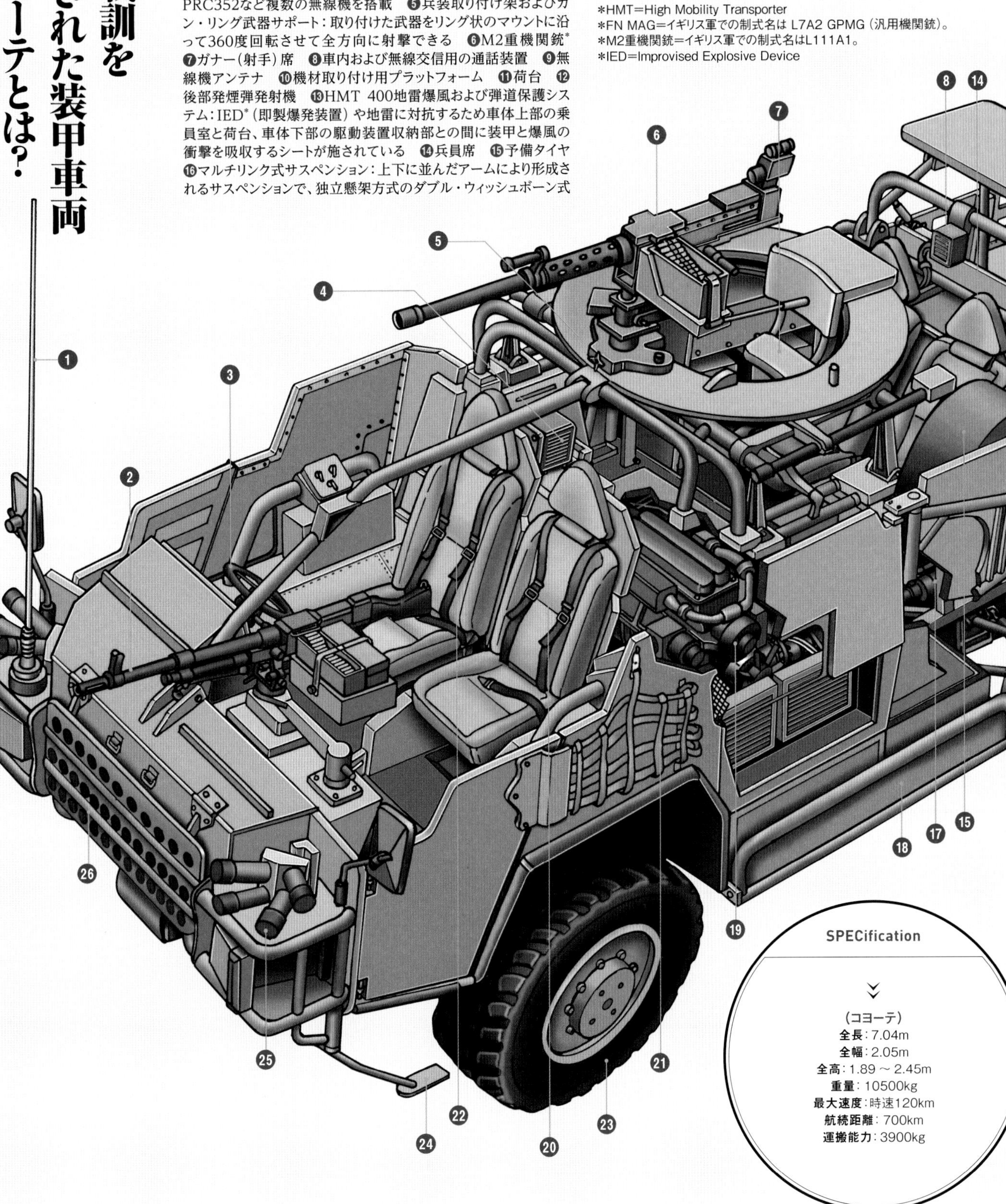


**SPECification**

（コヨーテ）
**全長**：7.04m
**全幅**：2.05m
**全高**：1.89 ～ 2.45m
**重量**：10500kg
**最大速度**：時速120km
**航続距離**：700km
**運搬能力**：3900kg

## アメリカ陸軍他 対物狙撃ライフル

# バレットM82
# & アキュラシー・インターナショナルAW50

*US ARMY and Others Anti-materiel Sniper Rifle Barrett M82 & Accuracy International AW50*

**SPECification**

(M82A1)
**口径**：12.7mm **全長**：1450mm
**銃身長**：736.7mm
**重量**：14000g
**装弾数**：10発
**有効射程**：1800m

1980年代に対物狙撃ライフルが各国の軍隊で使用され始めた頃、たとえ戦時下でも対物狙撃ライフルで人間を撃つことはハーグ陸戦条約*に抵触するのではないかと懸念された。しかし、実際には規制されることなく、イラクやアフガニスタンで人間の狙撃に使用された例がある。2017年6月には、カナダ軍特殊部隊のスナイパーが距離3540メートルでISIL（イスラム過激派組織）戦闘員を狙撃して、長距離狙撃の世界最長記録を更新している。このとき使用された対物狙撃ライフルが写真と同型銃のマクミランTAC-50（カナダ軍制式名称C15 LRSW*）であった。

**口径**：12.7mm **全長**：1448mm **銃身長**：737mm
**重量**：11800g **有効射程**：1800m

＊ハーグ陸戦条約＝1899年と1907年にオランダ・ハーグで開催された国際会議（万国平和会議）で採択された条約。第23条5項で不必要な苦痛を与える兵器の使用を禁止している。 ＊LRSW＝Long Range Sniper Weapon（長距離狙撃武器）

### 弾薬の大きさの比較（イラストは1／1サイズ）

①5.54×39mm弾：AK-74などで使用 ②5.56×45mm NATO弾：M16やG36、FA-MAS、89式小銃などのアサルト・ライフルで使用 ③7.62×39mmロシアン・ショート弾：AK-47シリーズやAKMなどのアサルト・ライフルで使用 ④7.62×51mm NATO弾：FN MAGなどの機関銃やM24などの狙撃銃で使用 ⑤12.7×99mm NATO弾：M2重機関銃およびM82やAW50など50口径の対物狙撃ライフルで使用。7.62×51mm弾に比べ、12.7×99mm弾は5倍の弾丸重量があり、カートリッジの発射薬の量も多い。そのため距離1000mを超えてもエネルギーを失うことなく充分な殺傷力と貫通力を持つ。それが対物狙撃ライフルの多用される理由だ。

# 対物狙撃ライフルは、対人狙撃ライフルとなにが違うのか?

## バレットM82A1の構造

アメリカのバレット・ファイアアームズ社が開発したM82は、セミオートマティック式(トリガーを1回引くごとに1発が発射される)で、作動方式はショート・リコイル(弾丸の発射時に発生する反動を利用して空薬莢の排莢と次弾の装塡を自動的に行う)。着脱式の大型マガジン(弾倉)には12.7×99ミリNATO弾が10発入る。バレットM82に代表される現代の対物狙撃ライフルは、強力な弾薬を使用しながらも反動を最小限に抑えて精密射撃ができるように作られており、射手1人で操作し、連続して発射できるなど大きく進化している。

M82が発射する12.7ミリ弾は、弾頭重量が700グレイン*(約45グラム)ほどもあり、秒速853メートルの銃口初速で撃ち出された弾丸のエネルギーは1万8942ジュール*にもなる。イラストはM82に小改造を加えた基本型のM82A1。このほかにブルパップ*(グリップとトリガーより後方に機関部や弾倉を配置する方式)化したM82A2、小型軽量化したM95、M99などの派生型が開発されている。

*グレイン(grain)=重さの単位。1ポンド(約0.454キログラム)の7000分の1。 *ジュール(joule)=エネルギー、仕事、熱量、電力量の単位。 *ブルパップ=この配置により銃身を短くせずに銃の全長を短縮できる利点がある。

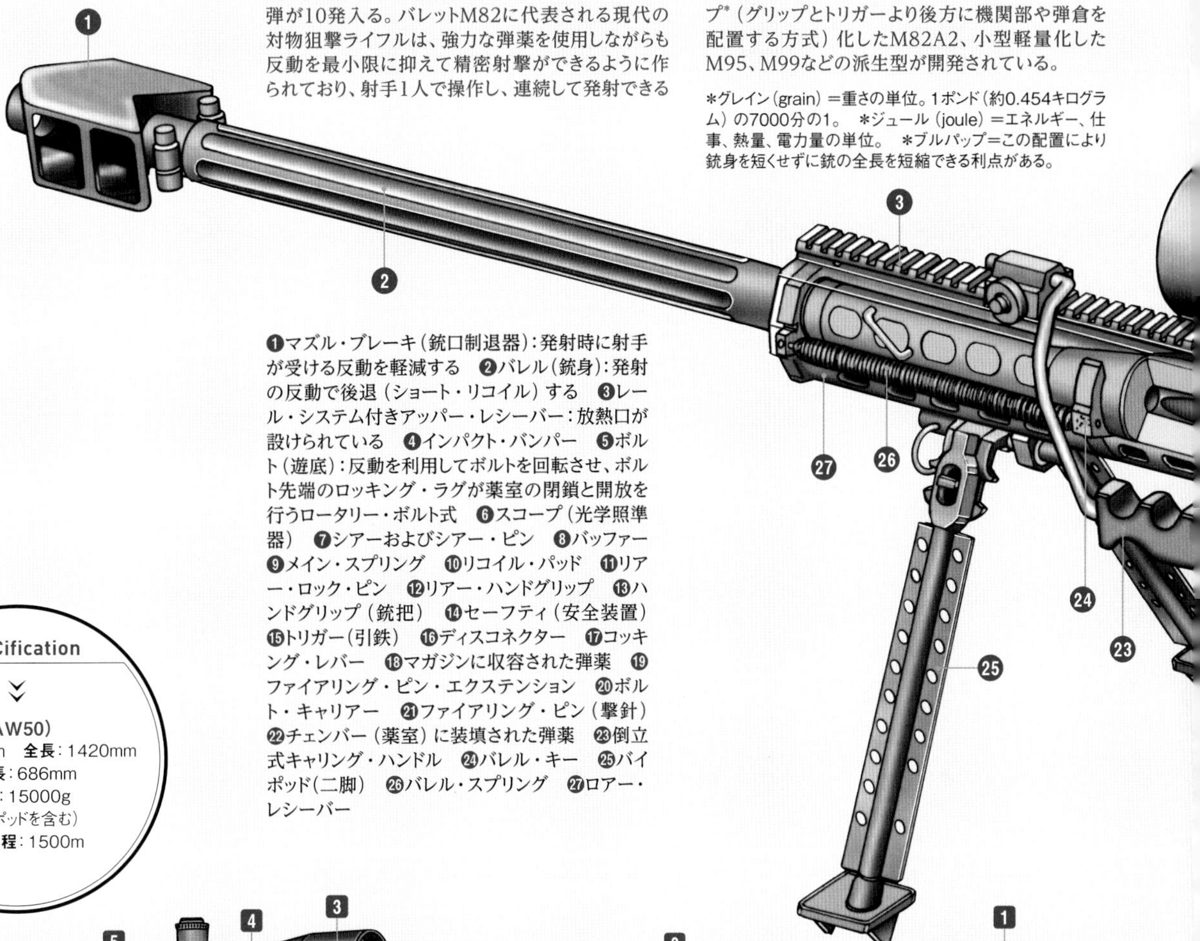

❶マズル・ブレーキ(銃口制退器):発射時に射手が受ける反動を軽減する ❷バレル(銃身):発射の反動で後退(ショート・リコイル)する ❸レール・システム付きアッパー・レシーバー:放熱口が設けられている ❹インパクト・バンパー ❺ボルト(遊底):反動を利用してボルトを回転させ、ボルト先端のロッキング・ラグが薬室の閉鎖と開放を行うロータリー・ボルト式 ❻スコープ(光学照準器) ❼シアーおよびシアー・ピン ❽バッファー ❾メイン・スプリング ❿リコイル・パッド ⓫リアー・ロック・ピン ⓬リアー・ハンドグリップ ⓭ハンドグリップ(銃把) ⓮セーフティ(安全装置) ⓯トリガー(引鉄) ⓰ディスコネクター ⓱コッキング・レバー ⓲マガジンに収容された弾薬 ⓳ファイアリング・ピン・エクステンション ⓴ボルト・キャリアー ㉑ファイアリング・ピン(撃針) ㉒チェンバー(薬室)に装塡された弾薬 ㉓倒立式キャリング・ハンドル ㉔バレル・キー ㉕バイポッド(二脚) ㉖バレル・スプリング ㉗ロアー・レシーバー

**SPECification**

(AW50)
口径:12.7mm 全長:1420mm
銃身長:686mm
重量:15000g
(バイポッドを含む)
有効射程:1500m

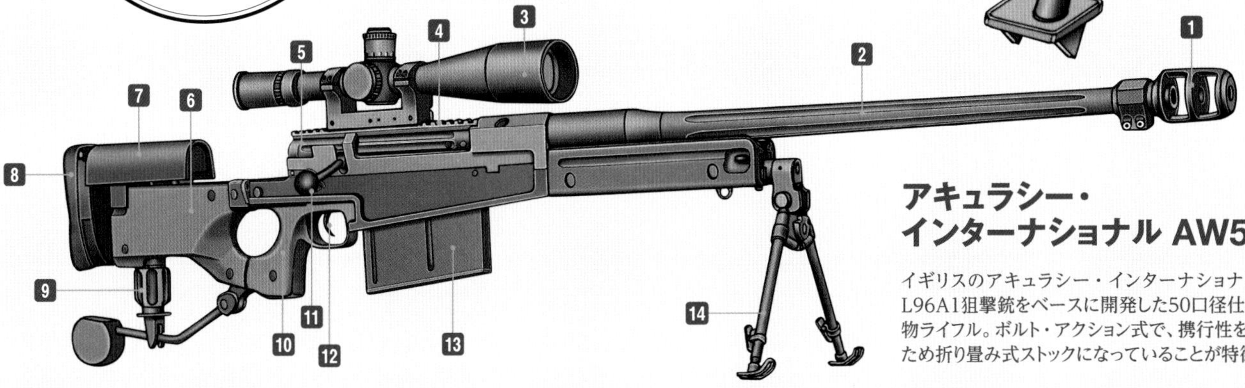

## アキュラシー・インターナショナル AW50

イギリスのアキュラシー・インターナショナル社がL96A1狙撃銃をベースに開発した50口径仕様の対物ライフル。ボルト・アクション式で、携行性を高めるため折り畳み式ストックになっていることが特徴。

1マズル・コンペセーター:発射時の銃口の跳ね上がりを軽減する 2ステンレス製フリー・フローティング構造のバレル 3スコープ 4ボルト:ボルト・ハンドルを手動で操作することでボルトが動いて弾薬の装塡・薬室の閉鎖・薬室の開放・空薬莢の排莢を行う 5セーフティ 6折り畳み式ストック(銃床) 7可動式チーク・ピース(頰あて) 8バット・プレート(肩あて) 9補助脚 10グリップ 11ボルト・ハンドル 12トリガー 13着脱式マガジン 14バイポッド

狙撃銃(スナイパー・ライフル)とは遠距離から目標を狙って撃つことに特化した小銃のことで、構造別にはボルト・アクション方式(弾薬の装塡と排莢を射手が一発ずつ手動で行う)とオートマティック方式(弾薬の装塡と排莢が自動で行われる)、用途別には対人用と対物用に分けられる。通常の対人狙撃ライフルは口径七・六二ミリ程度の弾薬を使うが、対物狙撃ライフル(アンチマテリアル・ライフル)の弾薬は口径一二・七ミリ(五〇口径*)以上とはるかに大きく強力だ。弾頭が大きいため、目的に応じて徹甲弾以外にも焼夷弾や徹甲炸裂弾なども使用できる。

バレットM82やアキュラシー・インターナショナルAW50の弾薬はブローニングM2重機関銃と同じ12・7×99ミリNATO弾*(50BMG)だが、精密な狙撃を行うため機関銃弾より精度の高い弾薬を使用する。さすがに現在の戦車の装甲は貫通できないが、一〇〇〇メートルの距離で軽装甲車両に対して有効な攻撃が可能だ。

*50口径=1インチ(25.4ミリ)の半分(0.50インチ=12.7ミリ)の口径を意味する。 *NATO弾=NATO(北大西洋条約機構)軍が定めた規格に基づいて製造された弾薬。

## アメリカ海兵隊 ティルトローター機

# MV-22オスプレイ

*US MARINE CORPS Tiltrotor aircraft MV-22 OSPREY*

回転翼機と固定翼機の利点を併せ持つ
オスプレイの構造の秘密に迫る！

## MV-22オスプレイのコクピット

MV-22のコクピットは多機能ディスプレイが並ぶグラス・コクピットになっている。並列複座で右側がパイロット、左側がコ・パイロット（ヘリコプターと同じ配置）。操縦は操縦桿、TCL*（推力コントロール・レバー）、ペダルの3つの操縦装置で行う。コクピットは*与圧化されているが、軍用機なので外部と大きな気圧差は取られておらず、高高度飛行時には酸素マスクが必要になる。貨物室は与圧化されていない。

*TCL＝Thrust Control Lever　*与圧＝気圧の低い高高度を飛行する航空機が、機体内部（操縦室や客室など）の気圧を外部より高く保つ（加圧する）こと。

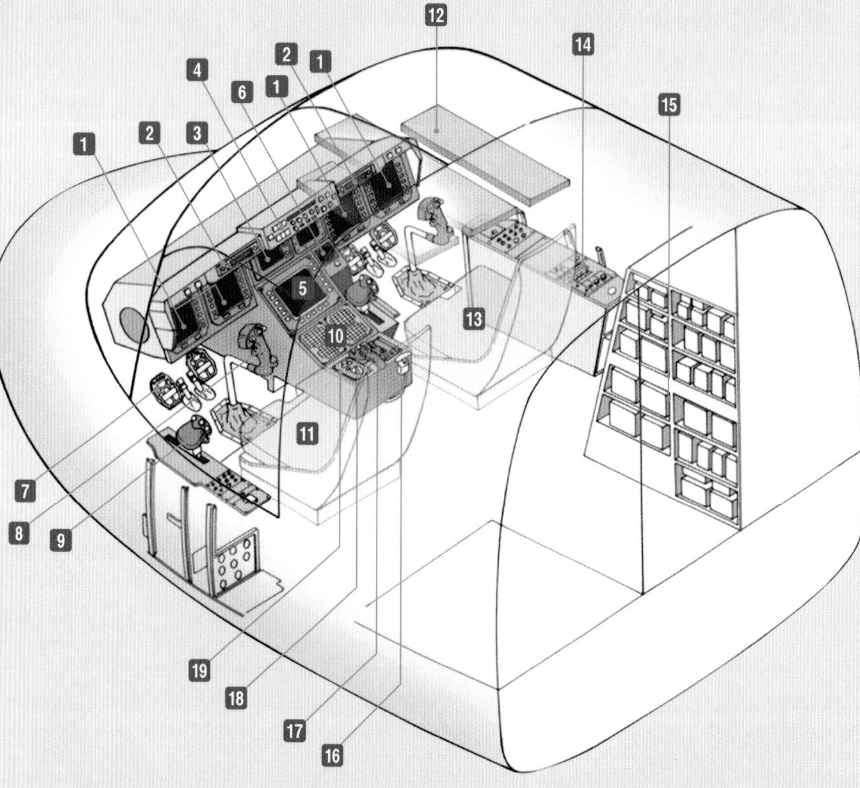

1多機能ディスプレイ：パイロットおよびコ・パイロット用に2基ずつ装備。飛行情報、航法情報、センサー画像などをカラー表示できる。各ディスプレイに表示される情報は入れ替えが可能　2遠隔周波数表示選択パネル（無線操作パネル）　3スタンバイ・フライト・ディスプレイ：バックアップ用の予備ディスプレイ　4フライト・ディレクター・パネル：選択した飛行経路に沿って飛行するために適切なピッチ角やバンク角などを計算。飛行経路に沿って飛行するようにオートパイロット（自動操縦装置）に指示を与える　5CDU/EICAS*ディスプレイ：エンジンや各航空機システムの概要を表示し、危険な状況になると警告を出してパイロットに知らせる　6旋回傾斜計　7ペダル：回転翼モードでは左右のローター回転面を差動させ、固定翼モードではラダーを動かしヨー*運動を制御する　8操縦桿：回転翼モードではサイクリック・コントロール・スティックとしてローター回転面を制御、固定翼モードではエレベータやフラッペロンを操作することで、機体のピッチ*およびロール*の運動を制御する　9TCL：回転翼モードではブレードのピッチおよびエンジン推力を変化させることで機体の上昇・降下を制御する。固定翼モードでは飛行速度を変化させる　10CDUへの情報入力用キーボード　11コ・パイロット席：耐G能力を備えた複合材製バケット・シート。エジェクション・シート（射出座席）ではない　12コクピット上部パネル：無線機、火災時の緊急消火装置、機体内外の照明装置の操作パネル　13パイロット席　14パイロット用サイド・パネル　15アビオニクス・ベイ：各種電子機器が集中配置されている　16パーキング・ブレーキ　17フラップ・コントロール・レバー：フラップの手動操作装置　18トラック・レバー　19降着装置操作レバー

*CDU/EICAS＝Control Display Unit/Engine Instrument Crew Alerting System　*ヨー＝ヨーイング。機体の上下の軸に対する回転のこと。　*ピッチ＝ピッチング。機体の左右の軸に対する回転のこと。　*ロール＝ローリング。機体の前後の軸に対する回転のこと。

## MV-22Bの構造

オスプレイは主翼の両端に3枚ブレードの大型ローター（プロップローター）とそれを駆動するターボシャフト・エンジンを収めたエンジン・ナセル*を備え、プロップローターは油圧機構によりエンジンごと上方から前方に向きを変えることができる。これにより発生する推力の方向を変化させて、垂直上昇（回転翼モード）から水平飛行（固定翼モード）に移行する。

*エンジン・ナセル＝エンジンや関連機器を格納する容器。

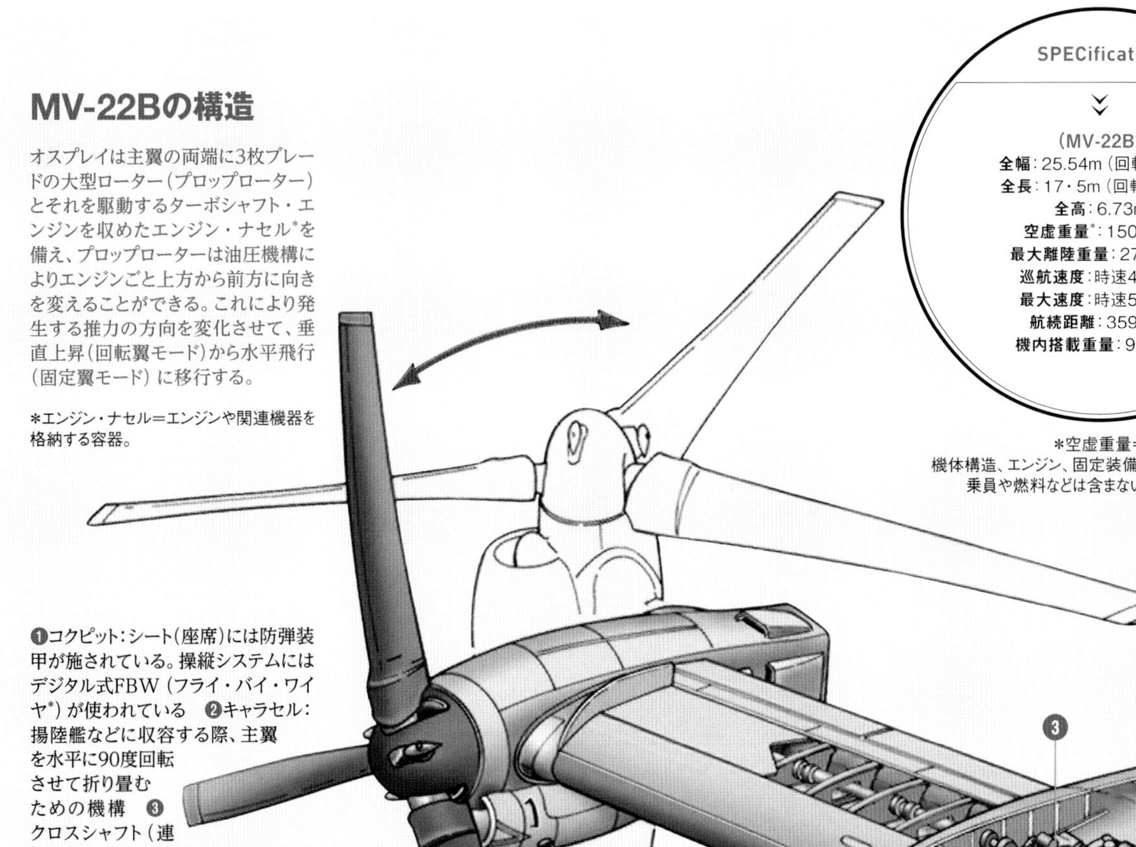

SPECification

（MV-22B）
**全幅**：25.54m（回転翼含む）
**全長**：17・5m（回転翼含む）
**全高**：6.73m
**空虚重量***：15032kg
**最大離陸重量**：27400kg
**巡航速度**：時速446km
**最大速度**：時速565km
**航続距離**：3590km
**機内搭載重量**：9072kg

*空虚重量＝
機体構造、エンジン、固定装備などの合計重量で、乗員や燃料などは含まない機体の自重。

❶コクピット：シート（座席）には防弾装甲が施されている。操縦システムにはデジタル式FBW（フライ・バイ・ワイヤ*）が使われている ❷キャラセル：揚陸艦などに収容する際、主翼を水平に90度回転させて折り畳むための機構 ❸クロスシャフト（連結駆動シャフト）：左右のエンジンとトランスミッションを連結しており、エンジン1基だけでも両翼端のローターを回転させられる ❹カーゴ・ドア開閉機構 ❺ラダー（方向舵） ❻エレベータ（昇降舵） ❼カーゴ・ドア ❽フラッペロン：固定翼モードではロール制御を行い、飛行状況により高揚力フラップとしても使われる。またラダーおよびエレベータは固定翼モードで使用する ❾翼/胴体内燃料タンク ❿ロールス・ロイス・アリソン社製T-406ターボシャフト・エンジンおよびトランスミッション ⓫ティルトローター（ローター直径11.61メートル） ⓬兵員シート（25席） ⓭電子装置 ⓮ミサイル警報装置（AN/AAR-47）およびレーダー警報装置（AN/APR-39A） ⓯赤外線前方監視装置（AN/AAQ-27A） ⓰空中給油プローブ

*フライ・バイ・ワイヤ＝操縦桿やペダルへの操作をセンサーが感知して電気信号に変換し、ワイヤ（電線）によって操縦翼面を動かすアクチュエータ（駆動装置）に伝える操縦制御システム。

ヘリコプター（回転翼機）は垂直離着陸や空中での停止（ホバリング）ができるが、速度が遅く航続距離も短い。一方、固定翼機は速度や航続距離は優れているが、離着陸には長い滑走路が必要で、ホバリングは不可能だ。

両者の利点を併せ持つ航空機として開発されたのがV-22*オスプレイだ。ローター（回転翼）の角度を変えられるティルトローター方式により、V-22はヘリのような垂直離着陸能力と固定翼機のような速度や航続距離を持つ。アメリカ海兵隊が運用するMV-22Bは、CH-53E大型輸送ヘリと比較して、巡航速度は約一・六倍、航続距離は約二倍となっている。本機を導入したことで、アメリカ海兵隊の揚陸作戦はより機動力と柔軟性が増したといわれる。

二〇〇五年の本格的な量産決定以降、アメリカ海兵隊ではMV-22は順次配備が進み、イラクの自由作戦や不朽の自由作戦で実戦投入され、高い評価を得てきた。海兵隊でMV-22Bを運用する飛行隊は、沖縄・普天間のVMM-262（第262海兵中型ティルトローター飛行隊）を始めとして一八個余りになる。

日本の陸上自衛隊でもV-22を導入し、島嶼防衛などを任務とする水陸機動団の「足」となる輸送航空隊が二〇二〇年三月に千葉県木更津駐屯地に編成されている。

*V-22＝アメリカ海兵隊向けはMV-22、同空軍向けはCV-22、同海軍向けはCMV-22の機体名称を持つ。愛称の「オスプレイ」は猛禽類（タカの一種）の「ミサゴ」の意味。

アメリカ海兵隊 ティルトローター機

# MV-22オスプレイ

*US MARINE CORPS Tiltrotor aircraft MV-22 OSPREY*

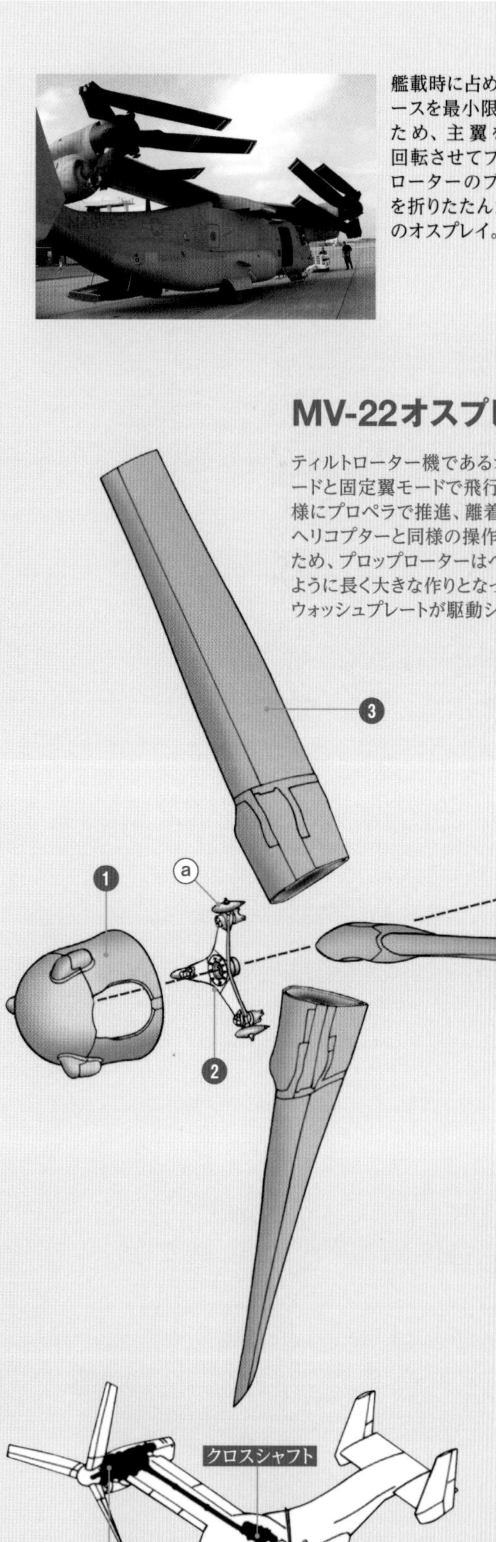


艦載時に占めるスペースを最小限にするため、主翼を90度回転させてプロップローターのブレードを折りたたんだ状態のオスプレイ。

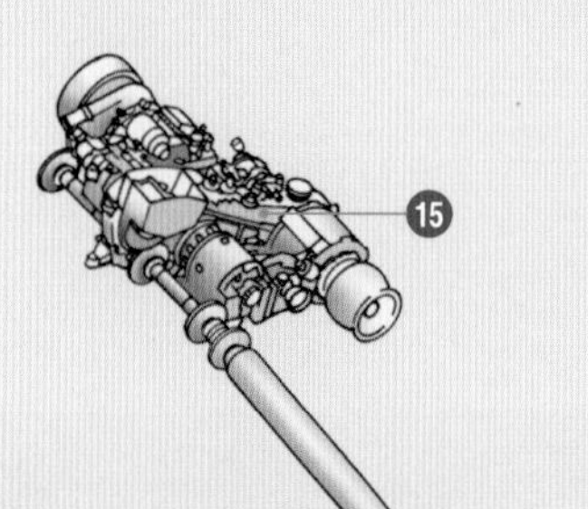


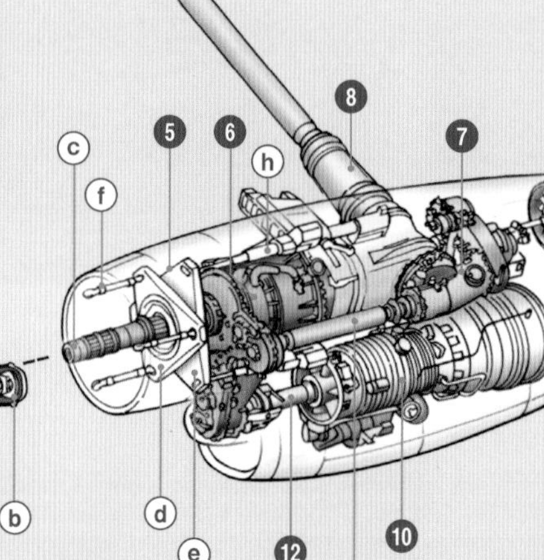

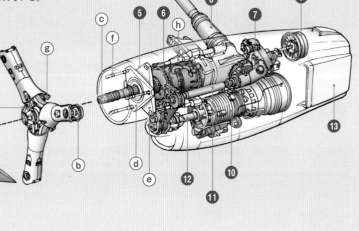

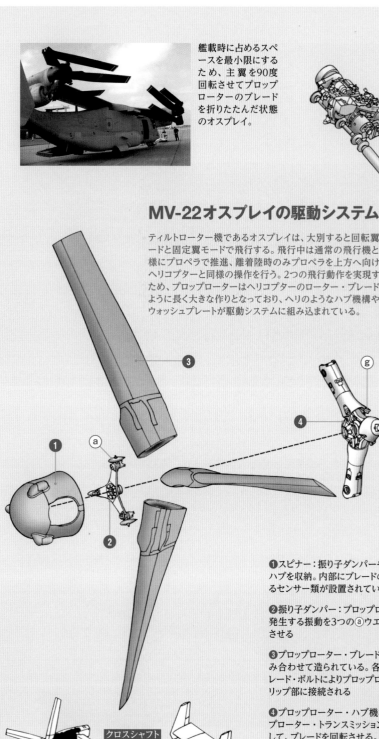

## MV-22オスプレイの駆動システム

ティルトローター機であるオスプレイは、大別すると回転翼モードと固定翼モードで飛行する。飛行中は通常の飛行機と同様にプロペラで推進、離着陸時のみプロペラを上方へ向けてヘリコプターと同様の操作を行う。2つの飛行動作を実現するため、プロップローターはヘリコプターのローター・ブレードのように長く大きな作りとなっており、ヘリのようなハブ機構やスウォッシュプレートが駆動システムに組み込まれている。

ティルトローター機では機体のピッチ、ロール、ヨーの3軸方向の動きを回転モードで実現するため、2つのローターの推力を制御する必要がある。また、エンジン1基が停止しても即座に墜落につながるので、これを防ぐため、エンジンおよびトランスミッションをクロスシャフトで連結し、1基のエンジンだけでも左右のローターを回転させられる。なお、左右のプロップローターはトルクを打ち消すため逆方向に回転する。

❶スピナー：振り子ダンパーやプロップローター・ハブを収納。内部にブレードの回転状況を監視するセンサー類が設置されている

❷振り子ダンパー：プロップローターの回転により発生する振動を3つのⓐウエイトが吸収して低減させる

❸プロップローター・ブレード：金属と複合材を組み合わせて造られている。各ブレードは鋼製のブレード・ボルトによりプロップローター・ハブのⓑグリップ部に接続される

❹プロップローター・ハブ機構：ブレードとプロップローター・トランスミッションのⓒ回転軸を結合して、ブレードを回転させる。回転翼モードではブレードにフラッピング、フェザリング、ドラッギングの回転翼に必須の3つの運動を行わせることで、回転速度を均一にするとともに回転面に生じる揚力の不均衡をなくす。またブレードとハブのヒンジ部分にはエストラマー・ベアリングを使用している

❺スウォッシュプレート部：ヘリコプターのスウォッシュプレートのようにⓓ回転部とⓔ非回転部で構成され、ローターの回転面およびピッチ角を制御する。ⓕピッチリンクとⓖハブのピッチホーンを接続することで、スウォッシュプレート回転部がハブと連結している。スウォッシュプレート非回転部は4基のⓗ油圧アクチュエータにより動きが制御され、非回転部の動きが回転部に伝達されることで、最終的にローター回転面やピッチ角が制御される。主に回転翼モードでローターを回転させるときに機能する

❻プロップローター・トランスミッション：エンジンの出力を調節するギアボックスの機能を果たし、プロップローター・ブレードを回したり、エンジン・ナセルを回転させたりする

❼ティルト軸ギアボックス：エンジン、プロップローター・トランスミッションなどを収納したエンジン・ナセルを飛行モードに応じて回転させる。ティルトローター機として機能するための要。またエンジンの一方が停止した場合は、可動するエンジンの余剰出力を連結駆動シャフトを介して停止した側へ送りプロップローターを回転させる。その際に連結駆動シャフトからの余剰出力をプロップローター・トランスミッションへ伝達する役割を担う

❽変換スピンドル

❾ナセル・ブロワー：冷却システム

❿ターボシャフト・エンジン：ロールス・ロイス・アリソンAE1107C：最大出力4586キロワット

⓫ティルト軸ギアボックス用ドライブシャフト

⓬エンジン出力取り出し用ドライブシャフト

⓭エンジン・ナセル：ナセル後部には排気ガスの赤外線を抑止する赤外線サプレッサーが内蔵されている

⓮クロスシャフト

⓯主翼内ギアボックス：1基のエンジンが停止した際に、可動するエンジンの余剰出力をクロスシャフトで分配したり、補機を可動させたりする

*Mission of Modern Jet fighters*

# ジェット戦闘機

## 現代の航空戦力の主力は どのように戦うのか

**第二次世界大戦末期に出現したジェット戦闘機は、レシプロ戦闘機時代とはまったく異なった兵器へと進化を遂げた。現代の戦闘機の戦い方とは!?**

### ジェット戦闘機の世代とは

図はアメリカ空軍の分類法に基づくもの。黎明期のジェット戦闘機を第1世代とし、2000年代に入ってから運用され始めたステルス戦闘機は第5世代となる。分類法によっては、日本のF-2、ヨーロッパのユーロファイター・タイフーン、ロシアのSu-35などの機体を第4.5世代とする場合もある。

**1st**
1945年〜1955年
**第1世代**
ターボジェット搭載
アメリカ：P-80、F-84、F-86、FH-1、FJ、F-3H、F-8H
ソ連：MiG-15、MiG-17

**2nd**
1955年〜1960年
**第2世代**
超音速飛行が可能
レーダー装備
初期の誘導式空対空ミサイルを運用
アメリカ：F-100、F-101、F-102、F-104、F-106
ソ連：MiG-19、MiG-21
中国：J-7

**3rd**
1960年〜1970年
**第3世代**
マルチロール機*A
改良型アビオニクスの装備
初期の精密誘導弾の運用が可能
アメリカ：F-111、F-4、F-5
ヨーロッパ：ミラージュF-1
ソ連：MiG-23、MiG-25、MiG-27、Su-17、Su-20、Su-27
中国：J-8

**4th**
1970年〜2000年
**第4世代**
高性能なアビオニクスを搭載
精密誘導弾の運用が可能
搭載レーダーの性能向上
操縦性の向上
アメリカ：F-14、F-15、F-16、F/A-18C/E/F、F-117
ヨーロッパ：ミラージュ2000、トーネード、ラファール、グリッペン、ユーロファイター・タイフーン
日本：F-2A/B
ソ連／ロシア：MiG-29、MiG-31、Su-27、Su-30、Su-33、Su-35
中国：J-9、J-10、FC-1

**5th**
2000年〜
**第5世代**
統合されたアビオニクスとセンサーの装備による情報の統合化
情報のネットワーク化
より速いスピードと機動性
昼夜間の低視認性
アメリカ：F-22、F-35A/B/C
ロシア：Su-57（開発中）
中国：J-20

＊A＝戦闘機としてだけでなく、攻撃や爆撃など多任務に使用できる機体のこと。

### ジェット化で変わった空中戦

ジェット・エンジンとは、吸気・圧縮・燃焼（膨張）・排気の四つの行程を連続的に行うガスタービン・エンジンの一種であり、外部から取り入れた空気と燃料の燃焼により高温高圧の噴流（ジェット）を発生させ、その反作用により推進力を得る機関だ。戦闘機に搭載されるジェット・エンジンには、構造の違いによりターボジェットとターボファンがあるが、今日では後者が主流となっている。

第二次大戦末期に最初の実用ジェット戦闘機Ｍｅ２６２が出現して以降、戦闘機はジェット機が一般的となったが、機動性の向上と飛行速度の高速化、さらにはＦＣＳ*1（火器管制装置）や搭載する武器の高性能化により、その戦い方はレシプロ戦闘機時代とは異なるものとなった。空中戦（主に戦闘機同士の戦闘）の交戦距離が大きくなり、互いを目視できない距離からミサイルを撃ち合って交戦が始まり、肉眼で敵機を見ないまま戦闘が終結することも多くなった。むしろ現在では、かつてのようなドッグ・ファイト*2（格闘戦）は極力避けられるようになっている。時間や燃料のムダ遣いであるし、多数機同士の戦闘となると撃墜される危険もあるからだ。とはいえ、最終的に敵機との交戦距離が詰まってドッグ・ファイトになる場合もありうるので、戦

＊1＝Fire Control System　＊2＝戦闘機同士の近接戦闘。相手を自分の機関砲や短射程ミサイルの射界に捉えようとしあって機動する空中戦のこと。敵機の後方につこうとする動きを、犬が尻尾を追いかけあう姿になぞらえてドッグ・ファイトと称する。

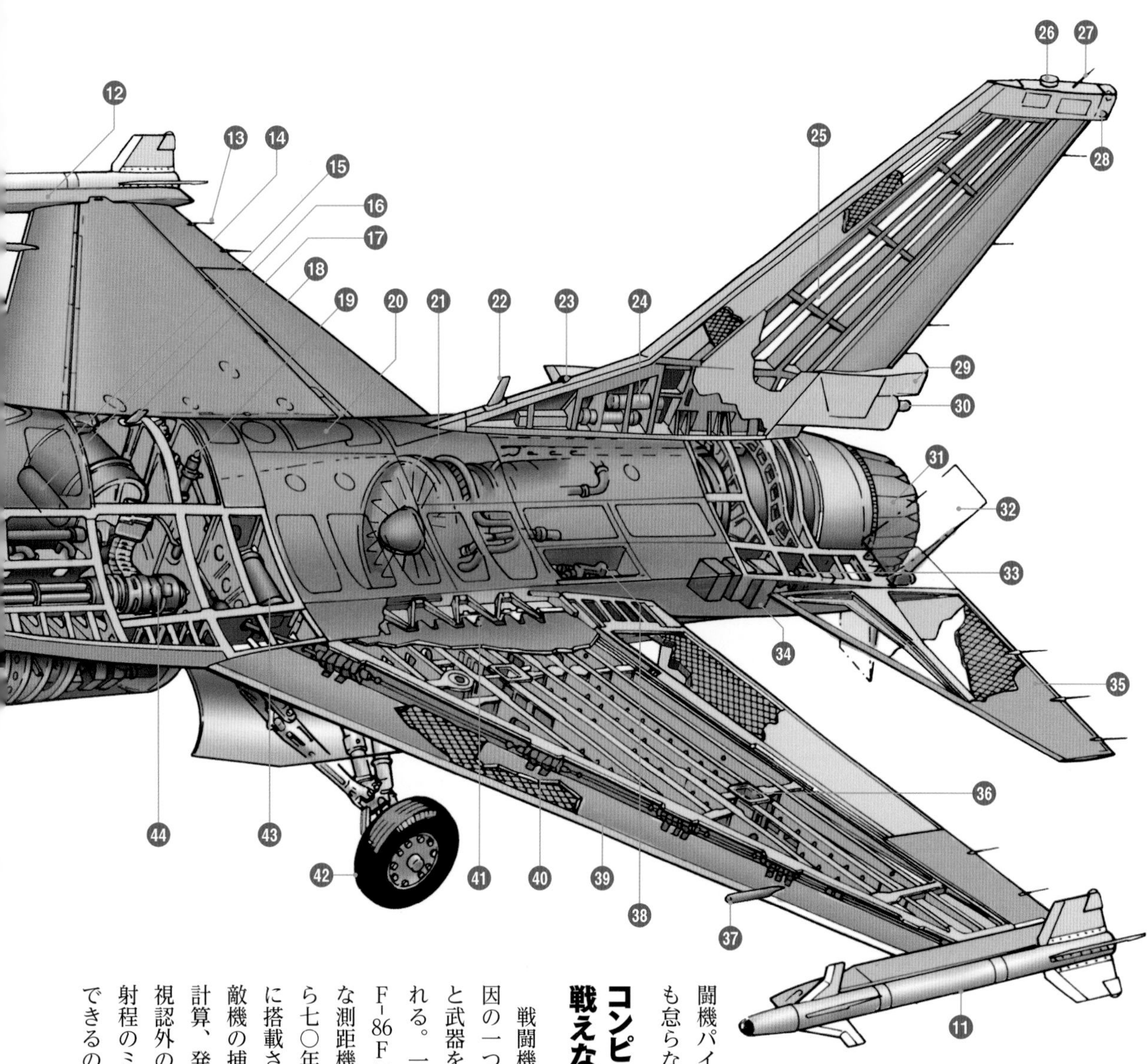


闘機パイロットたちはそのための訓練も怠らない。

## コンピュータなしでは戦えない

　戦闘機の能力を大きく向上させた要因の一つとして、レーダーと照準装置と武器を組み合わせたFCSが挙げられる。一九五〇年代に最初のFCSがF-86Fに搭載されたが、これは単純な測距機能を持つだけだった。それから七〇年ちかくが経ち、現代の戦闘機に搭載されているFCSは、索敵から敵機の捕捉、最適な武器の選択、弾道計算、発射のタイミング指示まで行う。視認外の距離であっても、中射程/長射程のミサイルを用いれば戦闘を実施できるのだ。

　また、FCSの「眼」となるレーダーも進化しており、ルックダウン能力を持つパルス・レーダーから、多数の小型アンテナで構成され、発信パターンや走査方向を変えることで多用途の運用が可能なアクティブ・フェーズド・アレイ・レーダーに更新されつつある。そして情報や状況の表示についても多数のアナログ計器を必要とせず、情報を集約していくつかのMFD*3(多機能ディスプレイ)に表示できるようになった。もう一つの表示装置であるHUD*4(ヘッド・アップ・ディスプレイ)もホログラフィー技術の発達により性能が向上しているが、近年ではHUDの機能をヘルメットに組み込んだHMD(ヘルメット搭載型ディスプレイ)の本格的な導入も始まっている。

　これらを可能としたのがデジタル技術とコンピュータの著しい発達だ。現

*3=Multi-Functional Display　*4=Head-Up Display

## ジェット戦闘機の構造はどうなっているのか

　数あるジェット戦闘機のなかでも、傑作機の1つがF-16ファイティング・ファルコンだろう。ジェネラル・ダイナミクス社*Bにより1970年代前半に設計開発された機体だが、FBW*C(フライ・バイ・ワイヤ)など革新的技術を取り入れ、主翼と胴体が一体化したブレンデッド・ウィング・ボディと、胴体下に設置されたエア・インテイク(空気取入口)が外形の特徴。A型に始まり派生型がE型まで開発され、4500機以上の生産数を誇る大ベストセラー機。27か国以上で運用されている。

*B=現在はロッキード・マーティン社製造となっている。　*C=Fly By Wireの頭文字。パイロットの操縦操作を電気信号に換え、電線(ワイヤ)で油圧式アクチュエータ(駆動装置)に伝えることで補助翼(エルロン)・昇降舵(エレベーター)・方向舵(ラダー)などを動かす装置。コンピュータを介在させることでパイロットの負担を軽減できるなど多くの利点がある。

## アメリカ空軍のF-16C内部図解（イラストはブロック40*Dに相当する機体）

①ピトー管 ②グラスファイバー・レドーム ③レーダー・アンテナ ④AN/APG-68Vパルス・ドップラー・レーダー ⑤コクピット圧カレギュレーター ⑥コクピット圧力安全弁 ⑦GEC広角型HUD（ヘッド・アップ・ディスプレイ） ⑧キャノピー・グラス ⑨ACEⅡゼロゼロ射出座席*E ⑩コクピット空調装置ダクト ⑪AIM-9Lサイドワインダー・ミサイル ⑫ミサイル・ランチャー ⑬放電索 ⑭後縁固定部 ⑮機関砲弾倉 ⑯EPU（緊急用タービン駆動装置ニトロゲン・ボトル） ⑰TACAN（戦術航法装置）アンテナ ⑱フラッペロン ⑲前縁フラップ駆動装置 ⑳空中給油用受油口 ㉑ジェネラル・エレクトリックF-110GE-100（または-129）アフターバーナー付きターボファン・エンジン ㉒VHF/IFFアンテナ ㉓冷却空気ラム・エア吸気口 ㉔飛行制御用アクチュエータ ㉕垂直安定板多桁構造 ㉖衝突防止灯 ㉗垂直安定板放電索 ㉘レーダー警戒アンテナ ㉙ECMアンテナ・フェアリング ㉚尾部衝突防止灯 ㉛アフターバーナー可変面積ノズル・フラップ ㉜スピード・ブレーキ ㉝水平安定板作動機構 ㉞チャフ／フレア・ディスペンサー ㉟水平安定板 ㊱主翼パネル多桁構造：翼内燃料タンクを兼ねる ㊲レーダー警戒装置 ㊳フラッペロン作動用アクチュエータ ㊴リーディング・エッジ・フラップ ㊵リーディング・エッジ・フラップ駆動シャフト機構 ㊶主翼取り付け構造部 ㊷主脚 ㊸滑油タンク ㊹M61バルカン砲 ㊺機関砲発射口およびガス抑制孔 ㊻後部アビオニクス室 ㊼胴体部衝突防止灯 ㊽前脚 ㊾エア・インテイク ㊿コクピット・サイドコンソール (51)ストレーキ (52)前部アビオニクス室 (53)機首部レーダー警戒装置 (54)AOA（迎え角）センサー

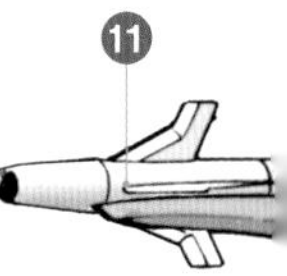

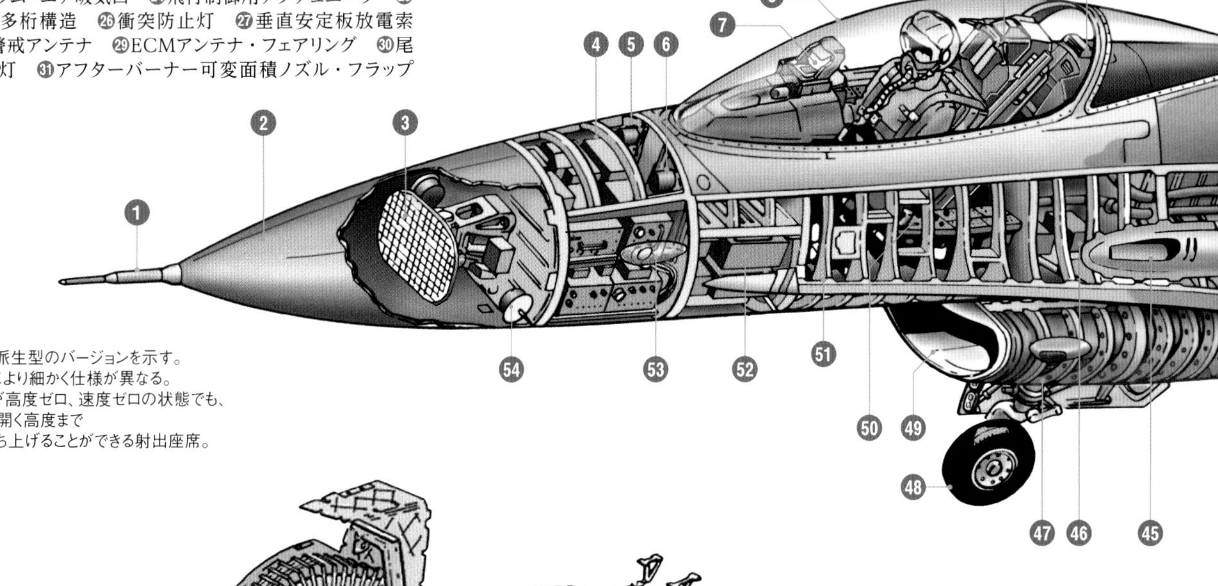

*D＝F-16の派生型のバージョンを示す。生産ブロックにより細かく仕様が異なる。
*E＝飛行機が高度ゼロ、速度ゼロの状態でも、パラシュートが開く高度までパイロットを打ち上げることができる射出座席。

## 戦闘機の武装

給弾機構
銃身
機関砲本体
弾倉

**M61A1 バルカン砲**

### 機関砲

敵機を目視できる距離での空中戦や地上攻撃に使用される固定武装。アメリカ製のジェット戦闘機に搭載されるM61バルカン砲は口径20mmのガトリング砲*Fで、6本の銃身を油圧で駆動させる。撃発は電気雷管で、発射速度を毎分4000発／6000発に切り替えられる。

*F＝複数の銃身を外部動力で回転させ、給弾・装填・発射・排莢のサイクルを繰り返して連射する機関砲。

## 空対空戦闘用ミサイルの種類と誘導方式

戦闘機同士の戦闘に使用される。通常、本体部分は目標を探知するシーカーおよび制御部、弾頭部、推進装置（ロケット・モーター）で構成され、本体の前後と中央の2か所に2～4枚の安定翼や姿勢制御翼が取り付けられている。

空対空ミサイルを距離で分類すると
◎長射程空対空ミサイル：最大射程150km以上（交戦距離50～150kmで使用）
◎中射程空対空ミサイル：最大射程50km程度（交戦距離10～50kmで使用）
◎短射程空対空ミサイル：最大射程10km程度（交戦距離1～10kmで使用）
となるが、近年のAIM-9Xなどは交戦距離1km以下でも使用できるという（本来1km以下では機関砲が使われる）。

これらのミサイルの誘導方式は、長射程、中射程空対空ミサイルはセミアクティブ・レーダー・ホーミング式およびアクティブ・レーダー・ホーミング式、短射程空対空ミサイルは赤外線ホーミング式が一般的である。

### セミアクティブ・レーダー・ホーミング式 AIM-7Fスパローが有名

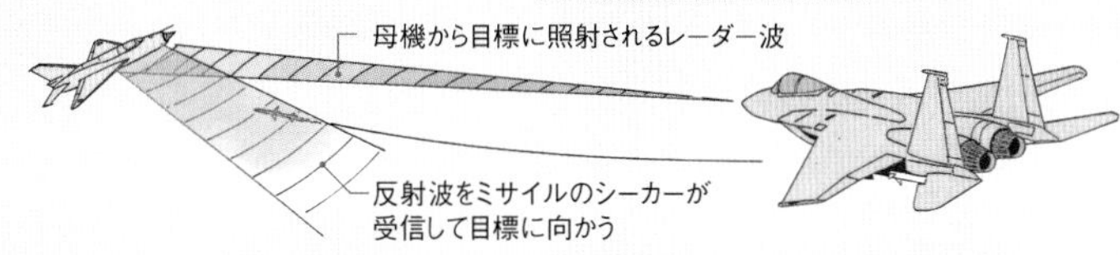


### アクティブ・レーダー・ホーミング式 AIM-120 AMRAAMが有名

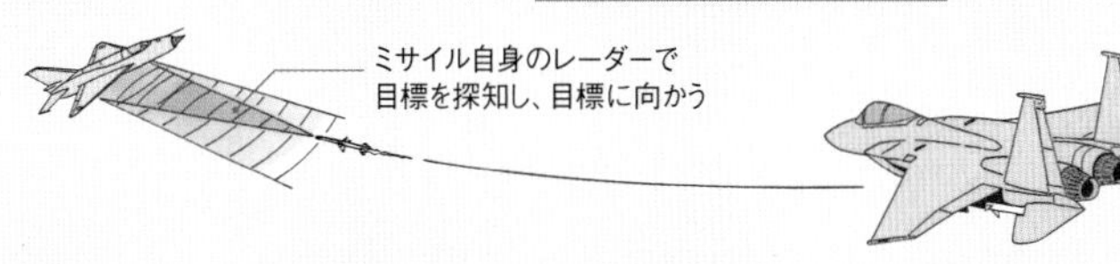


### 赤外線ホーミング式 AIM-9サイドワインダーが有名

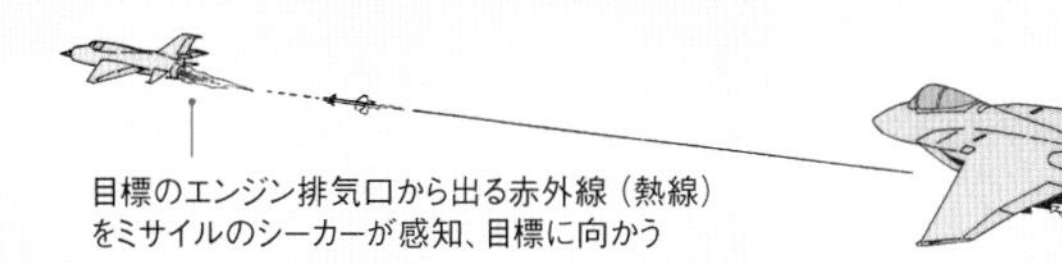

目標のエンジン排気口から出る赤外線（熱線）をミサイルのシーカーが感知、目標に向かう

在の戦闘機はアビオニクスや各種装置を統合化したシステムとなっており、レーダー操作やデータ処理、各種情報の表示や兵装コントロール、さらに機体の操縦まで、コンピュータにより自動制御されるようになっている。現代の戦闘機は単に敵機と戦うだけでなく、要求される任務も多様でパイロットの作業も複雑多岐にわたっているから、その負担を大幅に軽減できることは福音といえる。

　言い換えると、いまやコンピュータなしでは戦闘機は戦えないとさえいえるわけだ。

## F-16C（ブロック50）コクピット

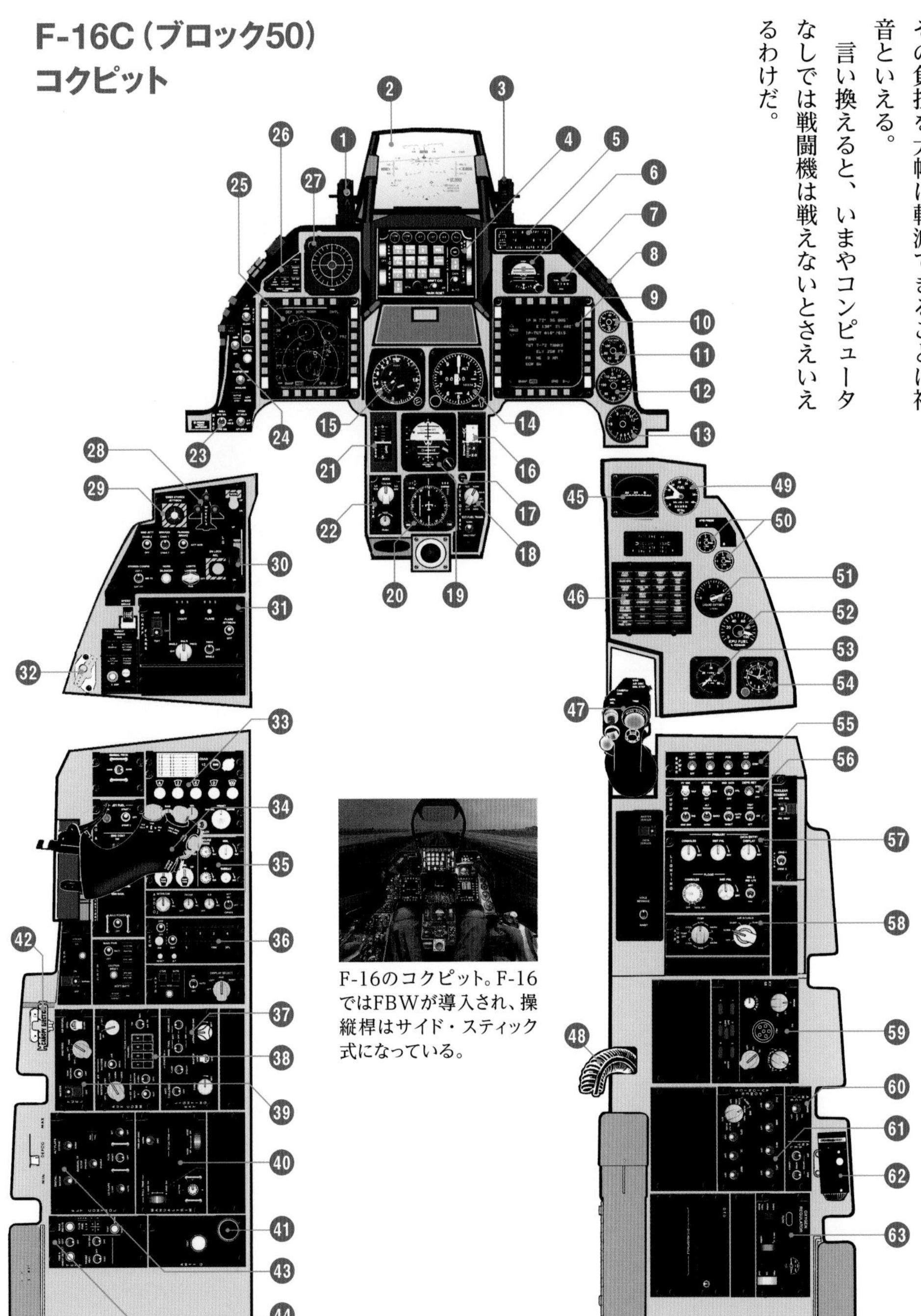

F-16のコクピット。F-16ではFBWが導入され、操縦桿はサイド・スティック式になっている。

❶AOA*J（迎え角）指示インデックス ❷HUD ❸AR（空中給油）状況／NWS（前脚作動表示）計 ❹アップ・フロント・パネル ❺データ入力ディスプレイ ❻予備ADI（姿勢指示装置） ❼燃料流量計 ❽エンジン関係警告灯 ❾CMFD ❿燃料圧力計 ⓫NOZ/POS（ノズル位置）計 ⓬RPM（エンジン回転）計 ⓭FTIT（ファンタービン入口温度）計：排気ガス温度はエンジン推力に比例するので推力の状況がわかる ⓮高度計 ⓯大気速度／マッハ計 ⓰昇降計 ⓱MRK/BCN（マーカー・ビーコン）ライト ⓲燃料計調節ノブ ⓳ADI（姿勢表示器） ⓴HSI（水平状況表示装置） ㉑AOA指示計 ㉒ナビゲーション選択制御パネル ㉓オートパイロット（自動飛行制御システム）・スイッチ ㉔兵装制御パネル ㉕CMFD ㉖RWR（レーダー警戒装置）操作パネル ㉗RWR方位表示装置 ㉘脚位置ライト ㉙緊急兵装投下スイッチ ㉚ランディング・ギア昇降ハンドル ㉛電子戦システム（チャフやフレアなど）の制御パネル ㉜緊急用降着装置伸張ハンドル ㉝UHFバックアップ制御パネル ㉞HOTAS機能付きスロットル ㉟オーディオ（ガンカメラやディスプレイ装置の録画や録音など）制御パネル ㊱ECM（電子対抗手段）制御パネル ㊲外部ライト制御パネル ㊳AUX COMM（補助通信）パネル ㊴燃料制御パネル ㊵マニュアル・トリム制御パネル ㊶耐Gスーツ・ホース接合部パネル ㊷キャノピー投棄ハンドル ㊸FLT制御パネル：CCV*K（運動能力向上機）制御モード・パネル ㊹スイッチ類テスト・パネル ㊺磁気コンパス ㊻警告灯パネル ㊼HOTAS機能付き操縦桿 ㊽酸素マスク・ホース接続部 ㊾燃料残量計 ㊿滑油圧力計 (51)液体酸素計 (52)EPU（非常用電源ユニット）燃料計 (53)コクピット気圧計 (54)時計 (55)センサー電力制御パネル (56)UHD制御パネル (57)機内照明制御パネル (58)環境（コクピット内の温度や圧力など）制御パネル (59)電装ソケットおよび制御パネル (60)エンジン防氷スイッチ (61)アビオニクス類電源パネル (62)ライト (63)酸素供給レギュレーター・パネル

*J=Angle Of Attack　*K=Control Configured Vehicle

## ジェット戦闘機のコクピット

現在の戦闘機のコクピットはアナログ計器*Gを用いず、各種情報をCMFD*H（カラー多機能ディスプレイ）に集約して表示するグラス・コクピットとなっている。これは計器盤に並ぶTV画面のような装置で、飛行情報や戦術情報、レーダーのプライマリー・ディスプレイ（戦場を地図のように水平面で表し、その上にレーダーの敵味方情報を重ねられる）などを表示する。HUD（ヘッド・アップ・ディスプレイ）はレーダー情報や兵装コントロール、飛行情報を記号や数字でパイロットの視線前方に投影する装置。また、スティック（操縦桿）やスロットルにレーダーや兵装のスイッチ類をまとめて配置するHOTAS*Iも導入されている。なお、戦場における敵や味方の状況をデジタル無線によりやり取りするデータリンク・システムの搭載は当然のこととなっている。現代の戦闘機の任務は多用かつ増大しており、こうした装置によりパイロットの負担軽減を図っているのだ。

*G=バックアップ用に機械式のアナログ計器を残している機体もある。*H=Color Multi-Function Displayの頭文字。*I=Hands On Throttle And Stickの頭文字。HUDと組み合わせることで、パイロットは正面から視線を移すことなく飛行作業や戦闘に集中できる。

# 戦闘機パイロットの装備

パイロットはさまざまな装備を着用して飛行任務に就く。いずれも高いG（加速度）や航空病などの負荷からパイロットの身体を防護し、緊急時にはできる限り安全に機体から脱出できるようにするためのものだ。イラストはアメリカ空軍パイロットの現用装備で、HMD（ヘルメット・マウンテッド・ディスプレイ）を装着したヘルメットが特徴。HMDは現代の戦闘機パイロットに欠かせない装備となりつつある。

❶HGU-55/Pヘルメット：高いGがかかったときヘルメット内部の気嚢（きのう）に空気を送って頭部を圧迫することで、脳への血流量を一定に保つコンバット・エッジ機能を持つ　ⓐスコーピオン・ヘルメット・マウンテッド・ディスプレイ：タレス社が開発した新型のヘルメット・キューイング・システム。着用者の右目部分に設置されたⓑコンバイナーにシンボル化された敵や味方などの戦術情報がカラーで投影でき、照準機能も有する。2018年頃よりF-16やA-10攻撃機のパイロットが使用している　❷MBU-20/P酸素マスク：高高度で酸欠による障害を防ぐため、空気あるいは酸素を供給。マスクにはヘルメット内部の気嚢に空気を送るホースが付いている　❸LPU-9/Pライフ・プリザーバー：水上にパラシュート降下した際に使用する浮き袋（炭酸ガスボンベで膨張）　❹PCU-15/Pハーネス：緊急脱出しパラシュート降下する際に着用者の体を保持する。射出座席のパラシュートのパラシュート・ハーネスの金具とⓒキャノピー・リリースで接続・固定する　❺CRU-94/Pターミナル・ブロック：酸素マスクのホースを機内の酸素供給用ホースと接続するためのアダプター。ホースの接続部は上下2段になっていて、上側が酸素マスクのホース用接続部、下側がⓓ耐Gベストのホース用接続部、ⓔ酸素供給用ホース接続部。耐Gベストは内部に縫い込まれた気嚢に酸素を送り、胸部を圧迫することで血液が下半身へ集中することを阻止する　❻CWU-27/Pフライト・スーツ：難燃性のポリアミド繊維を使用した航空機搭乗員用のカバーオール。コクピット内で火災が起きた際、機外に脱出するまでの数十秒間約300度の高熱に耐えて着用者の体を保護する　❼AIR ACEサバイバル・ベスト：サバイバル装備を収納するポーチなどを装着する。AIR ACEはアメリカ空軍の航空機搭乗員が使用するサバイバル・ベストでADVAN TAC社製。ⓕポーチ類を好みや任務に応じて付け替えられるⓖスナップ・トラック装着システムが使われている　❽CSU-13B/P耐Gスーツ：現在普及している5気嚢型で、腹部、両上肢部、両下肢部にゴム製の気嚢が設置してある。大きな加速度が加わった瞬間、耐Gスーツに高圧空気が送られ内部の気嚢が膨張して腹と足を圧迫、下半身の血行を促し、血液の下半身への集中を妨げる。これにより脳への血流量減少による脳循環の障害の発生を防ぐ。高圧空気は耐Gスーツのⓗ高圧空気供給ホースを介して機内から送られる。耐Gスーツの左大腿部にはパラシュート・ハーネス切断用ナイフを収納するⓘポケットが付いている。現在、フルカバレッジ型（気嚢が下半身を完全に覆っており、下半身全体を加圧する）のCSU-23/P耐Gスーツへの更新が進んでいる　❾フライト・ブーツ

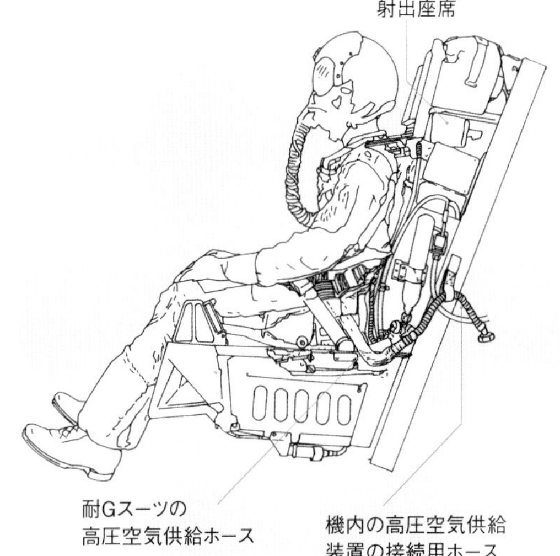

# 航空自衛隊に見る戦闘機の任務

航空自衛隊は制空戦闘機F-15J、マルチロール機のF-2、そして最新鋭のステルス戦闘機F-35A[*L]を保有している。制空戦闘機とは、敵戦闘機を撃破して航空優勢を確保したり、戦闘空域を確保したりすることを主務とする空対空戦闘に特化した戦闘機のこと。F-15Jは優れた加速性と上昇性能などに加え、高出力の火器管制レーダーと中射程空対空ミサイルの運用能力を持つ。F-2は世界初となるアクティブ・フェーズド・アレイ・レーダーを搭載するなど、国産技術を盛り込んだマルチロール・ファイターで、空対空戦闘（戦闘空中哨戒、対領空侵犯措置など）、空対艦戦闘、空対地戦闘を行うことができる。

*L＝2018年1月より三沢基地に配備が始まり、現在21機体制となっている。F-35Aの配備は進められているが、現時点（2021年11月）で主力を担っているのはF-15JとF-2である。

## マルチロール機F-2の任務

### 《空対空戦闘任務》

敵戦闘機との空対空戦闘では、中距離対空ミサイルと短距離対空ミサイル、状況によっては機関砲を使用する。J/APG-1火器管制レーダー搭載のF-2では、敵機の視認が困難なBVR[*M]（視認距離外）戦闘の場合、射程50kmほどのAIM-7M中距離対空ミサイルしか運用できなかった。さらにこのミサイルはセミアクティブ・レーダー・ホーミング式のため、目標に命中するまでレーダー波を照射し続けなければならなかった。しかし、火器管制レーダーをJ/APG-2に換装した改修型のF-2では、アクティブ・レーダー・ホーミング誘導で撃ち放しが可能なAAM-4（99式空対空誘導弾）を運用できるので、発射後に反転・離脱が可能になった。

### 《空対艦戦闘任務》

島を占拠する揚陸部隊支援のため進出してきた敵艦艇を対艦ミサイルや誘導爆弾で攻撃、島に接近させないことが任務。運用できる対艦ミサイルはASM-1（80式空対艦誘導弾）およびASM-2（93式空対艦誘導弾）。どちらもハイブリッド誘導[*N]なので、発射後すぐに離脱可能。また新型のASM-3も運用可能になる予定。誘導爆弾は誘導キットGCS-1（91式爆弾用誘導装置）をMk.82やJM117爆弾に取り付けたもので、撃ち放しが可能。

### 《空対地戦闘任務》

島に上陸した敵揚陸部隊を攻撃する任務。攻撃目標は味方の島嶼奪還作戦で脅威となる敵の航空部隊（主に島に駐留するヘリコプター部隊）および戦闘車両など。対地攻撃では無誘導のMk.82やMJ-117爆弾、GPS誘導爆弾JDAM（500ポンド爆弾に誘導キットを取り付けたもの）が使用される。また空対地や空対艦戦闘のようなミッションでは、敵戦闘機との遭遇を想定して自衛用に短距離対空ミサイル（AIM-9L）も搭載する。

*M＝Beyond Visual Rangeの頭文字。視認距離内はWVR（Within Visual Range）。
*N＝ASM-1はINS（慣性航法装置）とアクティブ・レーダー誘導、ASM-2はINSと赤外線イメージ誘導と2種類の誘導装置を持つ。

AWACS[*O]（早期警戒管制機）は上空で、地上の警戒管制レーダーでは探知できない視程外の遠距離にいる敵機を探知・識別する。マリタイム・モードを使えば航行中の艦船の探知も可能。AWACSの探知した敵情報は、リンク16[*P]で地上のJADGE[*Q]（自動警戒管制システム）に送信されて、F-2が装備するデータ・リンクJDCS(F)（自衛隊デジタル通信システム）[*R]に合わせて再送信される（F-2はリンク16のデータ・リンクに対応できないからだ）。

*O＝Airborne Warning And Control System
*P＝NATOで用いられる戦術データ・リンク（軍用データ通信システム）。 *Q＝Japan Aerospace Defense Ground Environment *R＝Japan self-defense force Digital Communication System(Fighter)

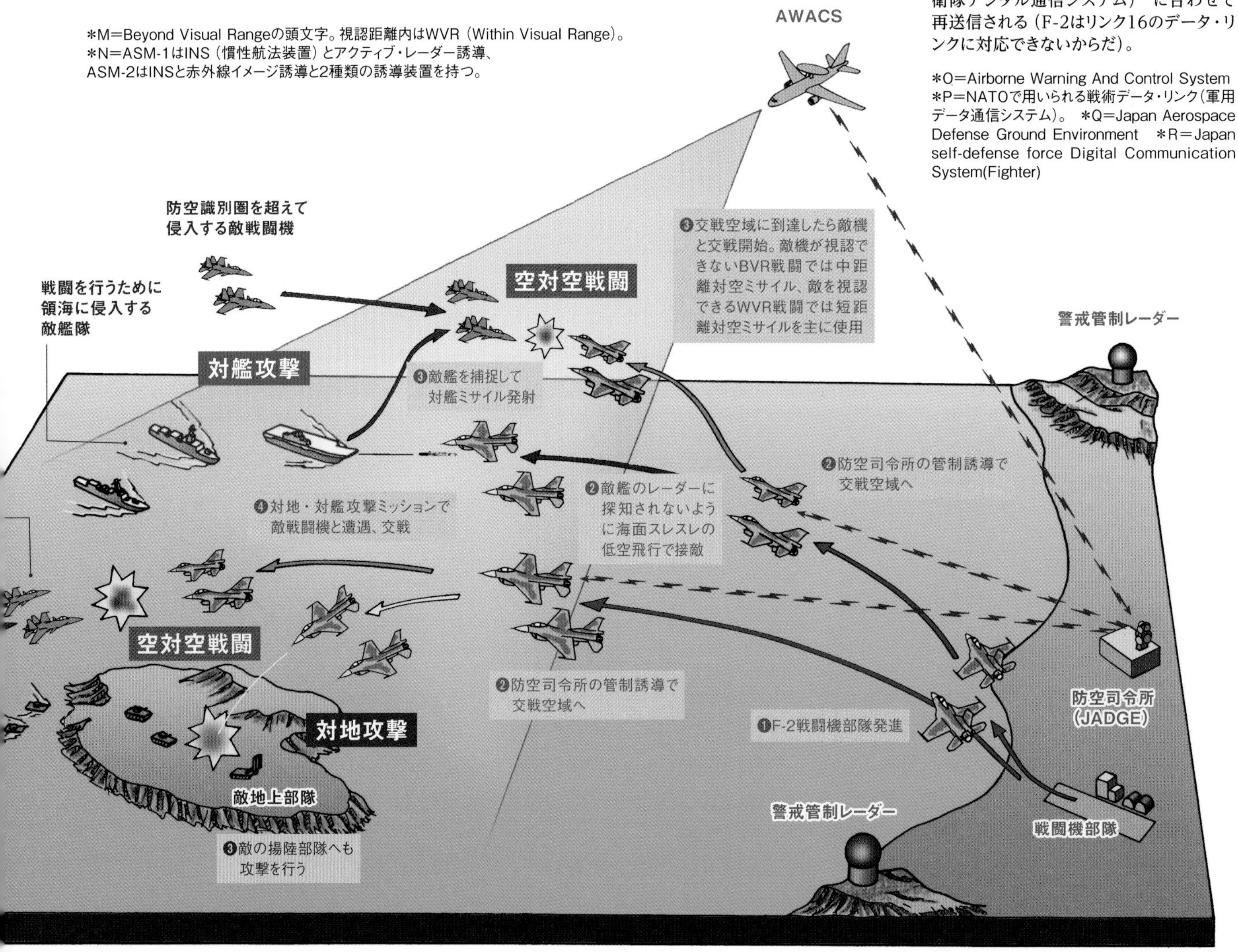

AWACS
防空識別圏を超えて侵入する敵戦闘機
戦闘を行うために領海に侵入する敵艦隊
空対空戦闘
❸交戦空域に到達したら敵機と交戦開始。敵機が視認できないBVR戦闘では中距離対空ミサイル、敵を視認できるWVR戦闘では短距離対空ミサイルを主に使用
警戒管制レーダー
対艦攻撃
❸敵艦を捕捉して対艦ミサイル発射
❷防空司令所の管制誘導で交戦空域へ
❹対地・対艦攻撃ミッションで敵戦闘機と遭遇、交戦
❷敵艦のレーダーに探知されないように海面スレスレの低空飛行で接敵
空対空戦闘
❷防空司令所の管制誘導で交戦空域へ
対地攻撃
❶F-2戦闘機部隊発進
防空司令所（JADGE）
敵地上部隊
警戒管制レーダー
戦闘機部隊
❸敵の揚陸部隊へも攻撃を行う

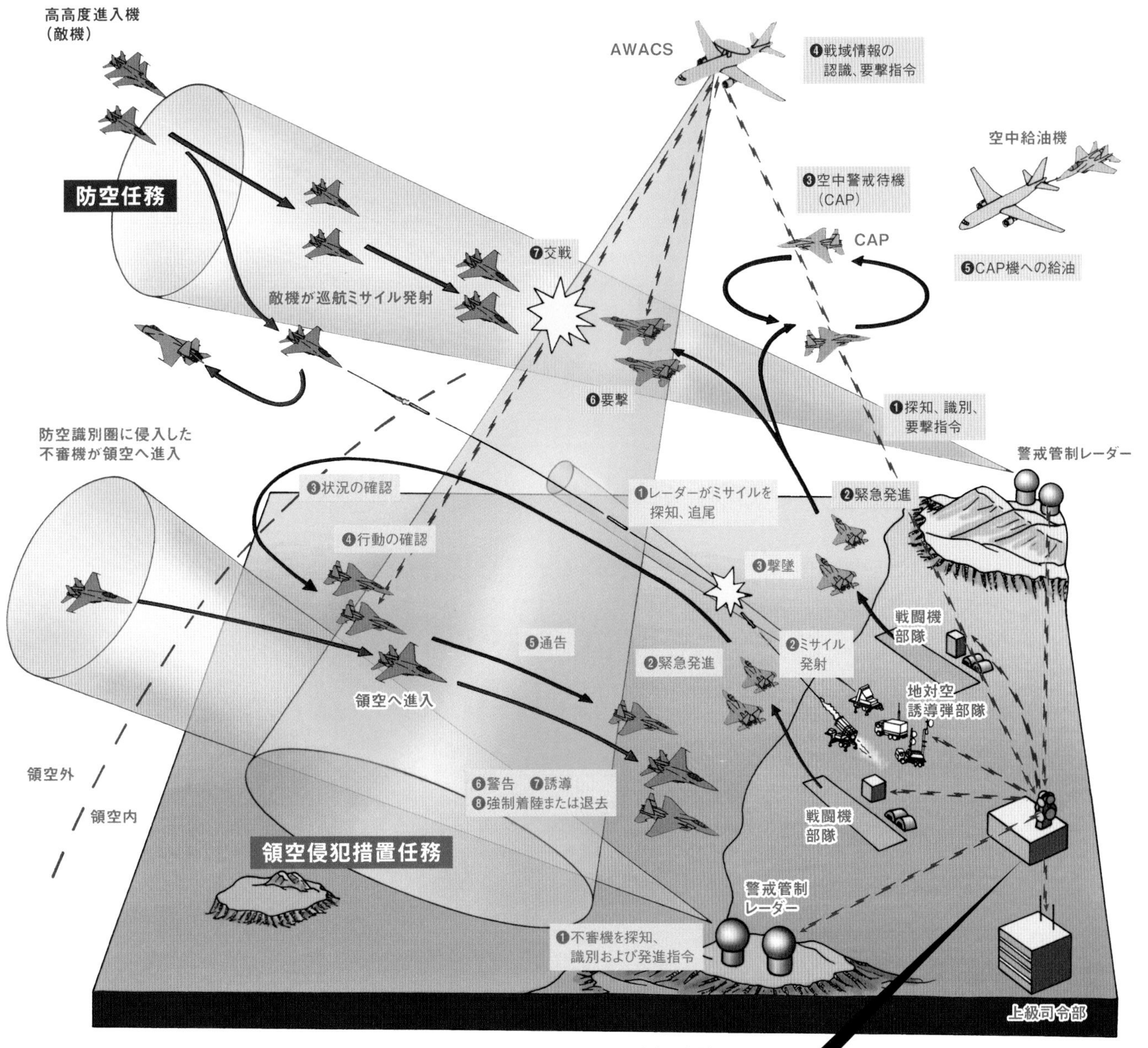

高高度進入機
（敵機）
防空任務
AWACS
❹戦域情報の
認識、要撃指令
空中給油機
❸空中警戒待機
（CAP）
CAP
❺CAP機への給油
❼交戦
敵機が巡航ミサイル発射
❻要撃
❶探知、識別、
要撃指令
警戒管制レーダー
防空識別圏に侵入した
不審機が領空へ進入
❸状況の確認
❶レーダーがミサイルを
探知、追尾
❷緊急発進
❹行動の確認
❸撃墜
戦闘機
部隊
❺通告
❷緊急発進
❷ミサイル
発射
地対空
誘導弾部隊
領空へ進入
領空外
領空内
❻警告　❼誘導
❽強制着陸または退去
戦闘機
部隊
領空侵犯措置任務
警戒管制
レーダー
❶不審機を探知、
識別および発進指令
上級司令部

防空司令所

識別、
兵器割当、
要撃管制

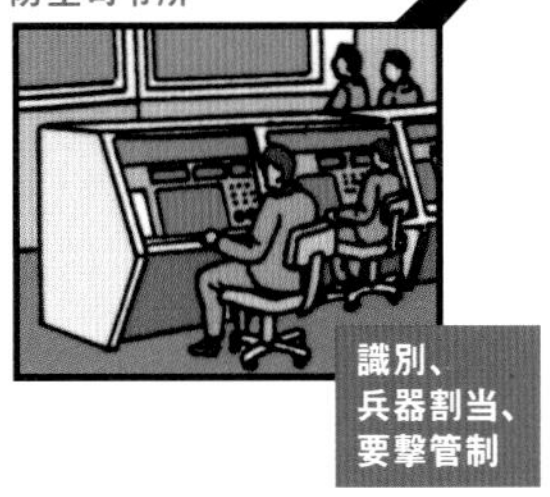

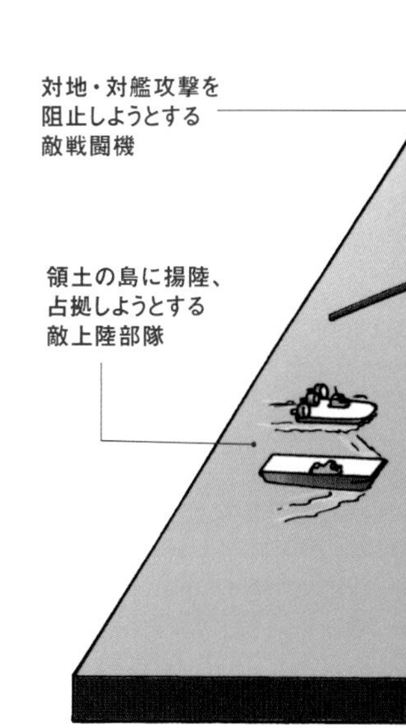

## 制空戦闘機F-15の任務

### 《防空任務》

空対空戦闘で敵機を要撃、撃破する防空任務で重要になるのが、敵機の動きを広範囲にわたって探知・監視できる空中レーダーを有するAWACSの支援だ。F-15は地上の警戒管制レーダーやAWACSのレーダー情報をデータ・リンクにより共有。敵の情報などの戦域情報を把握し、より有利な状態で戦闘を行う。なお、敵機が領空外から発射した巡航ミサイルなどに対しては、地対空誘導弾（ペトリオット・ミサイル）が対応する。

### 《領空侵犯措置任務》

航空自衛隊は、警戒管制レーダーやAEW*S（早期警戒機）などで構成される早期警戒センサー網により防空識別圏に入る航空機を監視、事前に飛行計画の届出のない不審機に限定してF-15を緊急発進（スクランブル）させて対処措置を採っている。不審機を発見して発進指令が発動されると5分以内に2機のF-15が緊急発進、さらに15分以内に次の2機が発進することになっている。所定の空域に達したF-15は不審機と並列飛行を行いながら写真撮影、無線機などにより進路変更の指示や警告を発する。それでも不審機が進路を変更せず、領空侵犯に至る場合は曳光弾（えいこうだん）を発射して警告、最終的には強制着陸させる場合もある。

*S＝Airborne Early Warning（早期警戒に特化した機体で全周捜索できるレーダーを備えるが、AWACSに比べると管制能力は限定されている）

対地・対艦攻撃を
阻止しようとする
敵戦闘機
領土の島に揚陸、
占拠しようとする
敵上陸部隊

# 空中戦はどのように展開するのか

現代の戦闘機の任務は、制空権の確保・維持が主になっている。戦闘機は制空権を確保するために敵戦闘機と戦い、制空権を確保したならば、その空域を維持するためにパトロールを実施、侵入してくる敵機があればそれを排除するのである。

空中戦は次のように展開する——(1) 発見：レーダーにより敵を見つける (2) 近接：レーダー・スクリーン上に映し出された機影にIFF*T (敵味方識別装置) により識別を行い、敵であるとわかったら攻撃するか否かを決定する (実際には確実に敵かどうかを判別できない場合も多い) (3) 攻撃：自機の置かれている状況や使用できる武器を考慮して攻撃を行う。初めは相手が見えない距離で中射程空対空ミサイルを使う (BVR戦闘) (4) 運動：中射程空対空ミサイルでの攻撃が失敗し、相手が視認できるほどの距離になったらドッグ・ファイト (格闘戦) に移行する可能性が高い。短距離空対空ミサイルや機関砲を使って戦うことになる (WVR戦闘) (5) 離脱：攻撃が終了したらすみやかに交戦区域を離れて体勢を立て直す——という5つの手順によって行われる。

しかし、実際の空中戦は常にこうした流れになるとは限らない。遠距離からのミサイル攻撃が成功すれば (4) 運動は省略されるし、敵機との距離が短ければ (2) 近接の過程が省略されることになる。

*T=Identification, Friend or Foeの頭文字。

## 空中戦の展開❶ BVRとWVR

※イラストでは敵機がただ直進しているが、実際には敵もレーダーを使ってそれなりの対抗策を立てて向かってくるから、当然戦闘はもっと複雑になる。

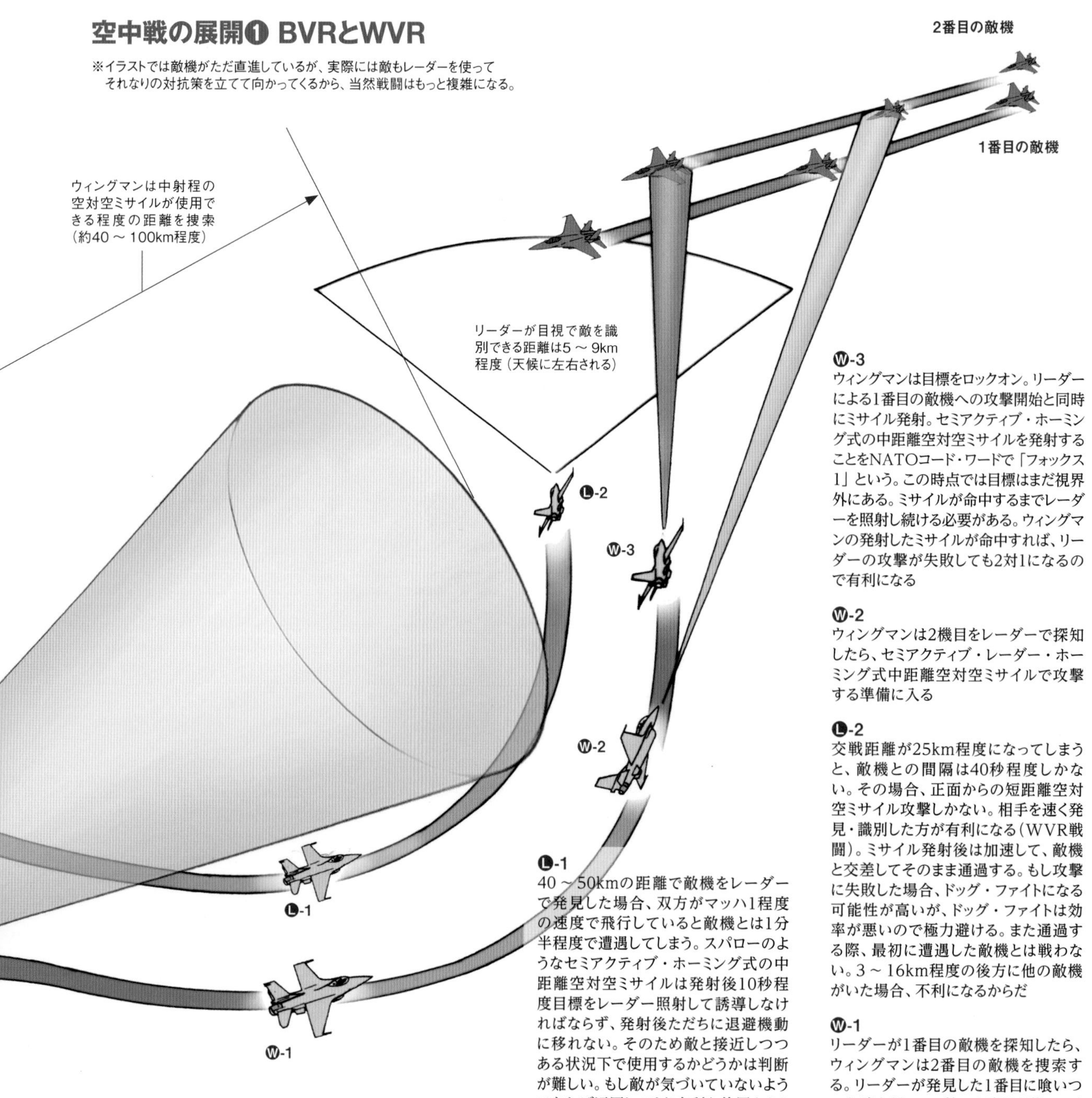
2番目の敵機
1番目の敵機
ウィングマンは中射程の空対空ミサイルが使用できる程度の距離を捜索（約40 ～ 100km程度）
リーダーが目視で敵を識別できる距離は5 ～ 9km程度（天候に左右される）
L-2
W-3
W-2
L-1
W-1

**W-3**
ウィングマンは目標をロックオン。リーダーによる1番目の敵機への攻撃開始と同時にミサイル発射。セミアクティブ・ホーミング式の中距離空対空ミサイルを発射することをNATOコード・ワードで「フォックス1」という。この時点では目標はまだ視界外にある。ミサイルが命中するまでレーダーを照射し続ける必要がある。ウィングマンの発射したミサイルが命中すれば、リーダーの攻撃が失敗しても2対1になるので有利になる

**W-2**
ウィングマンは2機目をレーダーで探知したら、セミアクティブ・レーダー・ホーミング式中距離空対空ミサイルで攻撃する準備に入る

**L-2**
交戦距離が25km程度になってしまうと、敵機との間隔は40秒程度しかない。その場合、正面からの短距離空対空ミサイル攻撃しかない。相手を速く発見・識別した方が有利になる（WVR戦闘）。ミサイル発射後は加速して、敵機と交差してそのまま通過する。もし攻撃に失敗した場合、ドッグ・ファイトになる可能性が高いが、ドッグ・ファイトは効率が悪いので極力避ける。また通過する際、最初に遭遇した敵機とは戦わない。3 ～ 16km程度の後方に他の敵機がいた場合、不利になるからだ

**L-1**
40 ～ 50kmの距離で敵機をレーダーで発見した場合、双方がマッハ1程度の速度で飛行していると敵機とは1分半程度で遭遇してしまう。スパローのようなセミアクティブ・ホーミング式の中距離空対空ミサイルは発射後10秒程度目標をレーダー照射して誘導しなければならず、発射後ただちに退避機動に移れない。そのため敵と接近しつつある状況下で使用するかどうかは判断が難しい。もし敵が気づいていないようであれば迂回してより有利な位置からミサイルを発射する

**W-1**
リーダーが1番目の敵機を探知したら、ウィングマンは2番目の敵機を捜索する。リーダーが発見した1番目に喰いついた時を狙って、敵の2番目が襲ってくるかもしれないからだ

## 空中戦の展開❷ ドッグ・ファイト

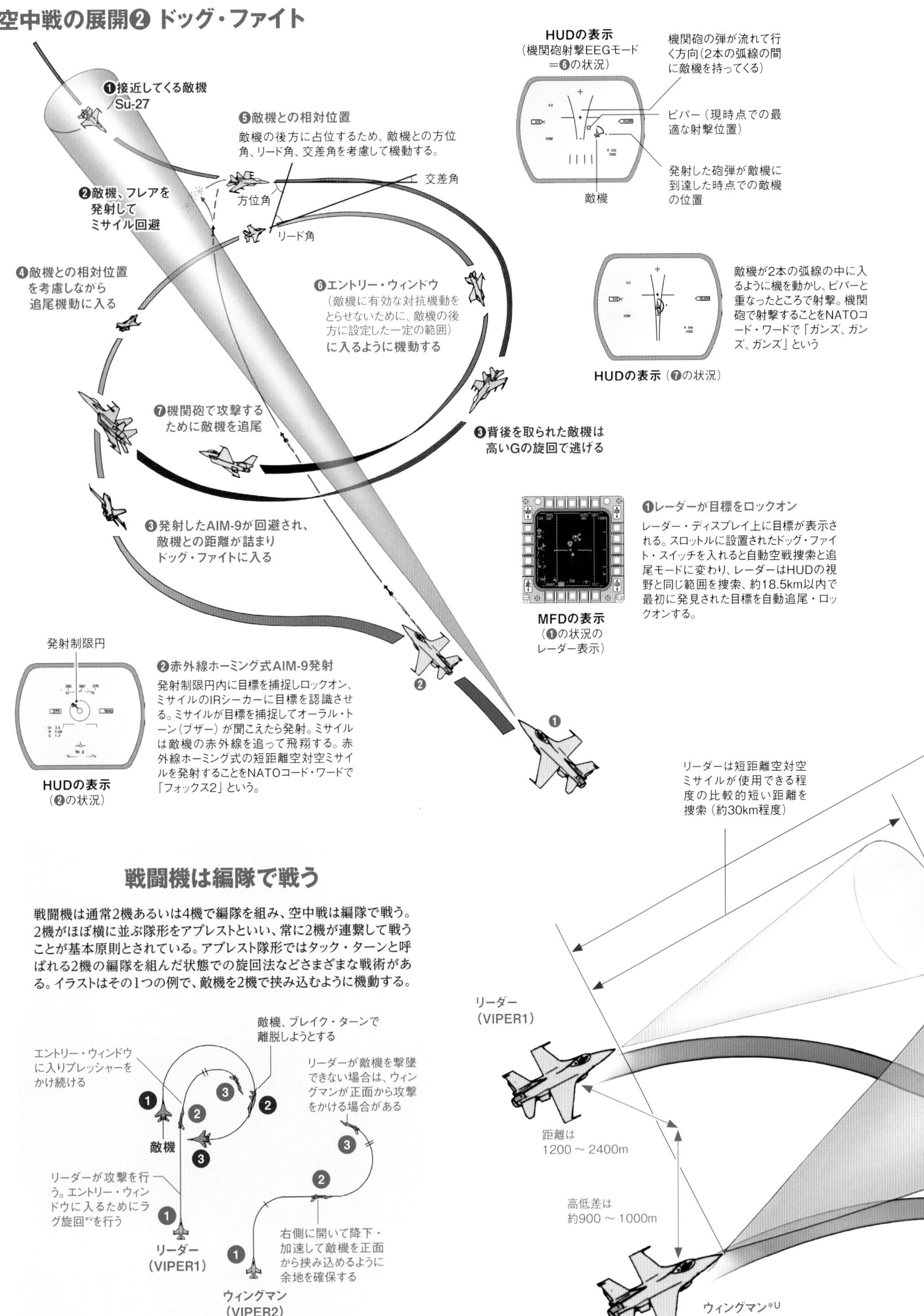

❶接近してくる敵機
Su-27
❺敵機との相対位置
敵機の後方に占位するため、敵機との方位角、リード角、交差角を考慮して機動する。
交差角
方位角
リード角
❷敵機、フレアを発射してミサイル回避
❹敵機との相対位置を考慮しながら追尾機動に入る
❻エントリー・ウィンドウ
（敵機に有効な対抗機動をとらせないために、敵機の後方に設定した一定の範囲）に入るように機動する
❼機関砲で攻撃するために敵機を追尾
❸背後を取られた敵機は高いGの旋回で逃げる
❸発射したAIM-9が回避され、敵機との距離が詰まりドッグ・ファイトに入る
HUDの表示
（機関砲射撃EEGモード＝❻の状況）
機関砲の弾が流れて行く方向（2本の弧線の間に敵機を持ってくる）
ピパー（現時点での最適な射撃位置）
発射した砲弾が敵機に到達した時点での敵機の位置
敵機
敵機が2本の弧線の中に入るように機を動かし、ピパーと重なったところで射撃。機関砲で射撃することをNATOコード・ワードで「ガンズ、ガンズ、ガンズ」という
HUDの表示（❼の状況）
❶レーダーが目標をロックオン
レーダー・ディスプレイ上に目標が表示され。スロットルに設置されたドッグ・ファイト・スイッチを入れると自動空戦捜索と追尾モードに変わり、レーダーはHUDの視野と同じ範囲を捜索、約18.5km以内で最初に発見された目標を自動追尾・ロックオンする。
MFDの表示
（❶の状況のレーダー表示）
発射制限円
❷赤外線ホーミング式AIM-9発射
発射制限円内に目標を捕捉しロックオン、ミサイルのIRシーカーに目標を認識させる。ミサイルが目標を捕捉してオーラル・トーン（ブザー）が聞こえたら発射。ミサイルは敵機の赤外線を追って飛翔する。赤外線ホーミング式の短距離空対空ミサイルを発射することをNATOコード・ワードで「フォックス2」という。
HUDの表示
（❷の状況）
❷
❶
リーダーは短距離空対空ミサイルが使用できる程度の比較的短い距離を捜索（約30km程度）
リーダー
（VIPER1）
距離は
1200～2400m
高低差は
約900～1000m
ウィングマン*U
（VIPER2）
エントリー・ウィンドウに入りプレッシャーをかけ続ける
敵機、ブレイク・ターンで離脱しようとする
リーダーが敵機を撃墜できない場合は、ウィングマンが正面から攻撃をかける場合がある
敵機
リーダーが攻撃を行う。エントリー・ウィンドウに入るためにラグ旋回*Vを行う
リーダー
（VIPER1）
右側に開いて降下・加速して敵機を正面から挟み込めるように余地を確保する
ウィングマン
（VIPER2）

## 戦闘機は編隊で戦う

**戦闘機は通常2機あるいは4機で編隊を組み、空中戦は編隊で戦う。2機がほぼ横に並ぶ隊形をアブレストといい、常に2機が連繋して戦うことが基本原則とされている。アブレスト隊形ではタック・ターンと呼ばれる2機の編隊を組んだ状態での旋回法などさまざまな戦術がある。イラストはその1つの例で、敵機を2機で挟み込むように機動する。**

*V＝旋回して逃げようとする敵機を追尾する際、間隔をとって敵機後方を狙う位置につくように旋回すること。

*U＝指揮官が搭乗するリーダー機とペアとなる僚機。

# 航空機搭乗員のサバイバル・ツール

イラクやアフガニスタンでの戦訓から、アメリカ空軍は航空機搭乗員のサバイバル・ツールの更新に余念がない。
これは人道的な理由だけでなく、一人前の搭乗員（特にパイロット）を養成するには長い時間と莫大な費用がかかるという現実的な事情もあるからだ。

1_写真はアメリカ空軍の航空機搭乗員が着用するAIR ACEサバイバル・ベスト（P.21参照）と中身の一部。ベストには救助要請や身を守るために必須なツールを中心に収納する。 ❶止血帯 ❷シグナル・ミラーと笛 ❸コンパス ❹フレア・ランチャー（発射器および信号弾） ❺ダイ・マーカー（海面着色剤） ❻応急処置キット ❼ストロボライト ❽ベレッタM9ピストル ❾フェイス・ペイント ❿CSEL*A（戦闘捜索救難通信システム）収納ポーチ

2_サバイバル訓練でシグナル・ミラーとCSELを操作するパイロット。CSELは緊急脱出したパイロットが救助を要請するためのサバイバル・ラジオで、無線の秘匿性が高く、衛星リンクを介しての長距離通信が可能。また軍用精度のGPS*Bにより自己の位置を正確に伝達できるなどの機能を持つ多機能無線システムとなっている。

3_緊急脱出した搭乗員が救出されるまでの自衛用に開発されたGAU-5Aは、M4カービンをベースとするサバイバル・ガンだ。バレルとハンド・ガードを取り外して二分割する（ピストル・グリップも後方へ折りたためる）ことで、ACES Ⅱ射出座席のシート部分に設置されているサバイバル・バッグ（40.6cm×35.6cm×8.9cm）に収納できる。5.56mmNATO弾を使用し、200m先の人間サイズの標的を充分に倒せる威力を持つ。

4_サバイバル・バッグに収納されたGAU-5A。バッグには30連マガジンが4個収められている。ACES Ⅱ射出座席はアメリカ空軍のA-10攻撃機、F-15、F-16、F-22戦闘機、B-1、B-2爆撃機などで使用されている。

## F-16の射出座席ACESⅡによる脱出の手順

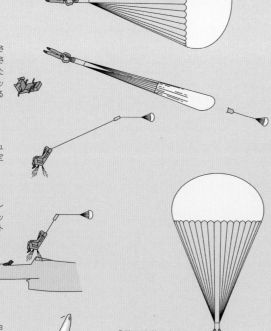

❻メイン・パラシュートが開く

❺メイン・パラシュートが引き出されるとともに、座席が切り離される。座席に収納されていたサバイバル・バッグは、パイロットのハーネスに接続されている

❹ドローグ・ガンとドローグ・シュートにより減速、姿勢が安定する

❸機体から脱出、ドローグ・ガン（減速および姿勢制御ロケット）点火。ドローグ・シュート（小型の傘）が引き出される

❷キャノピー投棄、エジェクション・ガン（座席ロケット）点火

❼降下姿勢が安定したら着地（着水）に備えてⒶサバイバル・バッグを切り離す、Ⓑゴムボートは切り離しとともに自動的に展張する（❶から❼までに要する時間は5.5秒）

Ⓑ
Ⓐ

❶緊急脱出!

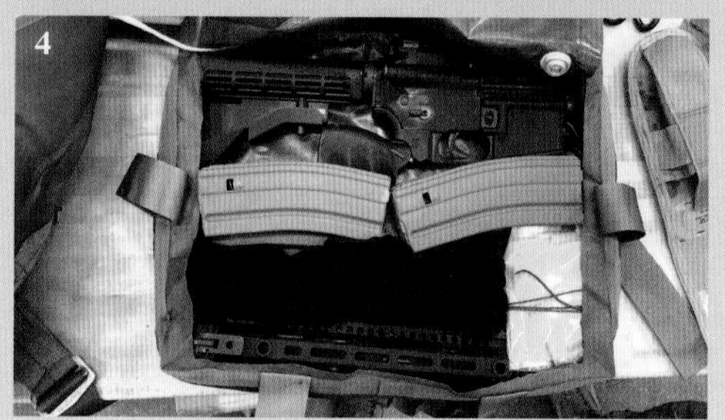


*A=Combat Survivor Evader Locator　*B=Global Positioning System（全地球測位システム）

*Vertical Take-Off and Landing Fighter Planes*

# 垂直離着陸戦闘機

## 滑走路を必要としないVTOL機の開発史

**固定翼機でありながら垂直離着陸能力を持つVTOL機の開発は、まさに試行錯誤の歴史であった。多くの試作機が造られたが、実戦配備されたのは!?**

### バッヘム・ナッター Ba349

第二次大戦末期にナチスドイツが試作したBa349ナッターは、垂直の発射台からロケット・ブースターを使用して発進するロケット迎撃機である。発射後は無線誘導で目標に向かい、機体先端に装備したロケット弾で目標を攻撃。その後パイロットはパラシュートで脱出、機体から切り離されたロケット・エンジンは回収されて再使用される。生産は数十機にとどまり、10機程度が部隊配備された。垂直離陸するという点では世界初のVTOL機といえるだろう。

## 黎明期の垂直離着陸実験機

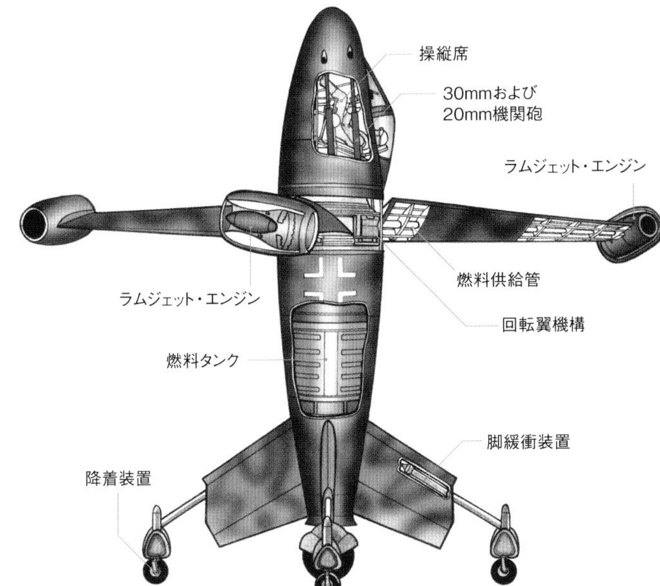


### フォッケウルフ・トリープフリューゲル

第二次大戦時にドイツで計画されたトリープフリューゲルは、VTOL機の元祖といえる。VTOL機ならば飛行場を必要とせず、わずかな離着陸スペースがあれば運用できるから、戦局の悪化により制空権を奪われた状況下では理想的な戦闘機だった。機体は回転機構を胴体内部に組み込み、翼端のラムジェット・エンジンにより回転翼を回し、揚力を生み出して垂直上昇。上昇後は速度が上がったところで回転翼の回転を止め、翼のピッチを変えることで直接ラムジェットの推力により飛行、最高速度990km/hを出そうという計画だった。回転による遠心力で翼端のエンジンに燃料が供給される設計だったという説もあり、その場合は飛行中に回転翼を停止できない。また回転翼以外の揚力発生源を持たないため、水平姿勢への遷移は困難だったと思われる。実機は完成しなかったが、本機の構想は戦後に戦勝国に引き継がれ、テイルシッター型VTOL機のベースとなっている。

降着装置

ラダー

フラッペロン
フラップとエルロンの
機能を果たす

# プロペラ機時代の垂直離着陸実験機

## 滑走路を必要としない固定翼の垂直離着陸機という発想

第二次世界大戦後のジェット化時代を経て、固定翼航空機は飛躍的に進歩し、高速化、大型化してきた。それにともない、航空機が離着陸に要する滑走距離も延びるばかりとなった。

一方、滑走路を必要としない回転翼機、すなわちヘリコプターが開発され、現在のようなターボシャフト・エンジンを搭載することで、飛行速度も速く、ペイロード（搭載量）も大きい機体が出現している。とはいえ、ヘリは構造上、速度もペイロードも固定翼機のそれにはおよばない。

そこで固定翼機としての性能を持ったまま、垂直上昇して垂直着陸できるような機体、すなわちＶＴＯＬ[*1]（垂直離着陸）機の発想が各国で広がった。ＶＴＯＬ能力を持つ機体であれば、狭い艦船の甲板上や最前線のごくわずかな平坦地でも離着陸できるため、より柔軟な運用が可能となり、航空機の作戦能力を拡張することができる。とくにアメリカ海軍は、大型の空母を保有することなく航空戦力を運用できるとして、ＶＴＯＬ機の開発に熱心であった。

ＶＴＯＬ機の研究開発は、一九五〇～六〇年代にかけて各国で盛んに行われた。

この期間に研究されたＶＴＯＬ機は、胴体の尾部にダクテッド・ファンを持つフランスのＣ４５０のようなコレオプテール、機体尾部を下にして離着陸を行うアメリカのコンベアＸＦＹ-１、ロッキードＸＦＶ-１などのテイルシッター、ソ連のＹａｋ-38フォージャーのリフト・エンジン、アメリカのＦ-35Ｂのようなリフト・ファン、イギリスのハリアーのようなベクタード・スラストなどさまざまな形式がある。

## 立ちはだかる技術的困難

世界中でさまざまなＶＴＯＬ戦闘機が研究されたが、試作された数多くの機体のうち、実用化され実戦配備に就いたのは、ハリアー、フォージャー、Ｆ-35Ｂの三機種しかない。つまり、ＶＴＯＬ機はそれだけ開発が難しいということである。

（30頁に続く）

＊1＝Vertical Take Off and Landing

### SNECMA C450

1950～1960年代に盛んに研究されたVTOL機の中でも、初期のものがコレオプテールと呼ばれる機体で、フランスのC450 やアメリカのヒラー VXT-8などの実験機が造られた。垂直離着陸のため胴体後部に樽のような大きなダクテッド・ファンを持ち、その上に操縦席を載せたような機体だった。機体形状からして、垂直離陸後に水平飛行姿勢に遷移できたかどうかは不明。

### ロッキードXFV-1

1950年代にアメリカ海軍のためにロッキード社が開発した機体。テイルシッター型の垂直離着陸機で、コンベア社のXFY-1と競合した。このように機体尾部を接地させた垂直姿勢で離発着を行う機体を「テイルシッター」という。

## コンベアXFY-1ポゴ

1954年8月に世界初の飛行に成功したテイルシッター機。艦上で運用するVTOL機としてアメリカ海軍が開発を進めた機体の1つ。同年11月には垂直上昇から水平飛行への遷移にも成功している。5800馬力のターボプロップ・エンジンを2基搭載、直径4.88mの二重反転プロペラを回転させた。照準用レーダーと20mm機関砲を装備する予定だったが、1955年に計画は中止されている。

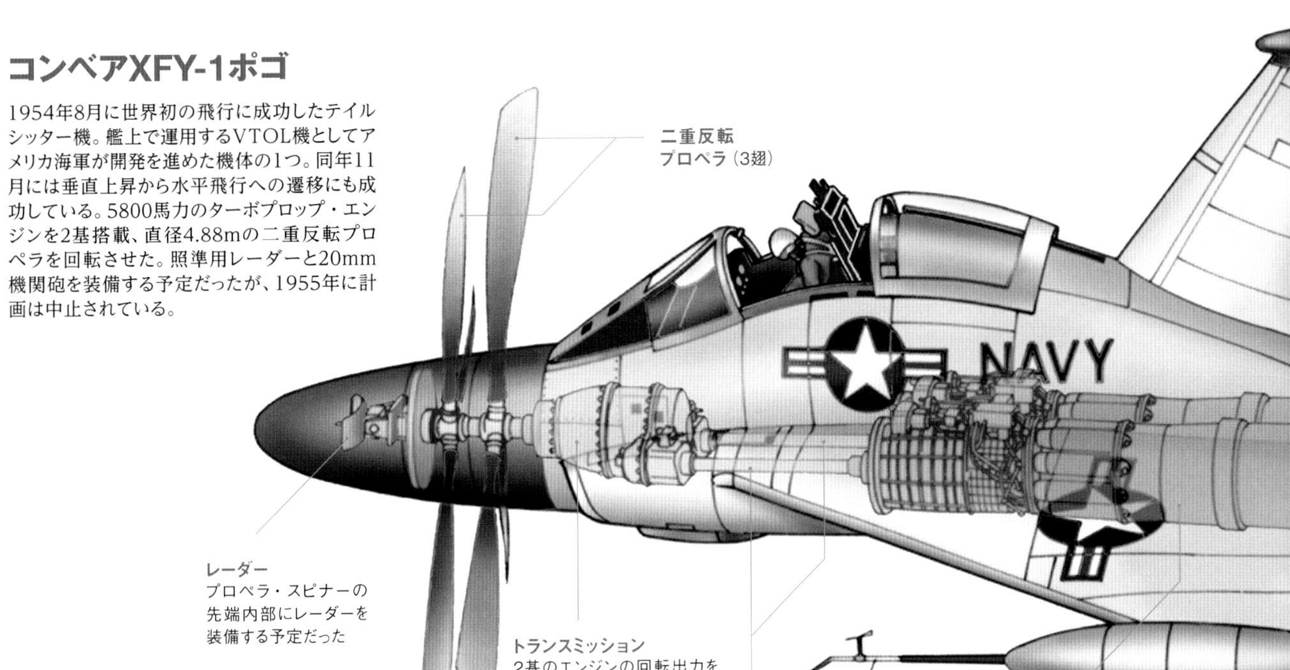


## XFY-1ポゴの垂直離着陸

XFY-1ポゴは二重反転プロペラの発生する推力と翼に設置されたフラッペロンにより飛行姿勢を変化させることで垂直上昇や垂直降下を行う。この機体はホバリングしながらの姿勢遷移ができないので、常に移動した状態で遷移を行う。

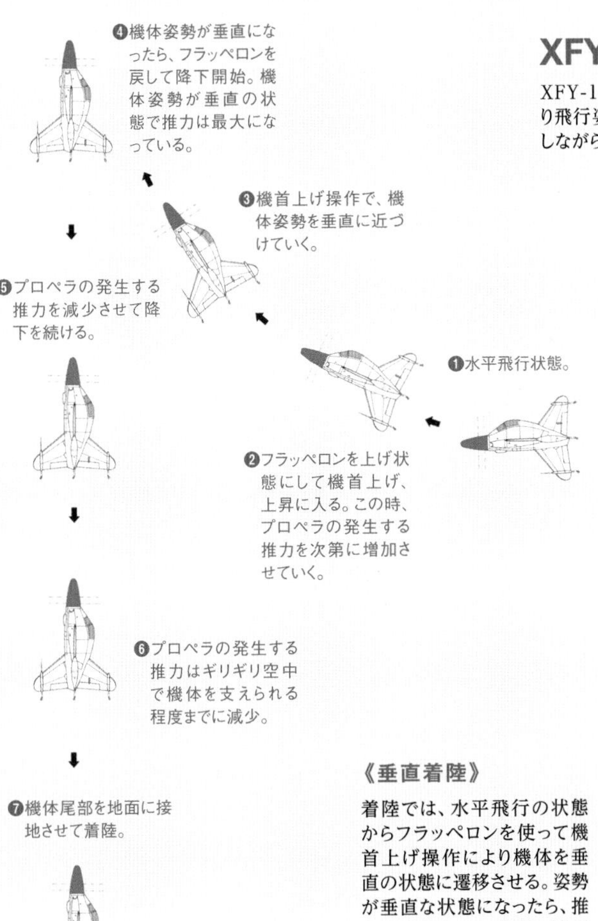

❶水平飛行状態。
❷フラッペロンを上げ状態にして機首上げ、上昇に入る。この時、プロペラの発生する推力を次第に増加させていく。
❸機首上げ操作で、機体姿勢を垂直に近づけていく。
❹機体姿勢が垂直になったら、フラッペロンを戻して降下開始。機体姿勢が垂直の状態で推力は最大になっている。
❺プロペラの発生する推力を減少させて降下を続ける。
❻プロペラの発生する推力はギリギリ空中で機体を支えられる程度までに減少。
❼機体尾部を地面に接地させて着陸。


**《垂直着陸》**

着陸では、水平飛行の状態からフラッペロンを使って機首上げ操作により機体を垂直の状態に遷移させる。姿勢が垂直な状態になったら、推力を減少させて垂直に降下し、機体尾部を接地させる。

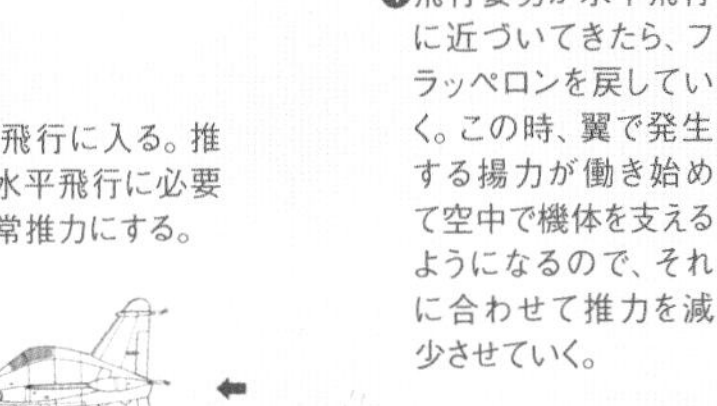

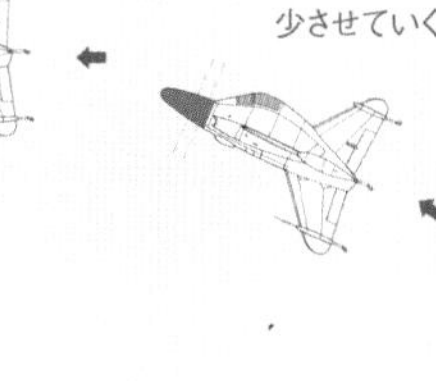

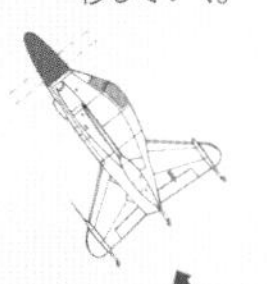

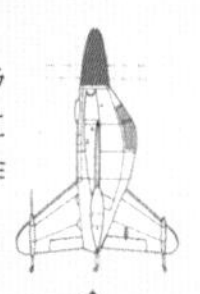

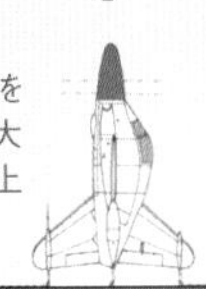

❶二重反転プロペラを回転させ、推力を最大にして機体を垂直に上昇させる。

❷垂直上昇しながらフラッペロンを下げ状態にして、機首下げ操作を行う。

❸上昇しながら、機体姿勢を水平飛行に遷移していく。

❹飛行姿勢が水平飛行に近づいてきたら、フラッペロンを戻していく。この時、翼で発生する揚力が働き始めて空中で機体を支えるようになるので、それに合わせて推力を減少させていく。

❺水平飛行に入る。推力は水平飛行に必要な定常推力にする。

**《垂直離陸》**

垂直離陸では、最大推力で機体を上昇させながら、フラッペロンを使って機首下げ操作を行って機体姿勢を遷移、水平飛行に入る。

# ジェット機時代の垂直離着陸実験機

## ライアンX-13ヴァーティジェット

1955年に初飛行に成功したライアンX-13は、ジェット・エンジンを搭載して史上初のVTOL飛行に成功した機体。垂直離着陸時の操縦はジェット・エンジンの排気ノズルの方向を変え、エンジンの圧縮空気を両翼端から噴出させることで横揺れの制御を行った。左のイラストのようにトレーラーに設置されたプラットフォームを垂直に立てて発進し、着陸は機体尾部を接地させるテイルシッター機だった。アメリカ海軍がスポンサーとなって開発計画が始まったX-13は、資金切れで空軍が計画を引き継いだが、1957年には開発中止となっている。

## ショートSC-1

最も成功したVTOL戦闘機ハリアーを生み出すことになるイギリスが、最初に開発したVTOL実験機。1958年10月に初めて垂直離陸に成功したこの機体は、推力966kgのRB108ターボジェット・エンジンを5基搭載。そのうち4基を垂直離陸用に、1基を水平飛行用（推進用）とする複合推進方式だった。VTOL飛行時の機体の姿勢制御は両翼下面、機首先端および尾部の補助ノズルから圧縮空気を噴出して行った。

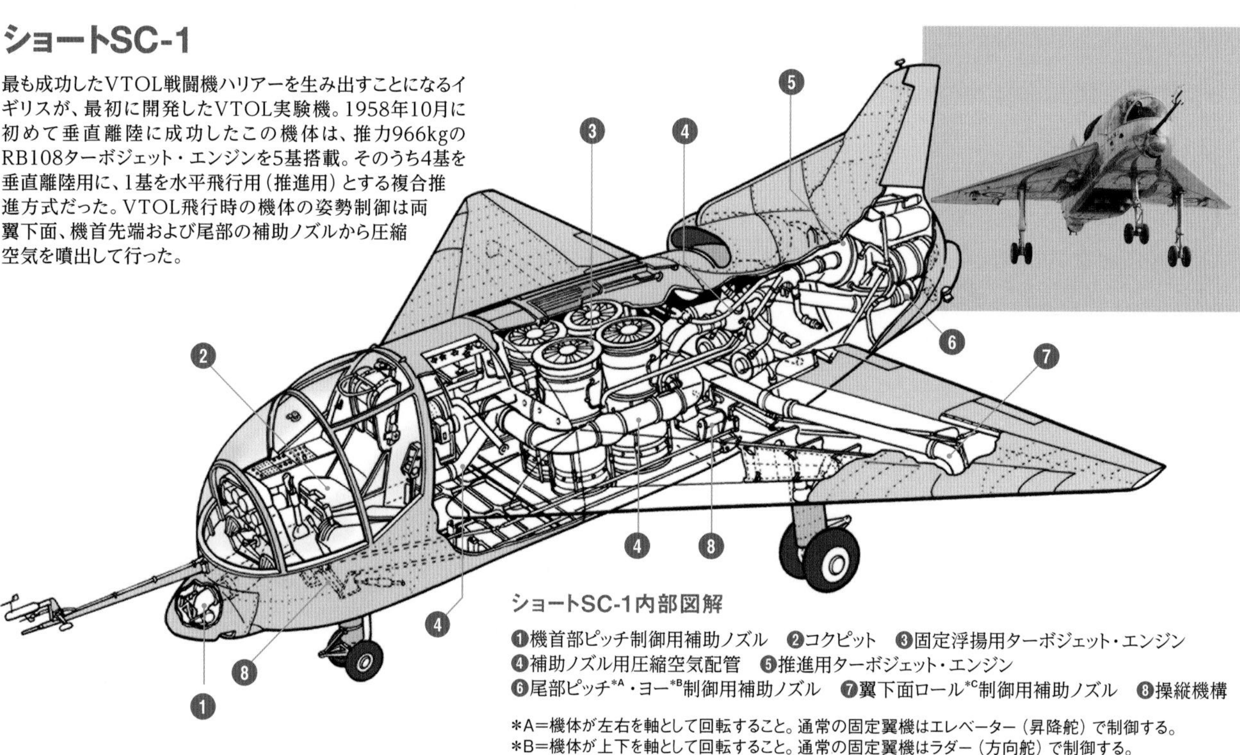


ショートSC-1内部図解

❶機首部ピッチ制御用補助ノズル ❷コクピット ❸固定浮揚用ターボジェット・エンジン
❹補助ノズル用圧縮空気配管 ❺推進用ターボジェット・エンジン
❻尾部ピッチ[*A]・ヨー[*B]制御用補助ノズル ❼翼下面ロール[*C]制御用補助ノズル ❽操縦機構

*A＝機体が左右を軸として回転すること。通常の固定翼機はエレベーター（昇降舵）で制御する。
*B＝機体が上下を軸として回転すること。通常の固定翼機はラダー（方向舵）で制御する。
*C＝機体の前後を軸として回転すること。通常の固定翼機はエルロン（補助翼）で制御する。

ＶＴＯＬ機が垂直上昇を行うには、まず発生する推力（機体を垂直に上昇させる力）が、重力（機体全体の重量）を上回らなければならない。通常の固定翼機ならば、滑走することによって翼に揚力が働くので、機体を空中へ浮かせるために必要となる推力は重量の三分の一程度とされる。しかし、滑走しないＶＴＯＬ機ではそうはいかない。重力と機体の抵抗に打ち勝って垂直に上昇し、しかも安定を保つために必要な推力と重力の比は四対三以上といわれる。

また、ＶＴＯＬ機に要求されるのは垂直上昇能力のみではなく、水平飛行の際には通常の固定翼機なみの能力を発揮しなければならない。水平飛行時には通常の固定翼機と同様に翼が発生させる揚力によって機体を空中で支え、空力的舵面によって操縦を行うわけだが、そのためには主翼をはじめとした各翼や舵面はある程度の大きさと強度が必要となる（主翼は航空機の飛行性能自体を決定するものである）。しかし、これらは垂直上昇時には不要の存在どころか、エンジンの推力だけで垂直上昇する際には死重（デッドウェイト）となってしまう。つまり、ＶＴＯＬ機の開発には相反する要求条件が突きつけられているのだ。さらには垂直上昇から水平飛行に移行する際の推力の操作も問題となる。

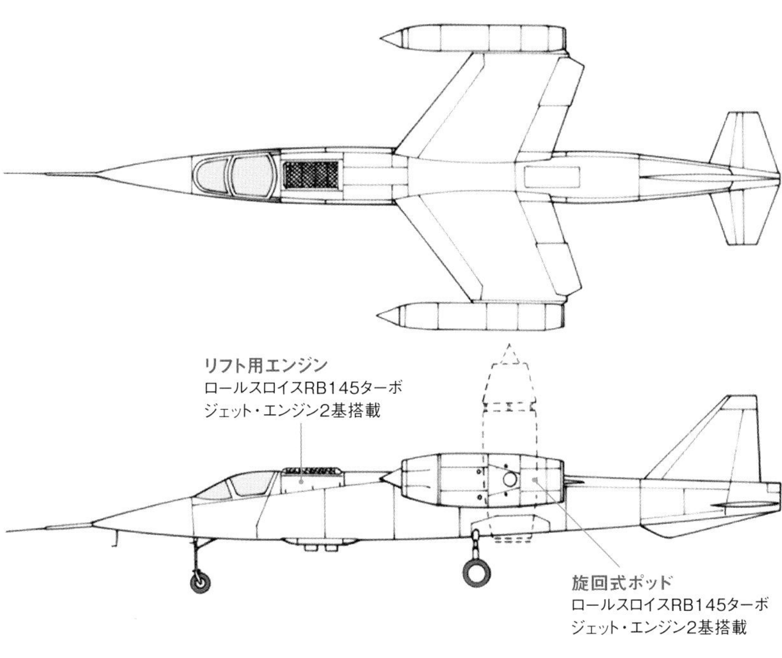


## EWR VJ-101C

1960年代には西ドイツ（当時）でもVTOL戦闘機の研究開発が行われたが、なかでもEWR VJ-101Cは特徴的だった。F-104スターファイターの機体をベースに、操縦席後方に垂直に2基（リフト用エンジン）、主翼両端の旋回可能なポッドには4基を搭載（ティルト方式で水平方向から垂直方向へ推力の方向を変えることができる）、合計6基のエンジンを使って飛行した。マッハ2で飛行することを計画して開発され、X-1とX-2（アフターバーナー装備）の2機が試作されている。なお、EWRは西ドイツのメッサーシュミット、ハインケル、ベルコウの3社の合弁会社だった。

## ロックウェルXVF-12A

1960～1970年代にかけてアメリカ海軍が計画したSCS*D（「制海艦」と呼ばれた小型空母）に搭載するために開発された機体。マッハ2クラスのVTOL戦闘機として期待され、1972年10月に2機の試作機が完成している。最大の特徴はオーギュメンター・ウイングという技術が導入されていること。これはジェット・エンジンの排気ガスをダクトを通して翼に導き、ノズルから噴出するガスをフラップで下方に噴出させてVTOL時の推力とするもので、さらにフラップで排気ガスが下方に噴出される際にコアンダ効果*Eを利用して周囲の空気を誘導することで推力を増大し、VTOL時に必要な揚力を得ようというものだった。しかし、薄い翼にノズルを収容することの難しさや、エンジン排気を分散するための配管システムの複雑さなどの問題から、実際に飛行することはできなかった。本機は開発の時間を省くためにさまざまな機体のパーツを流用して造られており、実験機的な性格が強い機体だった。

後部から見たXVF-12A。フラップを稼働させている。

### XVF-12Aのオーギュメンター・ウイング

❶P&W F401-PE-400ターボファン・エンジン　❷上部エンジン用空気吸入口　❸エア・インテイク（エンジン空気取入口）　❹ノズル　❺ノズルからフラップに導かれる燃焼ガス　❻排気ガス・ダクト　❼フラップにより下向きに噴射された排気ガスとコアンダ効果により誘導された空気流で増大された推力　❽フラップ

*D=Sea Control Ship（計画は中止となり、制海艦は建造されなかった）
*E=流体（空気）が物体の表面を流れるとき、物体の表面に貼りつくように沿って流れる現象のこと。噴流（ジェット）が粘性により周囲の流体を引き込む性質が原因。

このようにVTOL機開発にあたっては、解決しなければならない問題が数多くあった。実用化にこぎつけた機体が三機種しかないことにも頷けよう。

なお、垂直離着陸能力を持つ固定翼機をVTOL機、短距離離着陸能力を持つ固定翼機をSTOL*2機と呼ぶが、VTOL機の多くはSTOL機の能力を有しており、このような機体をV/STOL*3（垂直／短距離離着陸）機と呼ぶ。実際にはV/STOL機は、ほとんどの場合、垂直離陸は行わず、STOVL*4（短距離離陸・垂直着陸）方式で運用される。

## 実用化されたVTOL機の特徴

現在までに実用化されているVTOL機には、ハリアーのように垂直上昇および水平飛行を回転式ノズルによりエンジン推力の方向を変えることで行う方式（ベクタード・スラスト）と、フォージャーのように垂直離着陸専用の推力を発生するエンジンおよび垂直上昇を補助し水平飛行の際の推力を発生するエンジンの二つによって行う方式（リフト・エンジン）がある。

そして二〇〇〇年代に入って登場したF-35シリーズのF-35Bは、エンジン推力を回転ノズルで下方に偏向させ、（34頁に続く）

*2=Short Take Off and Landing　*3=Vertical/Short Take Off and Landing　*4=Short Take Off/Vertical Landing

# 傑作 V/STOL機 ハリアー 徹底解剖

## ホーカーシドレー・ハリアー

**推力偏向ノズルとRCS**

ヨー・バルブおよび
後方ピッチ・バルブ
ペガサス・
エンジン
右ロール・バルブ
前方ピッチ・バルブ
後部回転ノズル
前部回転ノズル
左ロール・バルブ

### ハリアーのVTOL機構

ハリアーにV/STOL機としての能力をもたらすのは、ペガサス・エンジンにより発生する高圧空気と排気ガスを放出する回転式の推力偏向ノズル、およびRCS（リアクション・コントロール・システム）と呼ばれる補助ノズルである。推力偏向ノズルは4基が設置され、ノズル先端の2枚のルーバーを持つダクト部分が0度～ 98.5度まで回転することで推力の方向を変える。これにより垂直離陸時には最大重量6 ～ 8.5tにもなる機体を空中に支えることができる。また短距離離陸や主翼が十分に揚力を発生していない状態での運動は、ダクトをそれぞれの運動に合った角度に向けて推力を発生させることで、上下・左右・前後の動きを実現している。RCSは舵が利かない状態での姿勢制御を行うバルブ付きのノズルで、機首下部・主翼両端・機体後端に4基が設置されている。エンジンの圧縮機で圧縮された空気を補助ノズルから噴出し、その反動により姿勢制御を行うのである。

**スロットルとノズル・レバー**

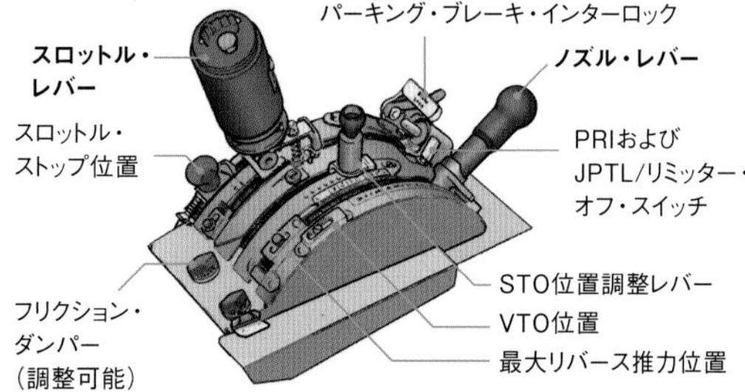


### ノズル・レバーの操作と機体姿勢

ハリアーではスロットル装置にノズルを偏向させるためのノズル・レバーが組み込まれている。図のようにスロットル・レバーの脇にノズル・レバーが設置され、STO（短距離離陸）位置（状況に応じて位置の変更が可能）とVTO（垂直離陸）位置（位置は固定）が設定してあり、必要な機体操作に応じてスロットルを開き、ノズル・レバーを動かす。スロットルを全開にしてノズル・レバーをVTO位置にして垂直上昇、上昇したらスロットルを戻しつつノズルをゆっくり回転させ、速度が160ノット*F（約296km/h）に達したら完全にノズルを後方に向け、通常飛行に移る。

*F=1時間に1海里（1.852km）進む速さの単位。

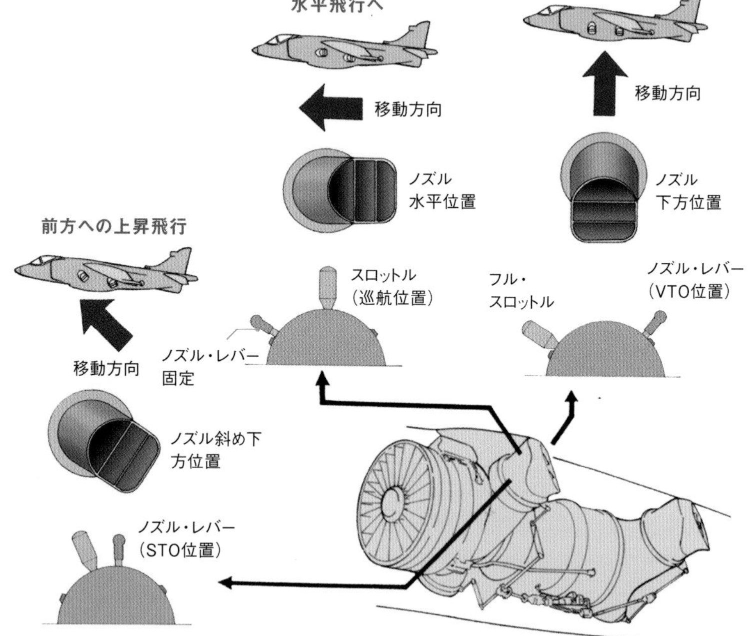


## 進化する傑作V/STOL機ハリアー

ハリアーの原型となったのは、イギリスのホーカーシドレー社（BAEシステムズの前身）が開発したVTOL実験機P.1127ケストレルである。この機体の初飛行は1960年であり、最初の実用機GR.1（単座近接支援／偵察機）が配備されたのは1967年であった。アメリカ海兵隊はハリアーの持つV/STOL性能に注目し、1971年にAV-8Aとして導入を決定した。

1980年代になると、アメリカ海兵隊はAV-8Aの性能を大幅に向上させたAV-8BハリアーⅡを採用（開発はマクドネル・ダグラス社）。その後AV-8Bはさらに改修が加えられ、AIM-120 AMRAAM（中距離空対空ミサイル）を運用できるようにしたAV-8BハリアーⅡプラスへと発展している。

アメリカ海兵隊ではAV-8BハリアーⅡを30年以上も第一線で運用してきたが、F-35Bの導入により退役が決定している。しかしF-35Bの配備が完了するまでには時間があり、まだしばらくはハリアーⅡは現役にとどまる。

### ペガサス・エンジン

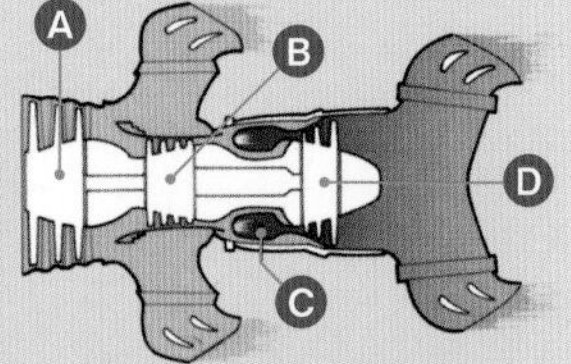


ハリアーがV/STOL機として成功した大きな要因のひとつは、搭載するペガサス・エンジンにある。エンジンの両側に各2基ずつある推力偏向方式の回転ノズルによって、エンジンの推力を垂直から水平方向へと自在に偏向できるのだ。

エンジン内部には空気圧縮用のタービン・ファンが二段階に設置されており（図Ⓐ、Ⓑ）、最初のタービンによって圧縮された高圧空気の一部を前部回転ノズルにより噴射して推力とし、残りの高圧空気を二段目のタービンによりさらに圧縮、Ⓒ燃焼室に送り燃料と混合して燃焼させる。燃焼ガスは後部回転ノズルにより噴射され推力となる。

ハリアーがYak-38フォージャーやF-35Bのように垂直上昇用（リフト用）エンジンを持たずに済むのは、このペガサス・エンジンの構造によるものだ。

イラストのⒹは高圧タービンで、燃焼ガスにより回転してタービン・ファンⒶとⒷを回転させる。

## シーハリアー FRS.1

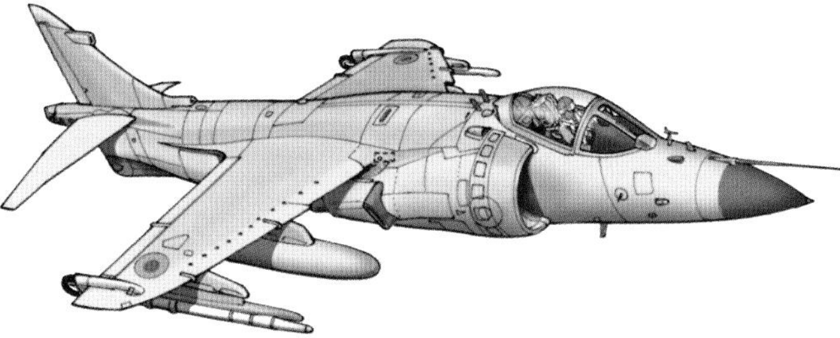

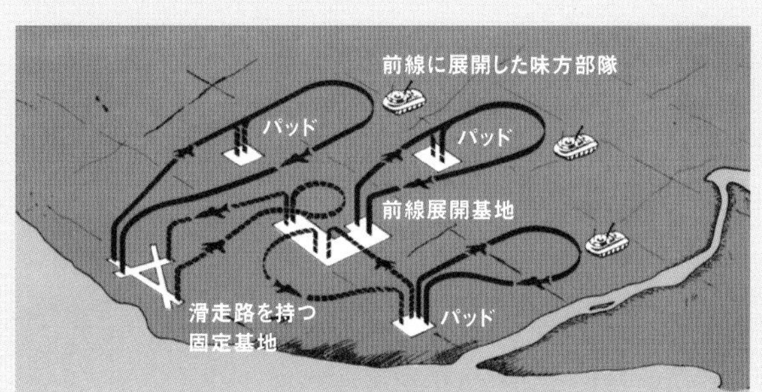

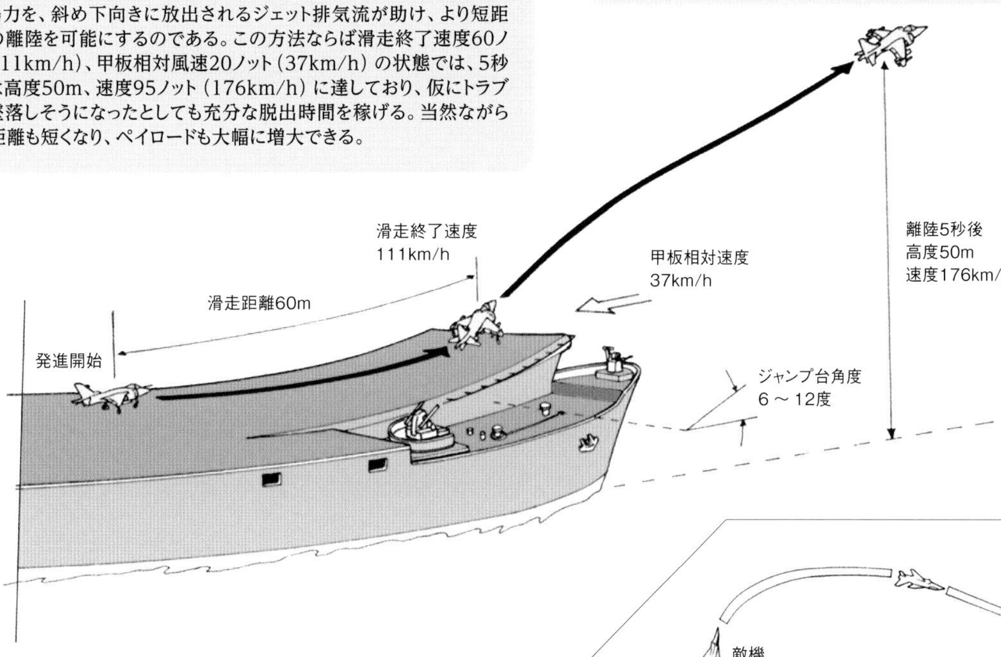

### V/STOL機とスキー・ジャンプ勾配

イギリス海軍では、艦隊の防空、攻撃偵察任務用の戦闘機として、ブルーフォックス・パルスドップラー・レーダーを搭載し、洋上で運用できるように航法装置を強化したシーハリアー FRS.1を1978年に採用した（後にFRS.1を改修したFA.2も採用され、2006年まで運用された）。そして艦上でのシーハリアーの運用能力をより向上させるために、空母にスキー・ジャンプ式の離陸用甲板を採用した。これは飛行甲板上にジャンプ台を設置したもので、シーハリアーは回転ノズルを水平にして飛行甲板上を滑走し、ジャンプ台に達したときノズルを斜め下方に位置させる。こうすることで、滑走による離陸速度と相対風速の合成により翼に発生した揚力を、斜め下向きに放出されるジェット排気流が助け、より短距離での離陸を可能にするのである。この方法ならば滑走終了速度60ノット（111km/h）、甲板相対風速20ノット（37km/h）の状態では、5秒後には高度50m、速度95ノット（176km/h）に達しており、仮にトラブルで墜落しそうになったとしても充分な脱出時間を稼げる。当然ながら滑走距離も短くなり、ペイロードも大幅に増大できる。

前線に展開した味方部隊
パッド
パッド
前線展開基地
滑走路を持つ
固定基地
パッド

### ハリアーの運用

通常の固定翼機と違い、ハリアーのようなV/STOL機は、わずかな空地があれば前線に展開でき、味方部隊へのより密接した戦闘任務が可能となる。滑走路を破壊されても運用できるという利点もある。しかし、航続距離に制限があるので、地上部隊の火力支援を充分に行うには前線近くに「パッド」を置く。パッドとはヘリポート設置の際などに敷かれるPSP*G（穴あき鋼板）を拡張したようなもののことで、3～4機程度のV/STOL機が一時的に駐機して燃料補給や兵装の換装などを行える。複数のパッドを置くことで、前線基地に展開した航空部隊の分散配置が行え、敵の攻撃によるダメージを減らすことができ、固定基地からの行き帰りに要する時間や燃料のロスをなくすことができる。

*G=Pierced Steel Planking

滑走終了速度
111km/h
甲板相対速度
37km/h
離陸5秒後
高度50m
速度176km/h
滑走距離60m
発進開始
ジャンプ台角度
6～12度

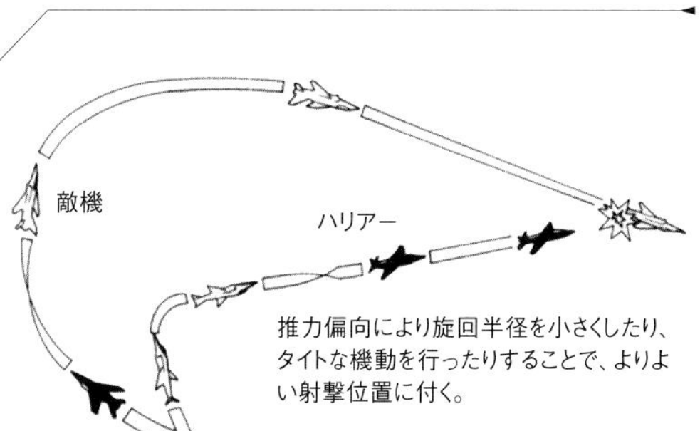

敵機
ハリアー
推力偏向により旋回半径を小さくしたり、タイトな機動を行ったりすることで、よりよい射撃位置に付く。

## AV-8Bプラス

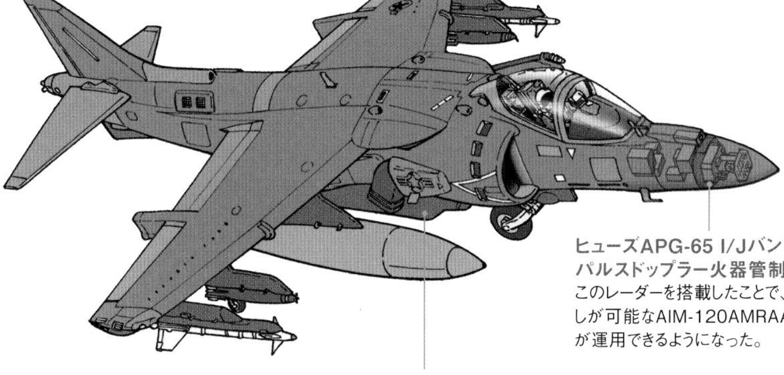

ヒューズAPG-65 I/Jバンドの
パルスドップラー火器管制レーダー
このレーダーを搭載したことで、撃ちっぱなしが可能なAIM-120AMRAAMミサイルが運用できるようになった。
LID*I（揚力向上パネル）
VTOL時に下向きに放出され地面に反射したジェット噴流を揚力として利用する。

*I=Lift Improvement Devices

### ハリアーの空中戦

空中戦で勝利するためには、敵機後方の射撃位置に付くことが必要である。そのためドッグ・ファイト（戦闘機同士の近接戦闘）では旋回や急降下などの機動を駆使するが、推力偏向による移動ができるハリアーならば、図のようにピッチ姿勢を変えることなく移動できるため、より小さい半径で旋回するといったCCV*H制御モード機に匹敵する機動が可能である。

*H=Control Configured Vehicle（運動能力向上機）

# 最新鋭STOVL機 F-35B

**ロール・ポスト**
姿勢制御（ロール）用の推力噴出装置。両翼に噴出口が設けられており、姿勢制御だけでなく、STOVL運用時には下向き推力としても利用できる。噴出する燃焼ガスの推力は両翼合わせて16.5キロニュートン。

**ロール・ポスト扉**

**3ベアリング回転ノズル**（3BSD）
排気ダクトを3分割して、それぞれがベアリングで回転することでノズルの向きを変える。垂直着陸時にはノズルがほぼ垂直下向きになるが、その場合はアフターバーナーは使えず、推力も80.0キロニュートンに制限される。とはいえリフト・ファンで84.0キロニュートン、ロール・ポストで16.5キロニュートンの下向き推力が得られるので、ホバリングや垂直着陸では合計して最大180.5キロニュートンの推力を利用できる。ちなみに短距離離陸では回転ノズルの推力制限が緩和され、利用できる最大推力は少し増加する。

F-35Bの推進ユニットはリフト・ファン、エンジン本体、3ベアリング回転ノズルで構成され、STOVL（短距離離陸/垂直着陸）運用を可能にしている。基本的にはYak-38フォージャーのように垂直方向と水平方向の2つの推力発生装置を有していることになる。

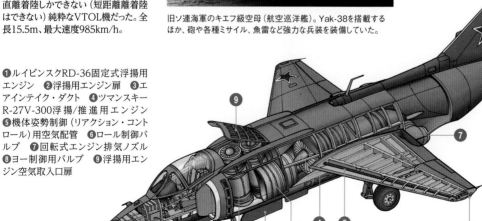

さらにエンジンの回転をシャフトを介して伝達するリフト・ファンを駆動させることでSTOVL性能を実現している（F-35Bは垂直離着陸専用のエンジンは持たないが、推力発生装置のリフト・ファンを装備するので、リフト・エンジンに分類されることがある）。

ところで、F-35Bの推力発生装置を使用する方式は、旧ソ連時代にYak-38とその後継機Yak-141で使用されたVTOL技術を発展させたものである（Yak-141の推力偏向の技術はアメリカに売却されている）。

F-35Bの方式は、かつて試作VTOL機が盛んに開発された時代の遺産のリニューアルといえなくもない。

そうした点からいえば、ベクタード・スラストというユニークな推力偏向方式を持つハリアーのほうが、洗練された方式であるといえるだろう。

## ロッキード・マーティンF-35BライトニングII

第5世代戦闘機であるF-35は、レーダーに映りにくいステルス性を持ち、空中におけるリアルタイムの情報収集能力が高く、ネットワークを介して組織的な戦闘力を発揮できるとされる。アメリカ海兵隊においてF-35BはAV-8BハリアーIIプラスの後継機であるが、どちらもSTOVL機として運用される。

## Yak-38フォージャー

ハリアーと同時期に開発された旧ソ連の機体で、世界初の実用VTOL艦上機（艦上攻撃機）である。垂直上昇専用の固定式浮揚用エンジンと、水平飛行時のエンジン（ベースとなったYak-36で用いられた回転式ノズルにより、垂直上昇も補助する）の2つを組み合わせた複合推進方式。垂直離着陸時にはコクピット後方のダクト・カバーを開いて2基の浮揚用エンジンを動かす。ちなみにフォージャーは発展型のYak-38Mまで垂直離着陸しかできない（短距離離着陸はできない）純粋なVTOL機だった。全長15.5m、最大速度985km/h。

旧ソ連海軍のキエフ級空母（航空巡洋艦）。Yak-38を搭載するほか、砲や各種ミサイル、魚雷など強力な兵装を装備していた。

❶ルイビンスクRD-36固定式浮揚用エンジン ❷浮揚用エンジン扉 ❸エアインテイク・ダクト ❹ツマンスキーR-27V-300浮揚/推進用エンジン ❺機体姿勢制御（リアクション・コントロール）用空気配管 ❻ロール制御バルブ ❼回転式エンジン排気ノズル ❽ヨー制御用バルブ ❾浮揚用エンジン空気取入口扉

## F-35BのSTOVL推進ユニット・システム

**ダイバーターレス超音速インレット**
通常のジェット戦闘機では、衝撃波の発生を抑えるとともに、エンジンが衝撃波を伴う気流を吸い込んで停止しないように、エア・インテイクと胴体の間に隙間（ダイバーター）を設けている。F-35では胴体側に膨らみを付けることで隙間をなくしている。これにより構造が簡素化され、ステルス性も向上している。

**Y字型ダクト**
機体を上方から見てY字型のダクトで空気をエンジンに導くようになっている。これによりエア・インテイクからレーダー電波が進入してもエンジンに届かず、反射波も出にくいのでステルス性が向上している。またダクトの上部には補助空気取入口が設置されている。

**補助空気取入口扉**
エンジンが確実に空気を吸入できるようにリフト・ファン使用時に開き、Y字型ダクト上面の空気取入口に空気を吸入させる。

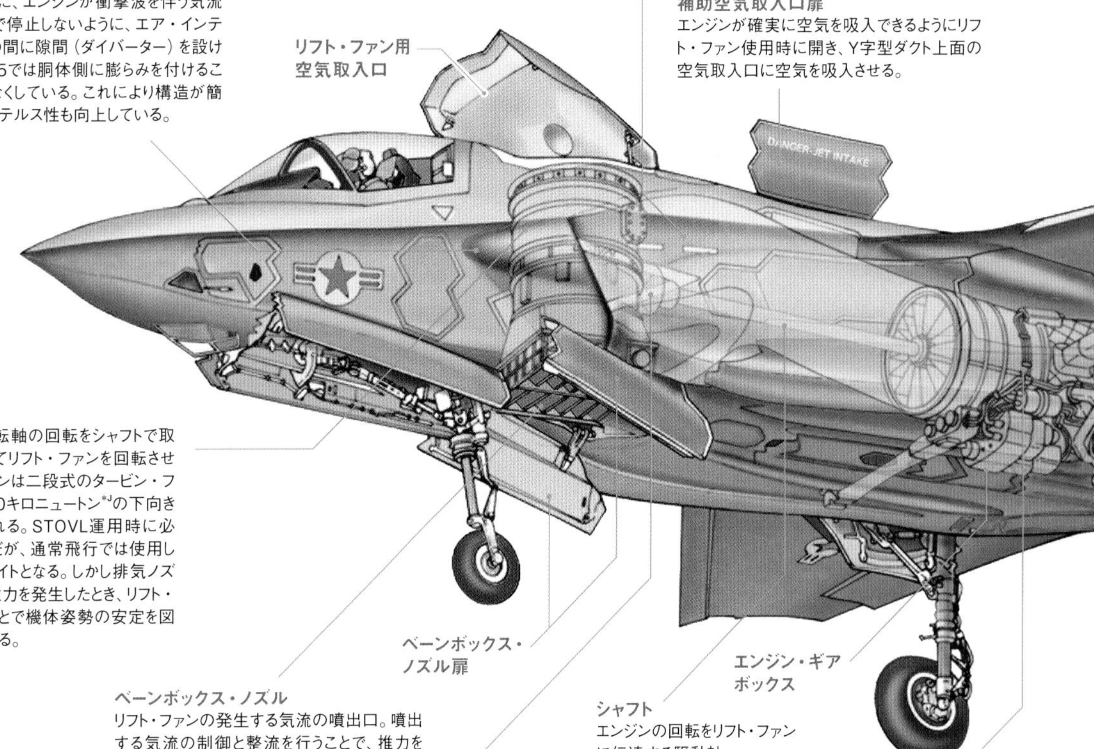


**リフト・ファン**
エンジンの低圧回転軸の回転をシャフトで取り出し、ギアを使ってリフト・ファンを回転させている。リフト・ファンは二段式のタービン・ファンにより最大84.0キロニュートン*Jの下向き推力を発生させられる。STOVL運用時に必要なリフト・ファンだが、通常飛行では使用しないのでデッドウエイトとなる。しかし排気ノズルにより下向きの推力を発生したとき、リフト・ファンを使用することで機体姿勢の安定を図れるなどの利点もある。

**ベーンボックス・ノズル**
リフト・ファンの発生する気流の噴出口。噴出する気流の制御と整流を行うことで、推力を効果的に利用する。

**シャフト**
エンジンの回転をリフト・ファンに伝達する駆動軸。

**ギアボックス**
エンジンからシャフトを介して取り出される出力の回転数を調節してリフト・ファンに伝達、ファンを回転させる。またリフト・ファンを使用しない時にはクラッチにより接合を切るようになっている。

**F135-PW-600エンジン本体**
エンジンのケーシングにはCMC*K（セラミックス基複合材料）を使うことで、通常のチタニウムを使ったエンジンよりも軽量で耐久性が高い。エンジン本体はアフターバーナー付きターボファン・エンジンで、リフト・ファンと一体化されてSTOVL推進ユニットを構成する。

*J＝力および重量の単位。1キロニュートンは1000ニュートン（約101.9重量キログラム）
*K＝Ceramic Matrix Composites

## F-35BはSTOVL機

アメリカ海兵隊はAV-8Bプラスを V/STOL機と定義しており、短距離離陸と垂直着陸を組み合わせたSTOVL方式での運用がほとんどだが、場合によっては垂直離陸での運用も想定している。
一方、F-35Bは垂直離陸する能力を持つが、最初からSTOVL機としての運用を考慮して開発された機体である（つまり、垂直離陸させる運用は想定されていない）。F-35Bは短距離離陸と垂直着陸にはリフト・ファンとエンジン排気による2つの推力を使用するが、その際には水平安定板やフラップを使って揚力を増加させ、機体姿勢の制御を補助している。

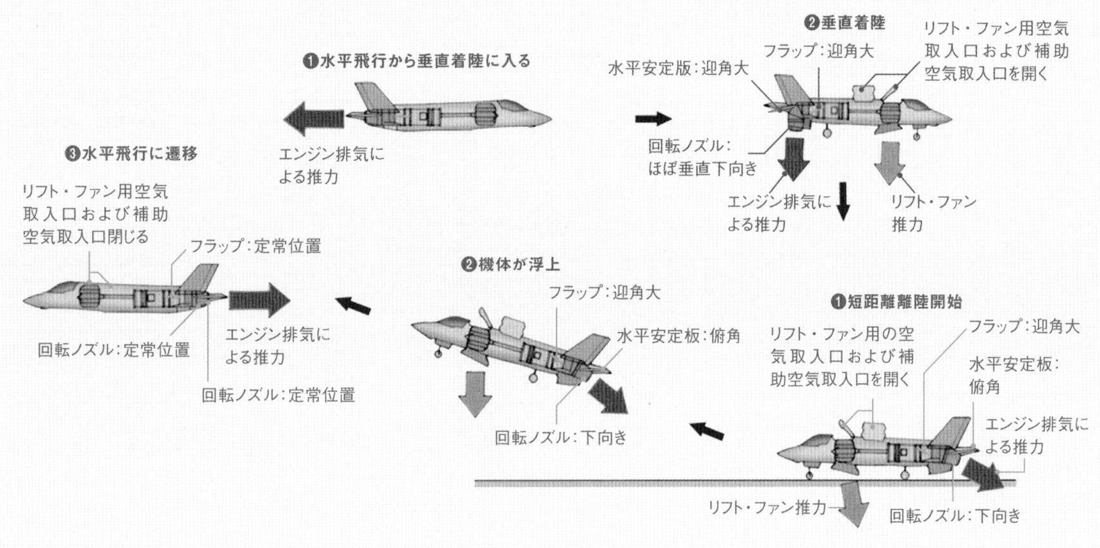

*Evolution of Attack Helicopters*

# 攻撃ヘリコプター

## 攻撃任務のために生まれたヘリは いかにして開発され発展したのか

**垂直離着陸でき、ホバリング（空中に静止すること）も可能なヘリコプターは、軍隊でもさまざまな用途に使われている。そして戦場の要求により出現したのが攻撃ヘリである。**

汎用ヘリUH-1Yヴェノムとともに飛行するアメリカ海兵隊のAH-1Wスーパーコブラ（手前）。ジェネラル・エレクトリックT700-GE-401ターボシャフト・エンジンを2基搭載し、前身のAH-1Jシーコブラより機体が大型化している。兵装もTOW[*A]とヘルファイア両方の対戦車ミサイルに加え、空対空ミサイルAIM-9サイドワインダーなどが運用できる。

＊A＝Tube-launched, Optically-tracked, Wire-guided

### 攻撃ヘリコプターという機体

攻撃ヘリコプター[*1]は、次のように大別できる。

●戦闘ヘリコプター：対地攻撃を第一の任務として開発されたヘリ。機体構造にも充分な防護対策が施され、簡単には撃墜されず、高い機動力と兵装搭載・運用能力を持つ（いわゆる対戦車ヘリコプターもこの範疇（カテゴリー）に入る）。ただし、製造コストも運用・維持コストも高くつく。

●武装ヘリコプター：汎用ヘリに武器を装備して地上攻撃能力を持たせた機体。軍隊のなかでは保有数の多い汎用ヘリを転用するため、コストを抑えられる。

●観測ヘリコプター：偵察や観測を主任務とし、軽武装で地上攻撃も可能なヘリ。多くは既存の軽ヘリコプターをベースとしているが、専用に開発された機体もある。

### 攻撃ヘリコプターの始まり

ヘリコプターにより兵力を移動させたり、集中投入したりして作戦を展開するヘリボーン作戦は、今日（こんにち）では各国陸軍の一般的な戦術となっている。この戦術の基礎を作ったのは、アルジェリア[*2]戦争におけるフランス軍だった。この戦争においてフランス軍は武器を搭載した武装ヘリコプターを開発し、

＊1＝戦闘ヘリコプターを攻撃ヘリコプターと呼ぶ場合もあり、明確な区別はないようだ（本稿では「攻撃ヘリコプター」と表記する）。
＊2＝1954～1962年に行われたアルジェリアのフランスからの独立戦争。

ヘリボーンにおける火力支援を行わせている。

またアメリカ軍もヴェトナム戦争において、ヘリコプターを大量投入していくつものヘリボーン作戦を実施している。

しかし、ヴェトナムでもアルジェリア戦争と同じような光景が繰り返された。解放戦線側は、ヘリがホバリングして搭乗した兵士が地上に降りる瞬間（ヘリコプターが最も無防備となる時）を狙って攻撃するようになり、その被害は甚大であった。

そこでアメリカ陸軍は、輸送ヘリとしても使用されていたUH-1B汎用ヘリに、七・六二ミリ機関銃M60や二・七五インチのMA-2ロケット弾ポッドを装備した最初の武装ヘリコプター（ガンシップ）を開発、一九六二年から配備を始めた。さらに一九六五年にはガンシップに特化したUH-1Cが配備されている。こうした武装ヘリによる輸送ヘリのエスコート（同行援護）は非常に有効であったという。

しかし、汎用ヘリをベースとする武装ヘリは、武器を装備することで兵員や物資の輸送ができなくなる、重量や空気抵抗が増大して性能が低下するといった問題が生じた。そこでエスコートや地上制圧任務専用の攻撃ヘリコプターの開発が望まれることとなった。アメリカ陸軍はAAFSS*3（新型空中火力支援システム）という開発計画を立ち上げ、その要求仕様に応じた各メーカーの案を検討、最終的に採用されたのがベル社の提出したモデル209であった。一九五五年四月にはAH-1ヒューイコブラの名称が与えられ、一一〇機がベル社に発注された。一九六七年九月には初期生産型のAH-1Gがヴェトナムに送られ、戦場デビューとなった。なお、各国が攻撃ヘリコプターの開発・運用に乗り出したのはAH-1の登場以降であり、AH-1は攻撃ヘリの標準モデルのひとつになったといえる。

## 攻撃ヘリコプターの発展

一九七〇年代に入ってヴェトナム戦争が終結、アメリカの軍事戦略が変更されると、攻撃ヘリに求められる能力も変化した。想定される戦場はヨーロッパとなり、最大の脅威はワルシャワ*4条約機構軍の機甲部隊とされたのだ。当時、ワルシャワ条約軍の保有する戦車はNATO*5軍のそれをはるかに上回る数であり、ひとたび彼らが越境して西側に進撃を始めたならば、NATO軍にはそれに即応する術（すべ）はないと見られていた。

そこでアメリカ陸軍では攻撃ヘリに対戦車攻撃能力を付与し、増援部隊が駆けつけるまでの時間をなんとか稼ごうと考えたのだ。こうして開発されたのがAH-64である。しかし、冷戦終結によりヨーロッパを戦場とするNATO軍とワルシャワ条約軍の決戦は発生せず、対戦車ヘリによる戦闘も行われることはなかった。

AH-64がその威力を発揮したのは、一九九一年の湾岸戦争であった。戦場となった砂漠は遮蔽物のほとんどない地形であり、気温や砂塵はヘリにとって過酷な環境だった。また多国籍軍の進攻速度が速く戦闘地域が常に変化することもあり、森林の多いヨーロッパを想定した攻撃ヘリの戦闘法は通用しなくなった。それでも戦車を中心とするイラク軍地上部隊に対して、AH-64は圧倒的優位に立つこととなった。搭載する対戦車兵器の威力は、攻撃ヘリと敵戦車の戦闘で予想されていた損害比率を大きく下回るものであった。AH-64は積極的に戦場を飛び回り、発見した敵を攻撃したり、諸兵科連合で戦う地上部隊の支援を行ったのである。湾岸戦争に投入されたAH-64は一機も撃墜されず、戦車や装甲車両を八〇〇両以上撃破している。

ところが、アフガニスタン戦争*6やイラク戦争*7では、攻撃ヘリは敵のMANPADS*8（携帯式地対空ミサイル）だけでもかなりの損害を出している。撃墜こそ少なかったものの、被弾により大破や作戦遂行不能になった機体が続出したのだ。

一九八〇年代から二〇一〇年頃までは、対戦車攻撃や対地攻撃という任務を背負ってAH-64のような攻撃ヘリが全盛を誇ってきたが、今日では大規模な対戦車戦闘は起こりえないし、地対空ミサイルの発達により攻撃ヘリの存在意義すらも危ぶまれてきている。

（46頁に続く）

AH-1シリーズ最初の機体となったG型はヴェトナム戦争でヘリボーン部隊を援護するとともに、対地攻撃を行うために急遽開発されたヘリコプターだった。

陸上自衛隊が運用しているAH-1S StepⅢ（AH-1S近代改修型）。有線誘導式の対戦車ミサイルTOWを搭載し、対戦車ヘリとして運用するために開発された機体。1982～1995年までに90機が導入され、対戦車ヘリコプター隊（各方面隊に第1～第5まである）と航空学校に配備されている。すでに旧式化しているが、AH-64Dの調達がうまくいかなかったため、いまだ現役である。

*3＝Advanced Aerial Fire Support System　*4＝NATOに対抗して1950年に作られたソ連（当時）を盟主とする東ヨーロッパ諸国が結集した軍事同盟。1991年解散。
*5＝the North Atlantic Treaty Organization（北大西洋条約機構）。欧州および北米の30か国が加盟する政治的・軍事的同盟。1949年設立。
*6＝2001年に始まった対テロ戦争。2021年8月にアメリカ軍は撤退。タリバンがアフガニスタンを実質的に支配下に置いた。
*7＝2003～2011年に行われたアメリカを主体とするイラクへの軍事介入。　*8＝MAN-Portable Air-Defense Systems

# 攻撃ヘリ(AH-1W)の主要構造

現在各国で運用されている攻撃ヘリのほとんどがターボシャフト・エンジン*Bを2基搭載し、2つの動力（出力）をトランスミッション・システムにより1つのメイン・ローターおよびテイル・ローターを回転させる方式になっている。

ここではアメリカ海兵隊が運用するAH-1Wスーパーコブラを例として、攻撃ヘリの構造を説明する。

*B＝ジェット・エンジンまたはガスタービン・エンジンの一種。タービン排気によりシャフトを回転させて軸出力を取り出すエンジン。

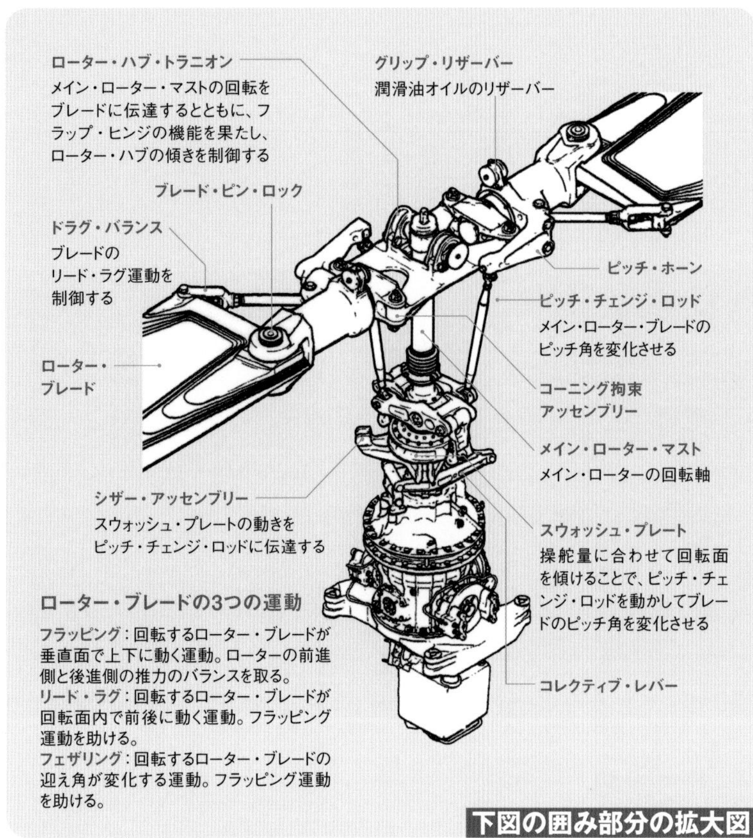
ローター・ハブ・トラニオン
メイン・ローター・マストの回転をブレードに伝達するとともに、フラップ・ヒンジの機能を果たし、ローター・ハブの傾きを制御する
グリップ・リザーバー
潤滑油オイルのリザーバー
ブレード・ピン・ロック
ドラグ・バランス
ブレードのリード・ラグ運動を制御する
ピッチ・ホーン
ピッチ・チェンジ・ロッド
メイン・ローター・ブレードのピッチ角を変化させる
ローター・ブレード
コーニング拘束アッセンブリー
メイン・ローター・マスト
メイン・ローターの回転軸
シザー・アッセンブリー
スウォッシュ・プレートの動きをピッチ・チェンジ・ロッドに伝達する
スウォッシュ・プレート
操舵量に合わせて回転面を傾けることで、ピッチ・チェンジ・ロッドを動かしてブレードのピッチ角を変化させる
コレクティブ・レバー

### ローター・ブレードの3つの運動

フラッピング：回転するローター・ブレードが垂直面で上下に動く運動。ローターの前進側と後進側の推力のバランスを取る。
リード・ラグ：回転するローター・ブレードが回転面内で前後に動く運動。フラッピング運動を助ける。
フェザリング：回転するローター・ブレードの迎え角が変化する運動。フラッピング運動を助ける。

**下図の囲み部分の拡大図**

## ローター・ヘッドおよびローター・ブレード操作機構

ヘリコプターではメイン・ローターの回転面を前後左右に傾斜させたり、ローター・ブレードのピッチ（迎え角）を変化させたりすることで機体を動かす。その操作機構を成すのがローター・ヘッドやスウォッシュ・プレートなど。2枚ローターのAH-1Wではローター・ハブにベル・ヘリコプター社伝統のシーソー型ローター・ヘッドが使われている。これはメイン・ローター・マストとローター・ハブの接合部となるローター・ハブ・トラニオンがフラップ・ヒンジになっている。そのため各ブレードはシーソーのように同時に反対方向にフラッピングする。

## 攻撃ヘリの操縦機構

イラストはAH-1Wの操縦装置（サイクリック・スティック、コレクティブ・ピッチ・レバーおよびペダル）と、ローター回転面を傾けたりブレードのピッチ角を変化させたりするための各種ロッド（操縦索）が、どのように連結されているかを表す。基本的に各種ロッドと油気圧装置を組み合わせた機械式の操縦機構になっている。AH-1でも他のヘリコプターと同様に操縦装置はローター回転面やローター・ブレードの制御を司る。また操縦機構には自動的に機体振動を低減して安定性を保ったり、良好な操縦性を提供したりしてパイロットの作業負担を軽減するためのSCAS*C（安定性および制御増強システム）が組み込まれている。ちなみにAH-1Wの発展型のAH-1Zヴァイパーは、デジタル制御の自動操縦装置を備えている点が新しい。

*C＝Stability and Control Augmentation System

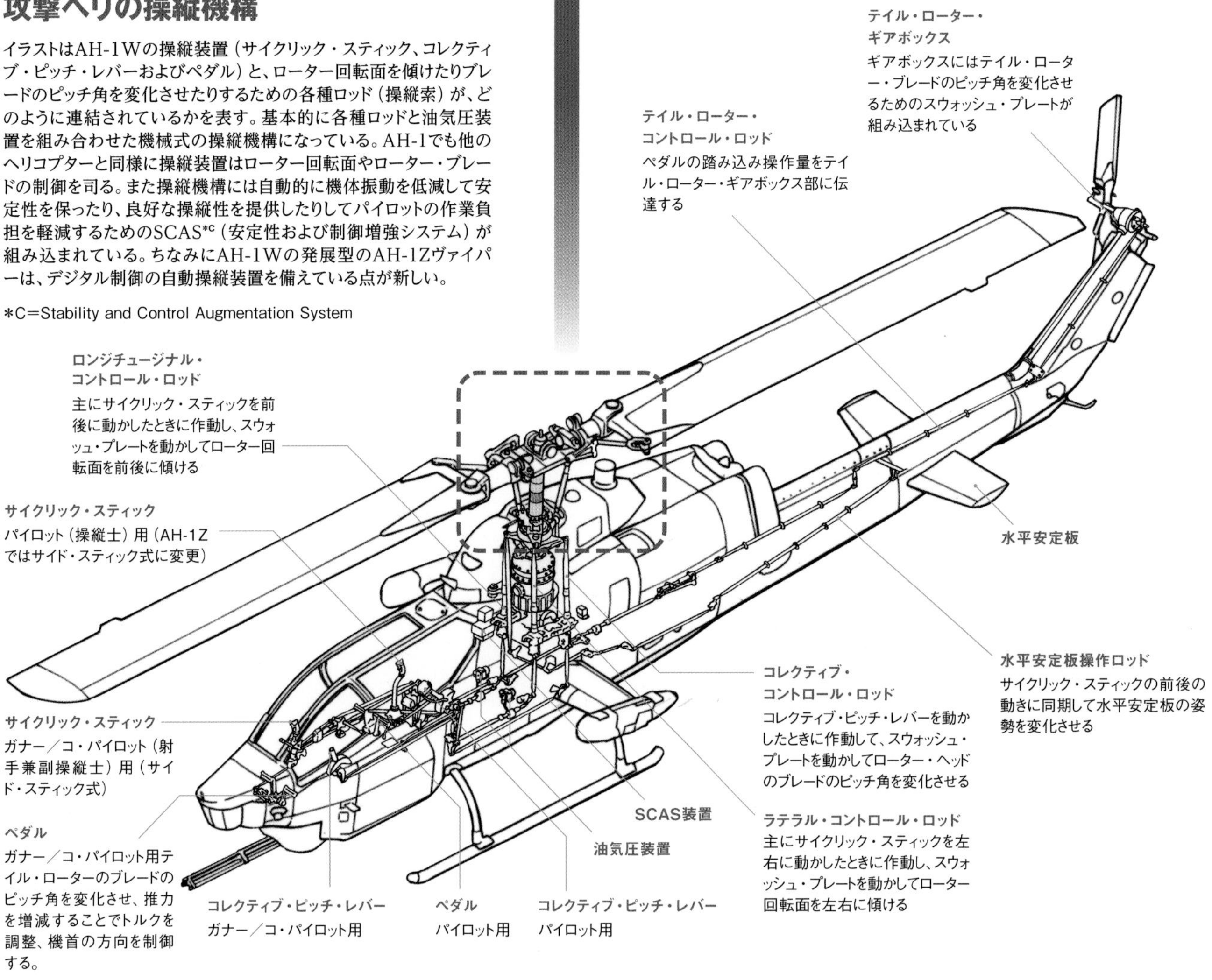

ロンジチュージナル・コントロール・ロッド
主にサイクリック・スティックを前後に動かしたときに作動し、スウォッシュ・プレートを動かしてローター回転面を前後に傾ける

サイクリック・スティック
パイロット（操縦士）用（AH-1Zではサイド・スティック式に変更）

サイクリック・スティック
ガナー／コ・パイロット（射手兼副操縦士）用（サイド・スティック式）

ペダル
ガナー／コ・パイロット用テイル・ローターのブレードのピッチ角を変化させ、推力を増減することでトルクを調整、機首の方向を制御する。

コレクティブ・ピッチ・レバー
ガナー／コ・パイロット用

ペダル
パイロット用

コレクティブ・ピッチ・レバー
パイロット用

SCAS装置

油気圧装置

テイル・ローター・コントロール・ロッド
ペダルの踏み込み操作量をテイル・ローター・ギアボックス部に伝達する

テイル・ローター・ギアボックス
ギアボックスにはテイル・ローター・ブレードのピッチ角を変化させるためのスウォッシュ・プレートが組み込まれている

水平安定板

水平安定板操作ロッド
サイクリック・スティックの前後の動きに同期して水平安定板の姿勢を変化させる

コレクティブ・コントロール・ロッド
コレクティブ・ピッチ・レバーを動かしたときに作動して、スウォッシュ・プレートを動かしてローター・ヘッドのブレードのピッチ角を変化させる

ラテラル・コントロール・ロッド
主にサイクリック・スティックを左右に動かしたときに作動し、スウォッシュ・プレートを動かしてローター回転面を左右に傾ける

## トランスミッション・システム

アメリカ海兵隊の攻撃ヘリは強襲揚陸艦から発進し、洋上を飛行して上陸地点の対地支援任務にあたることが多いため、エンジンを2基搭載している。もし1基のエンジンが故障や被弾で停止しても、もう1基が稼働していれば帰艦できるからだ。
イラストはエンジンおよびその動力をローターに伝達するためのトランスミッション・システム。ヘリコプターの心臓部である。

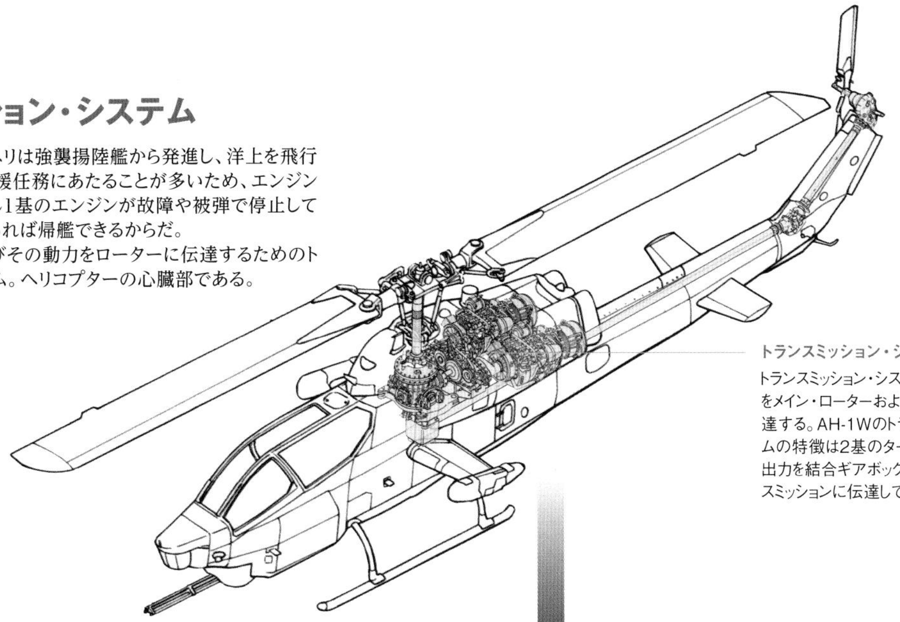

**トランスミッション・システム**
トランスミッション・システムは、エンジンの出力をメイン・ローターおよびテイル・ローターに伝達する。AH-1Wのトランスミッション・システムの特徴は2基のターボシャフト・エンジンの出力を結合ギアボックスを介してメイン・トランスミッションに伝達していることだ。

**結合ギアボックス**
エンジンの出力ドライブ・シャフトに接続されており、各入力ドライブ・トレインに取り付けられたフリー・ホイール・ユニットにより2つのエンジン（あるいはどちらか一方のエンジン）の動力（出力）を受け取る。結合ギアボックスは、通常2つのエンジンの動力を合成し、パイロットが希望する回転速度に調整してメイン・ドライブ・シャフトを介してトランスミッションに動力を伝達する。
結合ギアボックスは、遠心クラッチとフリー・ホイール・クラッチの機能を果たす。ヘリコプターのメイン・ローターは重く慣性力が大きいので、エンジン始動時の回転数が低い状態では回転させることができない。そこでエンジンの回転数が高くなるまでエンジンとトランスミッションを切り離しておき、回転数が充分に高くなった時点で遠心クラッチにより両者を結合して動力を伝達する。フリー・ホイール・クラッチは、エンジンの故障でエンジンの出力側回転数とトランスミッションの入力側回転数が異なった場合に動力を切り離す。AH-1Wでは2基のエンジンを搭載しているので、1基が故障した場合、残る1基のエンジンの動力をトランスミッションに伝達する。2基が故障した場合には動力が切り離され、オートローテーションで着陸することになる。

**デイル・ローター・ギアボックス**
テイル・ローター・ドライブ・シャフトで伝達される回転数を調節してテイル・ローターに伝達、回転させる。またエンジンとトランスミッションが切り離されたオートローテーション*D中でも、トランスミッションを介してメイン・ローターの回転が伝達され、テイル・ローターが駆動するようになっている。そのためオートローテーションの状態でも機首方向の制御が行える。

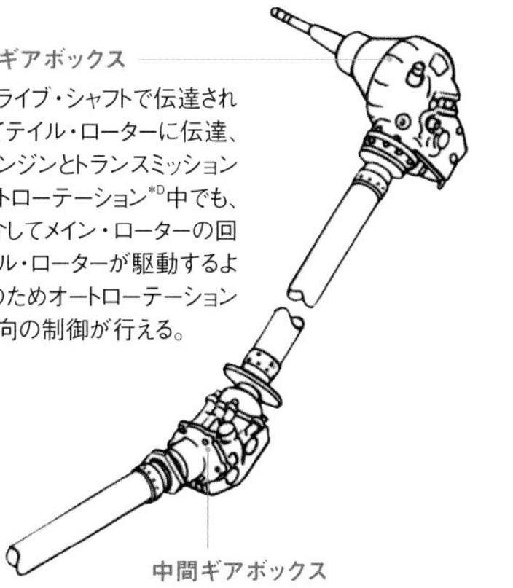

拡大図

**中間ギアボックス**
テイル・ローター・ドライブ・シャフトの回転を偏向させて、垂直安定板の先端にあるデイル・ローター・ギアボックスに伝達する。

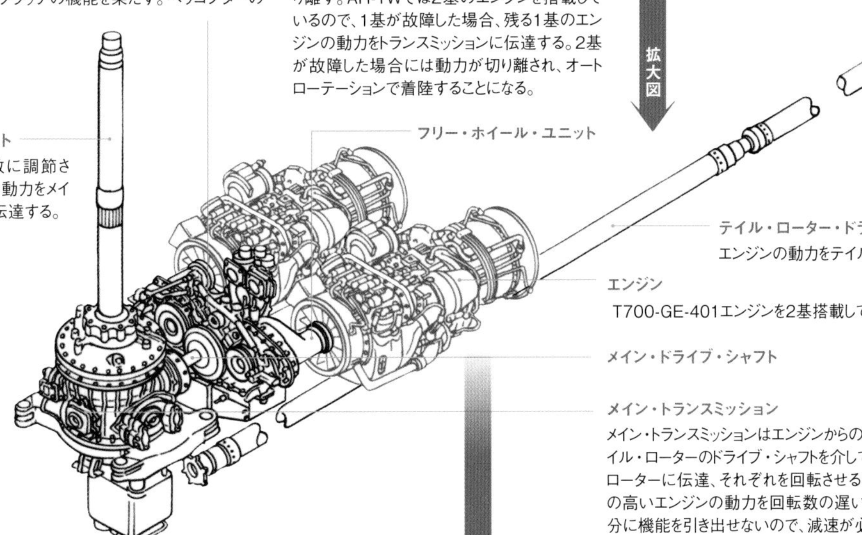

**メイン・ローター・マスト**
適切な回転数に調節されたエンジンの動力をメイン・ローターに伝達する。

**フリー・ホイール・ユニット**

**テイル・ローター・ドライブ・シャフト**
エンジンの動力をテイル・ローターに伝達する。

**エンジン**
T700-GE-401エンジンを2基搭載している。

**メイン・ドライブ・シャフト**

**メイン・トランスミッション**
メイン・トランスミッションはエンジンからの動力をメイン・ローター・マストとテイル・ローターのドライブ・シャフトを介して、メイン・ローターおよびテイル・ローターに伝達、それぞれを回転させる機能を果たす。このとき、回転数の高いエンジンの動力を回転数の遅いローターにそのまま伝達しても充分に機能を引き出せないので、減速が必要になる。メイン・トランスミッションにはそのための減速ギアが組み込まれており、回転数を調節した動力をローターに伝達できる。減速ギアにより減速比を大きくして出力トルクを大きくすることで、重量のあるメイン・ローターを適切な回転速度で回転させるのだ。またジェネレーターやオイル供給システムなどのアクセサリーに動力を伝達して駆動させる機能も持つ。

*D＝ヘリコプターのメイン・ローター・システムがエンジンから切り離され、ローターが自由回転する状態のこと。エンジンを停止して機体が降下すると、下面からの気流を受けたメイン・ローターが自由回転して滑空することで空中に浮き、、ヘリは墜落せずに着陸できる（ヘリの高度や速度などによっては安全に着陸できない場合もある）。

拡大図

## T700-GE-401エンジン

フロント・ドライブ（エンジンの前方から軸出力を取り出す）のモジュール構造の軍用ヘリコプター用ターボシャフト・エンジンで、推力1285キロワット。GE・アビエーション社製。AH-1WやAH-1Z、AH-64、H-60シリーズなどに搭載されている。また民間用ヴァージョンとしてCT7がある。

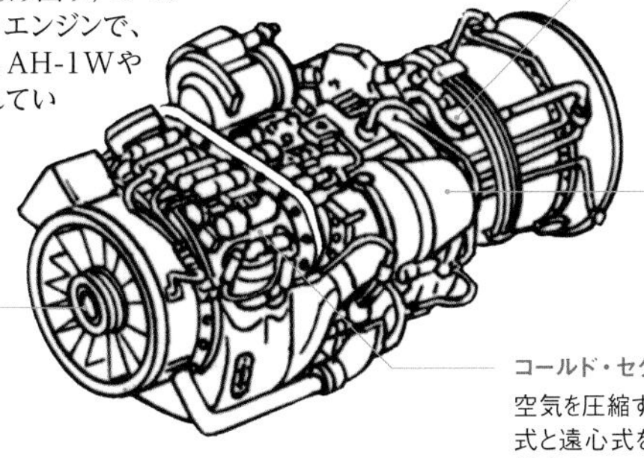

**パワー・タービン部**
出力を取り出すためのドライブ・シャフトを回転させる部分。2段の出力タービンが配置され、出力タービンは同軸ドライブ・シャフト内を貫通するドライブ・シャフトを回転させる

**ホット・セクション・モジュール部**
圧縮した空気と燃料を燃焼させ、高温高圧の燃焼ガスを作る。中央に燃料インジェクターを備えた環状燃焼器を配置

**ドライブ・シャフト**
出力取り出し軸

**コールド・セクション・モジュール部**
空気を圧縮するためのコンプレッサー部。軸流式と遠心式を組み合わせた6段のタービンで構成されている

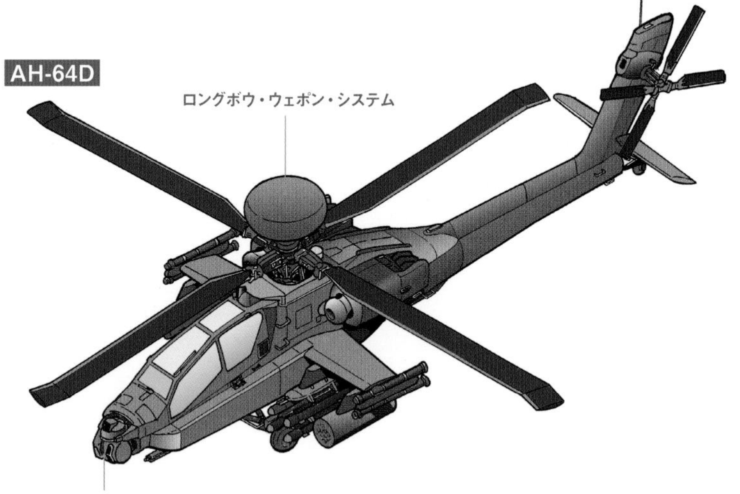


## AH-64Dの特徴

AH-64Aに近代改修を施し、全天候下における作戦遂行能力を持たせた機体がAH-64Dアパッチ・ロングボウである。ロングボウ・レーダーを装備し、アビオニクスを一新、コクピットもMFD*E（多機能ディスプレイ）を中心とした近代的なものになっている。またAH-64の〝眼〟であるTADS*F/PNVS*G（目標捕捉・指示照準装置／パイロット用暗視装置）も、第2世代のM-TADS*H/PNVS（アローヘッドとも呼ばれる）が搭載されている。ちなみにAH-64Dの最新型のアップグレード機AH-64Eでは、M-TADS/PNVSフレーズⅡの改修型M-DSA*I（近代化型昼間センサー・アッセンブリー）が搭載される。

*E=Multi-Function Display
*F=Target Acquisition and Designation Sight
*G=Pilot Night Vision System
*H=Modernized Target Acquisition and Designation Sight
*I=Modernized Day Sensor Assembly

❶M-TADS昼間用　❷M-TADS夜間用　❸PNVS　❹ペダルおよびリンク機構：ガナー／コ・パイロット用テイル・ローター操作装置。テイル・ローター制御伝達機構を介してテイル・ローターのピッチを変化させる。通常テイル・ローターはトルクを打ち消すように推力を発生しているが、ペダルを踏むと推力が変化して踏み込んだ方向に機首が向く　❺ガナー／コ・パイロット用サイクリック・コントロール・スティック：これを操作すると⓯および㉑が動いてローター回転面を前後左右に傾ける。機体の前後左右の運動を制御する操縦装置　❻ガナー／コ・パイロット用計器パネル：中央にM-TADS用の多機能ディスプレイが設置されている　❼ガナー／コ・パイロット　❽ガナー／コ・パイロット防護用ボロン複合材製装甲板　❾ガナー／コ・パイロット用ヘッドポジション検出センサー：搭乗員の向いている方向を検出・調節して、ヘルメット表示照準システムに情報や画像を投影する　❿防弾ガラス：被弾時に被害が広がらないように前席と後席を仕切っている　⓫パイロット　⓬パイロット防護用装甲板　⓭パイロット用ヘッドポジション検出センサー　⓮EWアンテナ　⓯ロンジチュージナル・ロッドおよびアクチュエーター：ローター回転面を前後に傾ける　⓰コレクティブ・コントロール・ロットおよびアクチュエーター：ローターのピッチ角を変え、発生する推力を変化させる　⓱ピッチ・ハウジングおよびダンパー　⓲スウォッシュ・プレートおよびコントロール・ロッド：ローター回転面やピッチ角を実際に制御する部分　⓳ローター・ブレード　⓴トランスミッション固定プレート　㉑ラテラル・コントロール・ロッドおよびアクチュエーター：ローター回転面を左右に傾ける　㉒トランスミッション　㉓ジェネレーター　㉔テイル・ローター制御伝達機構　㉕㉖メイン・ローター制御伝達機構　㉗ダブル・フラットパック弾倉　㉘弾薬供給シート　㉙燃料供給口　㉚胴体中央アビオニクス・ベイ　㉛コクピット・エアー・ベント　㉜パイロット用コレクティブ・コントロール・スティック：これを操作すると⓰が動いてローター・ブレードのピッチ角を変化させ、機体を上昇・降下させる。機体の上下の運動を制御する操縦装置　㉝燃料タンク　㉞主脚支持柱および緩衝装置　㉟パイロット用ペダルおよびリンク機構　㊱弾薬供給部　㊲チェーン・ガン・ターレット　㊳エンジン制御レバー　㊴ガナー／コ・パイロット用コレクティブ・コントロール・スティック　㊵機体前部アビオニクス・ベイ　㊶M230A1 30ミリ・チェーン・ガン：電動モーターで駆動するチェーンにより作動する機関砲　㊷アビオニクス・ベイ冷却装置

## コクピットおよび周辺の構造

搭乗員防護のためAH-64Dのコクピットはボロン複合材製装甲板で覆われている。また仮に墜落した場合には、チェーン・ガン（機関砲）、スキッド、胴体下部が地面に接触するとともに壊れることで、落下の衝撃を70パーセント吸収する構造となっている。

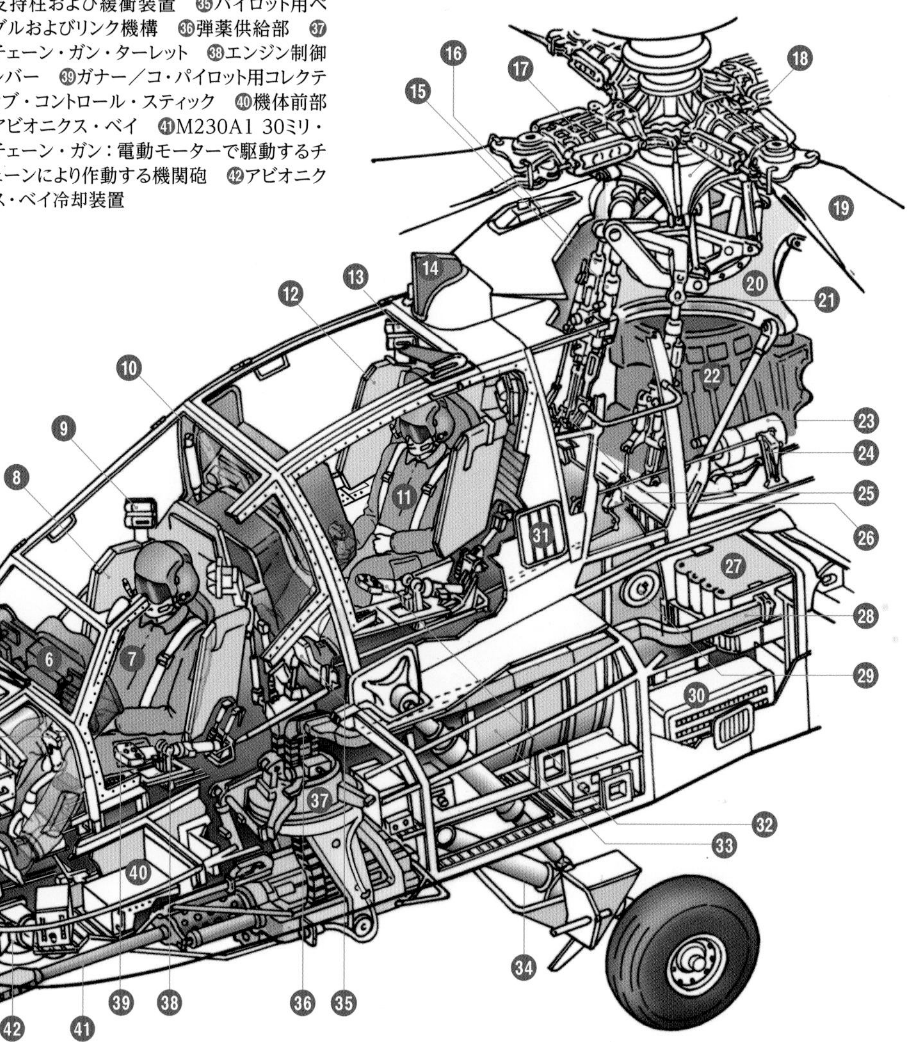

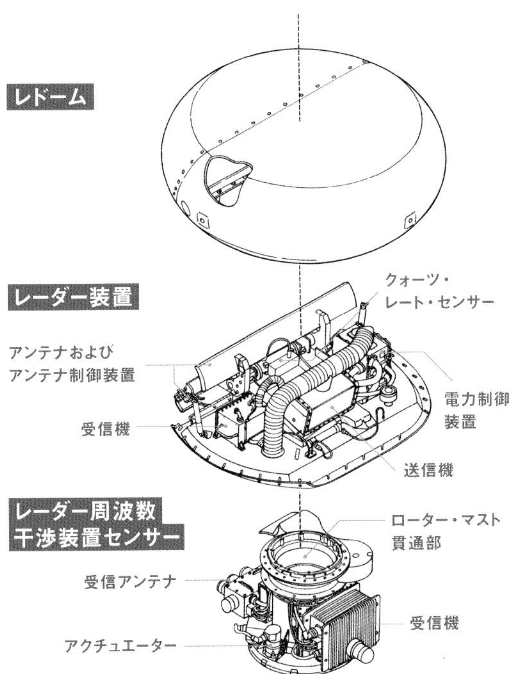

レドーム
レーダー装置
クォーツ・
レート・センサー
アンテナおよび
アンテナ制御装置
電力制御
装置
受信機
送信機
レーダー周波数
干渉装置センサー
ローター・マスト
貫通部
受信アンテナ
受信機
アクチュエーター

## ロングボウ・ウェポン・システム

AH-64Dの最大の特徴は、ローター・マストの上に設置されたロングボウ・ウェポン・システムである。これを装備したことでAH-64は全天候下での索敵能力や攻撃能力が大きく向上している。ロングボウ・ウェポン・システムは、レドーム（保護ドーム）、AN/APG-78ロングボウ火器管制レーダー（パルス・ドップラー・レーダー）、AN/APR-48Aレーダー干渉装置のセンサーで構成されている。AN/APG-78ロングボウはミリ波*Jを使用するため、探知距離は短いが高い識別能力（距離分解能や方位分解能が高い）を持ち、送信出力が低く（ピーク電力が低く放射電力も小さい）、サイド・ローブ（レーダー電波の漏れ）も小さいためRWR*K（レーダー警戒受信機）に検出されにくいという利点がある。

*J＝波長1～10ミリメートル、周波数30～300ギガヘルツの電波。
*K＝Radar Warning Receiver

## AH-64DのM-TADS/PNVSおよびIHADSS

イラストは、AH-64Dに搭載されたM-TADS/PNVS（フレーズI）と搭乗員のヘルメットに装着したIHADSS*L（統合型ヘルメット表示照準システム）。この導入により目標捕捉や照準操作がより短時間で正確に行えるようになり、都市部での戦闘でピンポイントでの兵装の使用が可能になるなど、AH-64Dの運用範囲が広がっている。また航法面では悪天候下や夜間の飛行がより安全に行えるようになった。

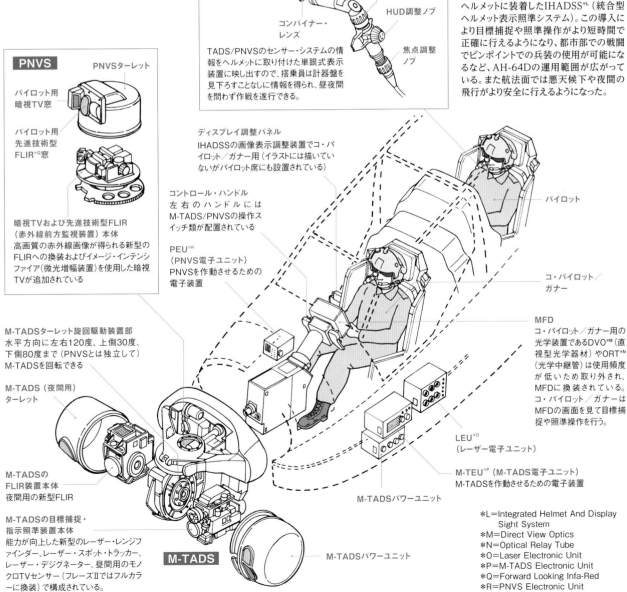

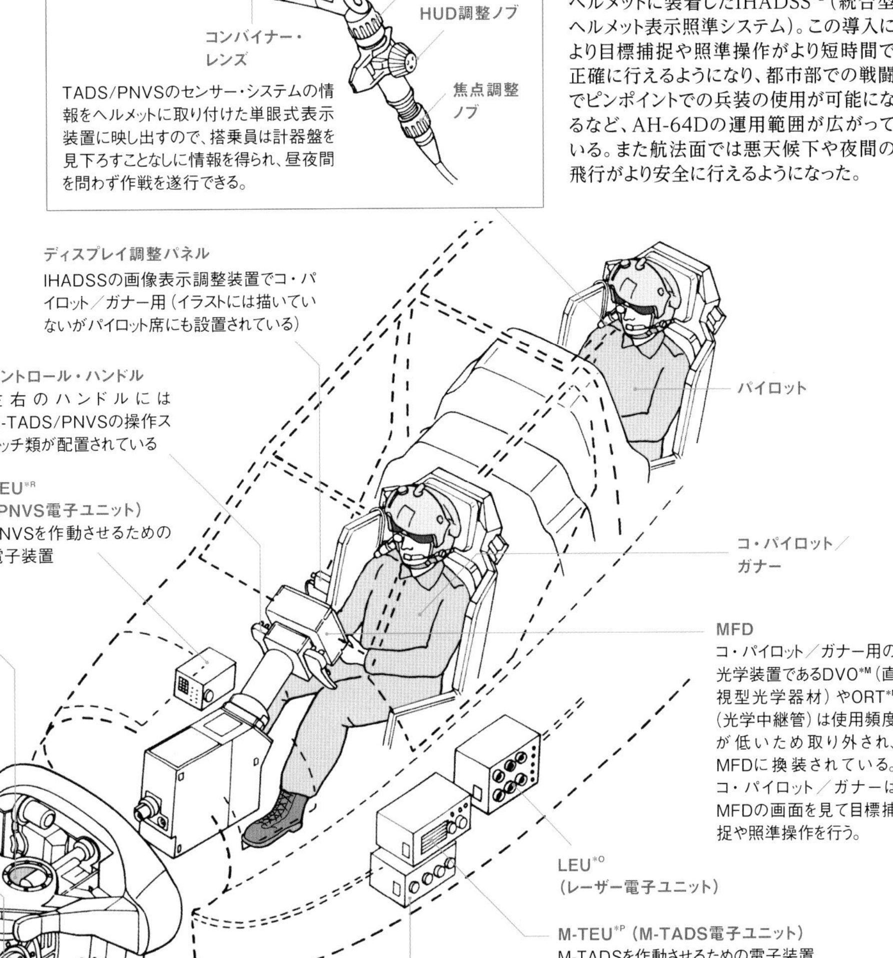

IHADSS
画像調整ノブ
HUD調整ノブ
コンバイナー・
レンズ
焦点調整
ノブ
TADS/PNVSのセンサー・システムの情報をヘルメットに取り付けた単眼式表示装置に映し出すので、搭乗員は計器盤を見下ろすことなしに情報を得られ、昼夜間を問わず作戦を遂行できる。
ディスプレイ調整パネル
IHADSSの画像表示調整装置でコ・パイロット／ガナー用（イラストには描いていないがパイロット席にも設置されている）
コントロール・ハンドル
左右のハンドルにはM-TADS/PNVSの操作スイッチ類が配置されている
PEU*R
（PNVS電子ユニット）
PNVSを作動させるための電子装置
パイロット
コ・パイロット／ガナー
MFD
コ・パイロット／ガナー用の光学装置であるDVO*M（直視型光学器材）やORT*N（光学中継管）は使用頻度が低いため取り外され、MFDに換装されている。コ・パイロット／ガナーはMFDの画面を見て目標捕捉や照準操作を行う。
LEU*O
（レーザー電子ユニット）
M-TEU*P（M-TADS電子ユニット）
M-TADSを作動させるための電子装置
M-TADSパワーユニット

PNVS

PNVSターレット

パイロット用
暗視TV窓

パイロット用
先進技術型
FLIR*Q窓

暗視TVおよび先進技術型FLIR（赤外線前方監視装置）本体
高画質の赤外線画像が得られる新型のFLIRへの換装およびイメージ・インテンシファイア（微光増幅装置）を使用した暗視TVが追加されている

M-TADSターレット旋回駆動装置部
水平方向に左右120度、上側30度、下側80度まで（PNVSとは独立して）M-TADSを回転できる

M-TADS（夜間用）
ターレット

M-TADSの
FLIR装置本体
夜間用の新型FLIR

M-TADSの目標捕捉・指示照準装置本体
能力が向上した新型のレーザー・レンジファインダー、レーザー・スポット・トラッカー、レーザー・デジグネーター、昼間用のモノクロTVセンサー（フレーズIIではフルカラーに換装）で構成されている。

M-TADS

M-TADSパワーユニット

*L=Integrated Helmet And Display Sight System
*M=Direct View Optics
*N=Optical Relay Tube
*O=Laser Electronic Unit
*P=M-TADS Electronic Unit
*Q=Forward Looking Infa-Red
*R=PNVS Electronic Unit

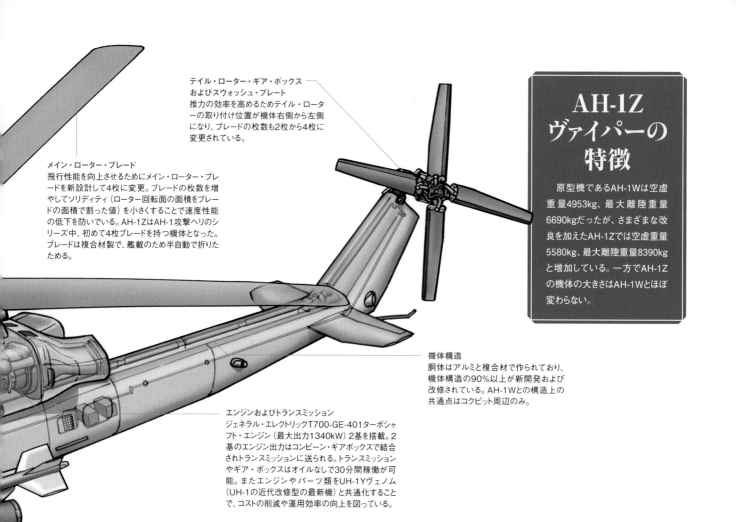

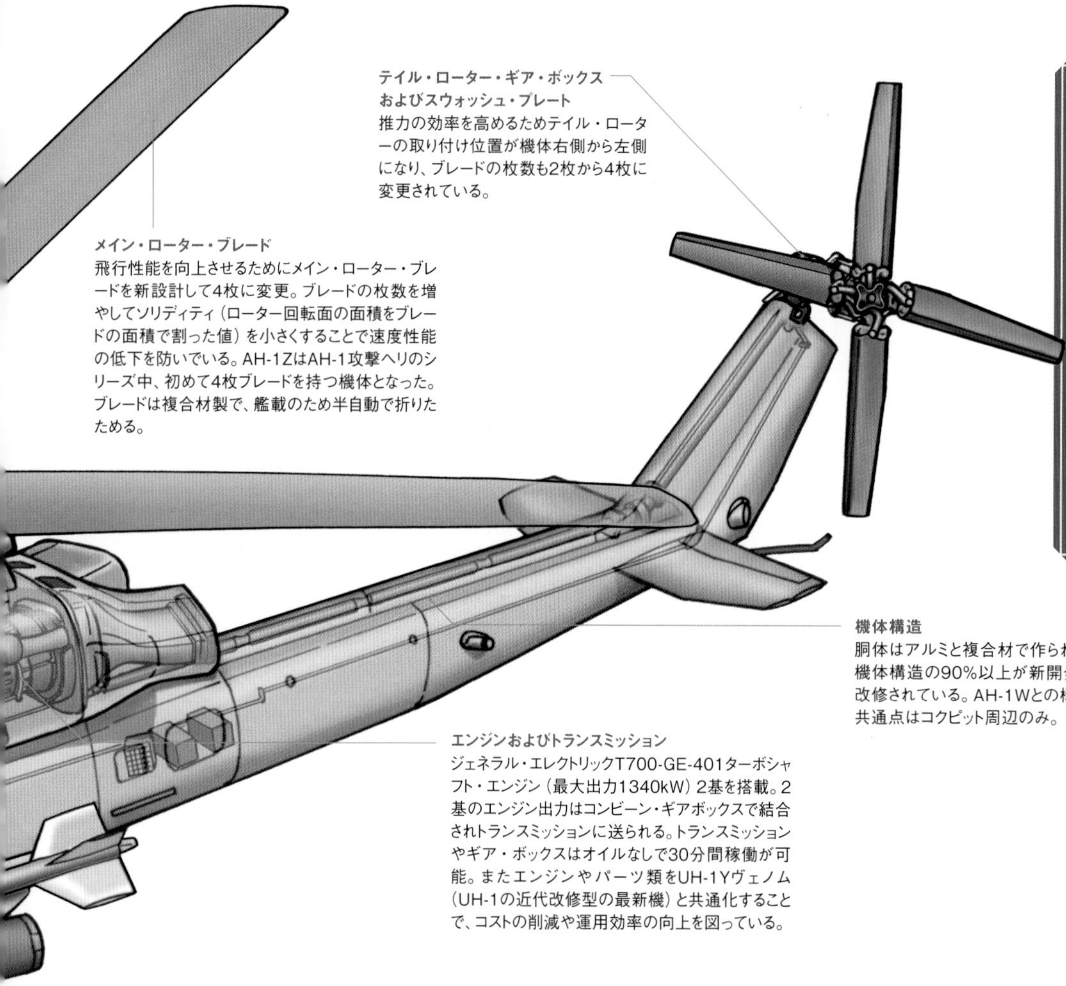

テイル・ローター・ギア・ボックス
およびスウォッシュ・プレート
推力の効率を高めるためテイル・ローターの取り付け位置が機体右側から左側になり、ブレードの枚数も2枚から4枚に変更されている。

メイン・ローター・ブレード
飛行性能を向上させるためにメイン・ローター・ブレードを新設計して4枚に変更。ブレードの枚数を増やしてソリディティ（ローター回転面の面積をブレードの面積で割った値）を小さくすることで速度性能の低下を防いでいる。AH-1ZはAH-1攻撃ヘリのシリーズ中、初めて4枚ブレードを持つ機体となった。ブレードは複合材製で、艦載のため半自動で折りたためる。

## AH-1Z ヴァイパーの特徴

原型機であるAH-1Wは空虚重量4953kg、最大離陸重量6690kgだったが、さまざまな改良を加えたAH-1Zでは空虚重量5580kg、最大離陸重量8390kgと増加している。一方でAH-1Zの機体の大きさはAH-1Wとほぼ変わらない。

機体構造
胴体はアルミと複合材で作られており、機体構造の90%以上が新開発および改修されている。AH-1Wとの構造上の共通点はコクピット周辺のみ。

エンジンおよびトランスミッション
ジェネラル・エレクトリックT700-GE-401ターボシャフト・エンジン（最大出力1340kW）2基を搭載。2基のエンジン出力はコンビーン・ギアボックスで結合されトランスミッションに送られる。トランスミッションやギア・ボックスはオイルなしで30分間稼働が可能。またエンジンやパーツ類をUH-1Yヴェノム（UH-1の近代改修型の最新機）と共通化することで、コストの削減や運用効率の向上を図っている。

## AH-64Eガーディアンの改修点

AH-64Eは、テクノロジーの進歩やネットワークの力により高度に進化した現代の戦争に対応すべく、AH-64Dをアップグレードさせた機体。

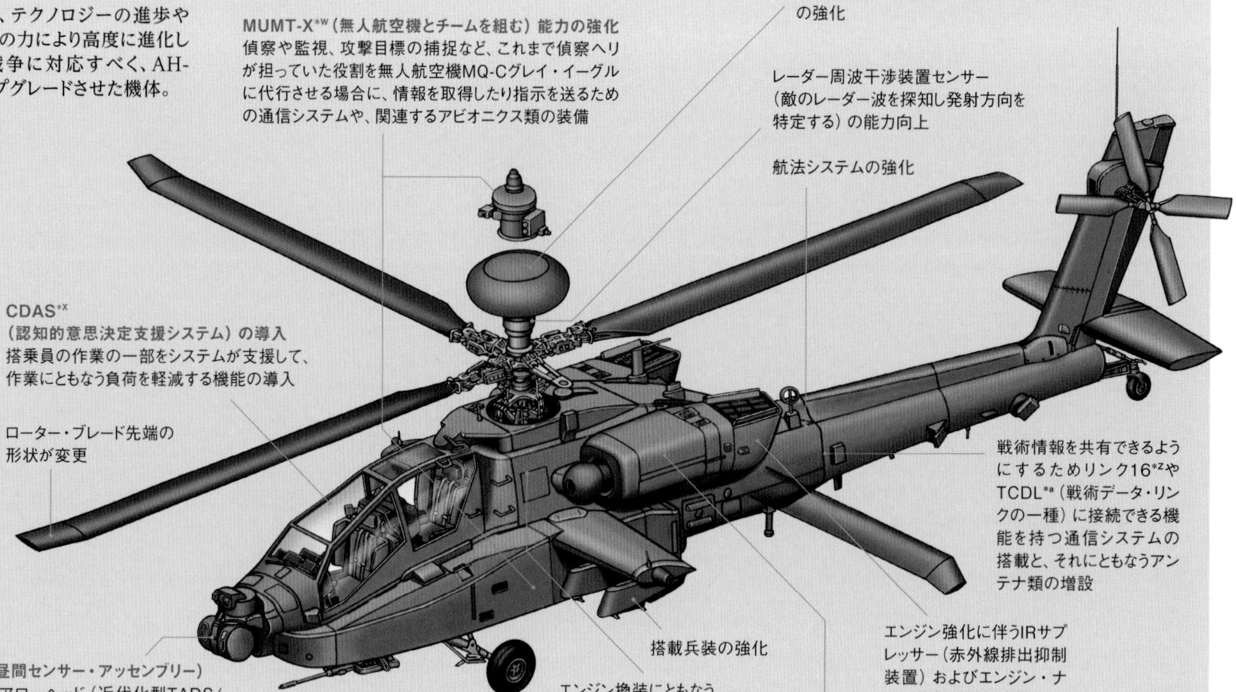

MUMT-X*W（無人航空機とチームを組む）能力の強化
偵察や監視、攻撃目標の捕捉など、これまで偵察ヘリが担っていた役割を無人航空機MQ-Cグレイ・イーグルに代行させる場合に、情報を取得したり指示を送るための通信システムや、関連するアビオニクス類の装備

AN/APG-78ロングボウ火器管制レーダーの能力向上と、それにともなうミサイル運用能力の強化

レーダー周波干渉装置センサー（敵のレーダー波を探知し発射方向を特定する）の能力向上

航法システムの強化

CDAS*X
（認知的意思決定支援システム）の導入
搭乗員の作業の一部をシステムが支援して、作業にともなう負荷を軽減する機能の導入

ローター・ブレード先端の形状が変更

戦術情報を共有できるようにするためリンク16*Zや TCDL*a（戦術データ・リンクの一種）に接続できる機能を持つ通信システムの搭載と、それにともなうアンテナ類の増設

M-DSA*Y
（近代化型昼間センサー・アッセンブリー）
AH-64Dのアローヘッド（近代化型TADS/PNVS）の昼間用センサーであるTADSのアップグレード型への換装。TVセンサーがカラー化され、FLIR（赤外線前方監視装置）の赤外線画像と重ね合わせてブレンド化できる機能、レーザー照射装置の改良などが施されている。これにより目標捕捉および距離測定能力などが向上している

搭載兵装の強化

エンジン換装にともなう
メイン・トランスミッションの強化

エンジン強化に伴うIRサプレッサー（赤外線排出抑制装置）およびエンジン・ナセル後部の形状変更

エンジンの強化
出力と耐久性が向上したT700-GE-701Dに換装。強化型デジタル式エンジン制御システムを導入。飛行時間が延長された

*W=Manned/UnManned Teaming-eXpanded
*X=Cognitive Decision Aiding System
*Y=Modernized Day Sensor Assembly
*Z=NATOの戦術データ・リンク（データ通信システム）のフォーマット。
*a=Tactical Common Data Link

**全長**：17.8メートル　**全高**：4.37メートル
**ローター直径**：14.6メートル
**巡航速度**：時速296キロメートル
**航続距離**：685キロメートル

*S=Stability Control Augmentation System
*T=Target Sight System

操縦システム
操縦システムはロッドとアクチュエータを使いローター・ヘッド機構を操作する方式だが、SCAS[*S]（安定操縦性増強システム）が組み合わされている。また自動操縦装置も備えられている

ローター・ヘッド機構
AH-1シリーズで使用されてきたシーソー型ローター・ヘッドからベアリングレス（ヒンジのない無関節型）に変更され、機体の操縦性および運動性が向上している。ローター・ヘッド部はグラスファイバーとエポキシ樹脂を使用した複合材製。またローター・システムは定期修理不要で約1万時間の寿命がある。

コクピット
プレキシグラス（アクリル樹脂）製のキャノピーで覆われたコクピットは衝撃吸収構造を持ち、シート周辺および床部分には装甲が施されている。コクピットのコンソール・パネルには大型の液晶カラーMFD（多機能ディスプレイ）を2基設置、サイクリック・コントロール・スティックもサイド・スティック式に変更されている。またパイロットおよびコ・パイロット／ガナーはTop Owl製ヘルメット・マウント照準表示システムが付いたヘルメットを着用する。

統合型光学センサー
AH-64Dロングボウ・アパッチのように全天候レーダーは装備していないが、TSS[*T]と呼ばれる統合型光学センサーの目標捕捉・照準システムが搭載されている。これにより目標の識別から距離測定、各兵装の照準などに要する時間がこれまでに比べて大きく短縮され、対戦車戦闘や対地支援戦闘における戦闘能力が大幅にアップしている。最大探知距離は約35km（識別距離は10km）。

M197 20ミリ3砲身ガトリング砲
固定モード、TSSモード（TSSを使用した照準射撃）のほか、HMSDモード（ヘルメットに内蔵された照準・表示装置を使用した照準射撃で、砲口をガナーおよびパイロットの視線の方向に指向できる）で運用できる。発射速度は毎分650発。

自己防衛システム
ALE-47チャフ／フレア・ディスペンサー、AVR-2Aレーザー警戒装置、APR-39B(v)2レーダー警戒装置、AAR-47(v)2ミサイル警戒装置、赤外線妨害装置などを装備する。

拡大図

## TSS

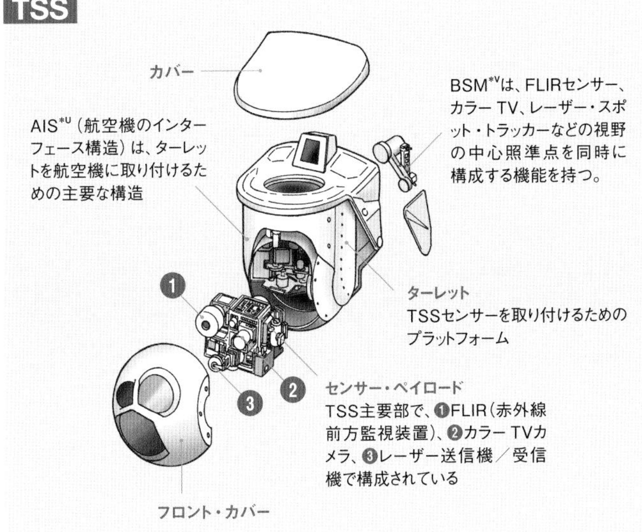
カバー
AIS[*U]（航空機のインターフェース構造）は、ターレットを航空機に取り付けるための主要な構造
BSM[*V]は、FLIRセンサー、カラーTV、レーザー・スポット・トラッカーなどの視野の中心照準点を同時に構成する機能を持つ。
ターレット
TSSセンサーを取り付けるためのプラットフォーム
センサー・ペイロード
TSS主要部で、❶FLIR（赤外線前方監視装置）、❷カラーTVカメラ、❸レーザー送信機／受信機で構成されている
フロント・カバー
1
2
3

AH-1Zの装備するAN/AAQ-30 TSSは、ターゲットの取得、表示、選択、範囲設定、指定に使用され、またTVおよびFLIRの画像をVTRにより表示および録画が可能になっている。

*U=Aircraft interface structure
*V=Bore Sight modular

# AH-1Zのコクピット

グラス・コクピット化され、大型のカラー液晶MFD(多機能ディスプレイ)には、飛行情報、戦術情報、捜索・照準情報などが表示されるようになっている。前席と後席で装置類の配置がほぼ同じであることも特徴(前席および後席で役割分担する配置にはなっていない)。また機首部に設置されたTSS(目標照準システム)の操作はゲームのコントローラーのようなミッション・グリップを使い、これにより照準操作から兵装選択、発射までが行える(普段ミッション・グリップは収納されている)。AH-1Zのコクピットは現用武装ヘリの中で最も先進的といえる。

**前席クルー・ステーション**

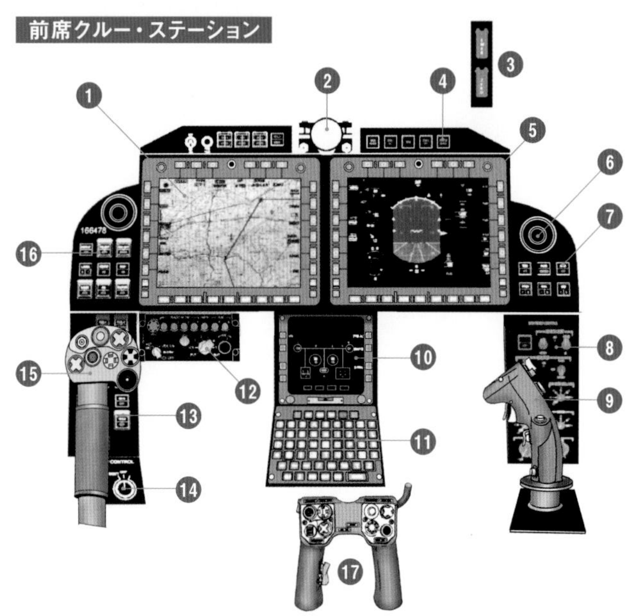

**後席クルー・ステーション**

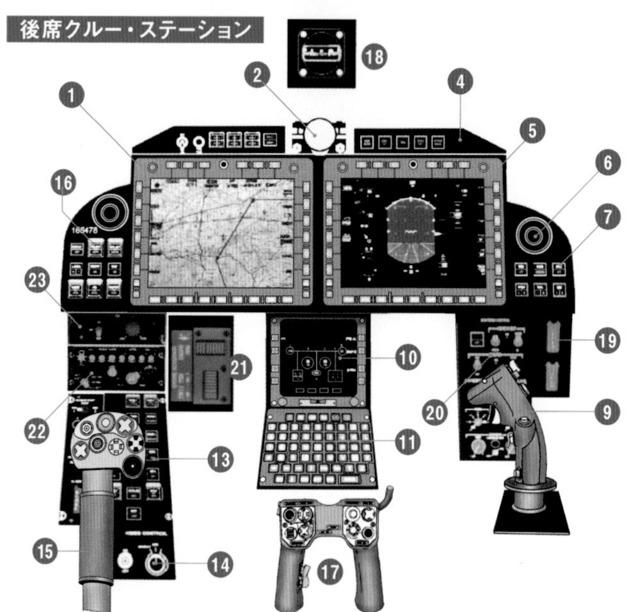

❶多機能ディスプレイ(マップ表示状態) ❷ボア・サイト・レティクル・ユニット ❸エマージェンシー・パネル ❹警告灯パネル ❺多機能ディスプレイ(飛行状況表示状態) ❻空調ベント ❼フライト・コントロール・パネル ❽ライト類制御パネル ❾サイクリック・コントロール・スティック ❿二重機能ディスプレイ(武器ステータス表示状態) ⓫キーボード ⓬通信装置制御パネル ⓭システム制御パネル ⓮HMSD*b(ヘルメット照準表示システム)制御パネル ⓯コレクティブ・ピッチ・コントロール・スティック ⓰兵装制御パネル ⓱ミッション・グリップ ⓲予備コンパス ⓳エマージェンシー・パネル ⓴ライト類制御パネル ㉑エンジン・トリム・パネル ㉒通信装置制御パネル ㉓環境制御パネル

# AH-1Zの搭乗員用ヘルメットとHMSD機能

近年の攻撃ヘリでは、搭乗員のHMD(ヘルメット・マウンテッド・ディスプレイ)システムの導入が一般化している。AH-1Zではグラス・コクピット化と連動して、搭乗員の着用するヘルメットにHMSD機能が付与されていることが特徴のひとつ。これは固定翼機搭乗員用ヘルメットにHUD*c(ヘッドアップ・ディスプレイ)シンボルを表示できるようにしたHMDをヘリコプター用に進化させたTop Owl社製のものである。

**HUDシンボル**
フライト・シンボル(機体の姿勢や方向、傾斜角、高度、対気/対地速度、エンジン・トルクなど飛行に必要となる情報)や武器シンボル(武器のステータスと選択、目標指示、飛翔時間、見越し線レティクルなど武器の操作や照準に必要な情報)が表示される。

**HTM**
**(ヘルメット追跡装置)**

**外装バイザー**

**MFD(多機能ディスプレイ)**
基本的にTSSの情報は多機能ディスプレイに表示される。

**ヘルメット**
搭乗員が被るヘルメットにはHTM*d(ヘルメット追跡装置)が取り付けられており、コクピットに設置されたトラッカー・モジュールから放射される電磁波を感知している。ヘルメットが動くと電磁場の変化をHTMが検知し、コンピュータが固定ディスプレイに表示される生成画像をヘルメットの向いている方向(搭乗員の頭の向き)を基準としたものに更新する。つまり、常に搭乗員の向いた方向にHUDシンボルが表示されるのだ。またTSSとの組み合わせで、機首部下面の機関砲を搭乗員の視線の方向に向けることもできる。

**HMSDモジュール**
ヘルメットの右側面に設置された装着具に取り付けて使用する。搭乗員に暗視装置画像やHUDシンボルの情報を提供する。

**固定ディスプレイ**
HMSDモジュールのディスプレイには暗視装置の画像とHUDシンボルをコンピュータが組み合わせた生成画像が表示される。生成画像は常に表示されており、昼間は昼間置換プリズムを設置してHUDシンボルのみが見えるようにし、夜間は夜間イメージ増強アッセンブリーを設置して暗視装置画像とHUDシンボルの両方が視認できるようになっている。またTSSを使用したときは武器の照準線などを表示することも可能。ディスプレイはIPD*e(画像投影装置)と呼ばれる文字データや画像を表示できるよう特殊な加工が施されたガラスである。

*b=Helmet Mounted Sight and Display
*c=Head-Up Display
*d=Helmet Tracker Module
*e=Image Projection Device

# アメリカ海兵隊ヘリコプター搭乗員の装備

イラストは軽攻撃飛行隊のUH-1Yヴェノム汎用ヘリの女性パイロット。現在配備が進められているヘリ搭乗員用の装備（AH-1の搭乗員も同じ装備を着用する）を身に付けている。なお、アメリカでは2013年に女性が戦闘任務に就くことを禁じた法律が撤廃されて以来、戦闘部隊で任務に就く女性も珍しくない。

軽攻撃飛行隊はAH-1Wスーパーコブラあるいは AH-1Zヴァイパー 18機とUH-1Yヴェノム9機で構成されている。AH-1の主要任務は近接航空支援、前線航空監視、偵察および武装護衛で、それを空中で指揮・統制し、支援を行うのがUH-1の任務だ。

❶Top Owlヘルメット：ヘルメット照準表示システムが導入され、バイザーに飛行情報や、暗視装置、赤外線映像装置の画像を投影する。また3D SVS[*f]（三次元合成視覚システム）により、悪天候などで周囲が見えなくてもバイザーにヘリコプター周囲の様子を仮想的に投影できる。これによりパイロットは24時間野飛行が可能だ。さらにHMSDモードではヘルメットに内蔵された照準・表示装置を使用して照準射撃が行える。 ❷CMU-38/9サバイバル・ベスト（飛行中に座って作業を行うパイロットやクルー用）：プレート・キャリアーのような作りになっており、ナイロンとアラミド繊維の混紡素材製のシェル内部にソフト・アーマーを挿入して耐弾能力を持たせることができるという。また現用のCWU-33A/P22P-18と同様にウェビング・テープが表面に縫い付けられており、PALS[*g]（装備品取り付けシステム）によりポーチ類が取り付けられる。さらにベストには緊急時のホイスト用にハーネスを組み込むこともできる。イラストでは装着していないが、通常はベストのⓐショルダー・ハーネス部分にLPU-34/Pライフ・プリザーバーを装着する。ⓑフラッシュライト：ストリームライト社製のLEDライトで、赤外線LEDを搭載、点滅など5種類のモードが使える。ⓒヘルメット電装系接続コネクター。ⓓHABD[*h]（ヘリ搭乗員用呼吸装置）：海上に不時着したヘリから緊急脱出する際に使用する小型呼吸装置。約2分間酸素を供給する。ⓔサバイバルキットやAN/PRC-112B1緊急用無線機などを収納したポーチ。 ❸CWU-27Pフライト・スーツ：薄地のアラミド系難燃性素材を使用している。ⓕ飛行隊パッチ（HMLA-167軽攻撃飛行隊）。ⓖネーム・タグ（パイロットを示すウィング・マーク、名前、階級が書かれている）。 ❹熱帯地用フライト・ブーツ ❺ギャリソン・キャップ（略帽）

*f=Synthetic Vision System
*g=Pouch Attachment Ladder System
*h=Helicopter Aircrew Breathing Device

とはいえ、ティーガー攻撃ヘリを開発・販売しているユーロコプター社が提唱するように、攻撃ヘリは輸送任務こそできないが、多様な任務に対応できるマルチな能力を持っていると考えることもできる。またAH-64Eのように、UAV[*9]（無人航空機）との共同作戦が行える機体の開発も進んでおり、新たな運用法が生まれることで、再び攻撃ヘリの存在価値が高まるかもしれない。

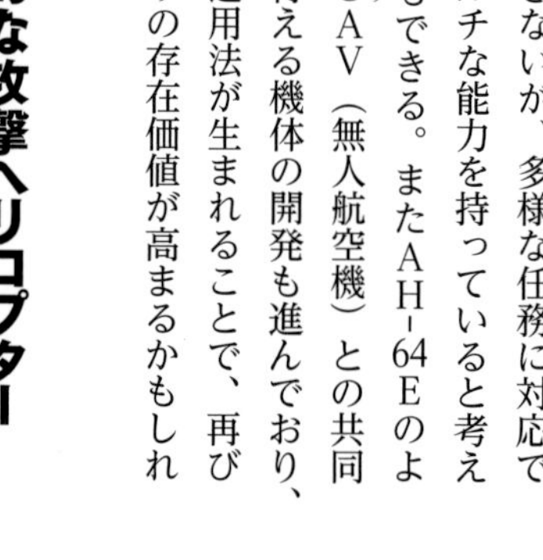

## 代表的な攻撃ヘリコプター

現在、各国で運用されている代表的な攻撃ヘリの特徴を述べる。

### □AH-1コブラ

本格的な攻撃ヘリ誕生までの一時的な「つなぎ」であったAH-1だが、次の機体の開発が遅れたことで使用され続け、多くの派生型が生まれた。ワルシャワ条約軍との戦闘を想定して対戦車ヘリとされたのがAH-1Q、これのエンジンとトランスミッションを換装し、機体各部を強化したのがAH-1Sである。

AH-1シリーズは単発エンジンだが、洋上での運用を考慮して双発エンジンとしたのがAH-1Jシーコブラ。これを発展させたAH-1Wスーパーコブラ、さらに能力を向上させたAH-1Zヴァイパーをアメリカ海兵隊が運用している。

### □AH-64アパッチ

AH-1の後継として開発された機体で、一九八四年からアメリカ陸軍が運用を開始した。AH-64は攻撃ヘリのひとつの完成形ともいえるもので、各国が開発し、現在運用している攻撃ヘリにさまざまな影響を与えている。

AH-64には最初の生産型AH-64A、その能力向上型のAH-64B（開発キャンセル）、A型を改修してロングボウ・レーダーを装備、能力を大幅に向上させたAH-64Dアパッチ・ロングボウ、D型のブロックⅢ仕様のAH-64Eアパッチ・ガーディアンなどいくつかの派生型[*10]がある。ただし、機体構造やローターの制御機構、操縦系統などの基本的な部分はほとんど変わらない。

### □A-129マングスタ

一九九〇年から運用されているイタリア陸軍の攻撃ヘリ。タンデム（縦列複座）式コクピット、エンジン配置、兵装搭載用スタブウィングなど全体的なイメージはAH-1と似ているが、機体自体はひと回り小さい。機首に望遠照準装置とレーザー測距装置、赤外線前方監視装置を組み合わせたターレットを装備する。対戦車戦闘を重視したA-129には機関砲のような固定武装はない。

### □Mi-28ハボック

旧ソ連では武装ヘリの任務は対地支援や対地攻撃であり、重武装ながら機体後部にキャビンを設けて完全武装の兵士八名を乗せるMi-24ハインドのような機体を運用してきた。それに対してMi-28は対戦車戦闘を意識した純粋な攻撃ヘリである。一九九〇年代に開発中止となるが、採用が決定していたKa-50の生産・配備が進まなかったため開発が再開された。二〇〇九年にはロシア軍で全天候／夜間戦闘能力を強化したMi-28Nの運用が始まっている。

### □カモフKa-50／52ホーカム

一九八〇年代に旧ソ連軍の攻撃ヘリとして開発されたKa-50は、攻撃ヘリとして初めて同軸反転（二重反転）ローターを採用し、各システムを自動化して搭乗員をパイロットだけとした機体である。しかし、先進的すぎたため却ってセールスの足を引っ張ったことから、急遽開発されたのがKa-52。こちらは搭乗員を二名としてサイド・バイ・サイド（並列複座）に配置、現代の攻撃ヘリに欠かせない夜間攻撃能力が付与されている。

A-129のマルチロール型A-129CBTではローター・ブレードを4枚から5枚に変更し、ミッション重量を500kg引き上げ、機首下面に20mm機関砲を装備した。写真はCBTを改修した最新型のA-129Dで、イタリア陸軍で配備が進んでいる。

AH-64Dのようにメイン・ローターのマスト上に装備したミリ波レーダーにより、Mi-28Nは全天候／夜間戦闘能力を持つ。現在はこれをさらにアップグレードしたMi-28NMが開発中であるという。

カモフ社が得意とする同軸反転ローターは、上下に配置したローターを逆方向に回転させる方式（テイル・ローターが不要）で、機首の回頭の速さや運動性・速度性能に優れる。Ka-50は対空・対地両方への攻撃能力を有し、通常の攻撃ヘリ以上に対空ミサイルの運用能力に優れているといわれる。

*9＝Unmanned Aerial Vehicle（ドローンとも呼ばれる）
*10＝このほかにもオランダ空軍向けの生産型H-64DNや、イギリス陸軍向けの生産型WAH-64などがある。

*Ballistic Missiles*

# 弾道ミサイル

## 〝核〟と組み合わされた最強兵器の脅威

**冷戦期に核爆弾の輸送手段となった弾道ミサイルは、人類を滅ぼしかねない悪夢の兵器となった! 弾道ミサイルの脅威とは? 迎撃手段はあるのか!?**

### ナチスドイツに始まる

一九四四年九月、パリに向けてドイツ軍が発射したA4ロケット（V2）[*1]は、それまで使用されてきたものとはまったく異なる兵器であった。当時、三〇〇キロメートルもの射程を持ち、自ら目標へ向かって飛翔していく兵器など存在しなかった。しかも、大気圏外から急角度、超高速で目標地域に降下するため、阻止する方法は存在しなかった。このA4が、のちに弾道ミサイルと呼ばれるものの嚆矢（こうし）であった。

A4は、一九四五年三月末までに三三〇〇発ちかくが発射され、連合国を震撼させたが、ドイツは戦局を挽回できず、第二次世界大戦は終結した。

しかし、すでに大戦末期より米ソは、A4と技術者たちの争奪戦を繰り広げており、その技術を継承して研究を進

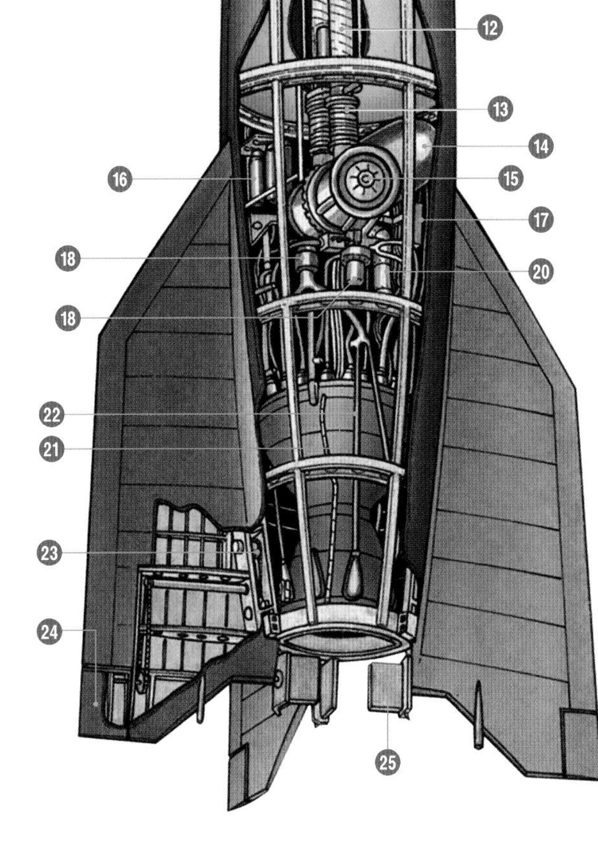


### 弾道ミサイルの元祖 A4（V2）ロケットの構造

A4ロケットには2つの制御機構が搭載されていた。1つは飛行姿勢を一定に保つ自動操縦装置、もう1つは風などの影響で定められた飛行コースからどれだけ外れたかを加速度を測定することで検知して、元のコースに修正する慣性誘導装置である。これらを備えるA4をオランダあるいはドイツ西部からロンドンを狙って発射した場合、落下するA4の分散する範囲は直径12～15kmであった。

全長：14.04m　胴体最大直径：1.65m
自重：4000kg　発射時総重量：1万2900kg
A4ロケットは弾頭部、計器収納部、燃料および酸化剤タンクの中央部、推進装置が収められた後部に大別できる。

❶電波信管 ❷点火薬筒 ❸弾頭部（重量1000kg） ❹TNT火薬（750kg） ❺自動操縦装置および慣性誘導装置収納部（内部にはジャイロ、加速度計、バッテリー、信管の安全解除装置などが置かれた） ❻高圧空気ボンベ ❼エチルアルコール・タンク（エチルアルコールと水を3：1の割合で混合した燃料液が4173kg入る） ❽追従サーボ制御アルコール弁 ❾エチルアルコール供給断熱管 ❿フレーム ⓫液体酸素タンク（5533kgの液体酸素が入る） ⓬エチルアルコール混合管 ⓭流量調節装置 ⓮過酸化水素タンク（過マンガン酸カリウム水溶液を触媒として過酸化水素を分解し、そのガスによりタービン・ターボ・ポンプを駆動する） ⓯タービン・ターボ・ポンプ ⓰圧縮空気ボンベ ⓱ヒューズ・コンテナ ⓲エチルアルコール弁 ⓳タービン排気口 ⓴燃焼室冷却用燃料送油管 ㉑ロケット・エンジン（アルコール水溶液を燃料に液体酸素を酸化剤として燃焼、離昇時の最大推力は2万5000kgにもなる） ㉒アルコール冷却管 ㉓方向舵作動用モーター ㉔方向舵 ㉕噴流舵

＊1＝宣伝相ゲッベルスが命名した報復兵器第2号（Vergeltungswaffe 2）の略称。

# 弾道ミサイルとはなにか
## 脅威の兵器を支える原理と技術

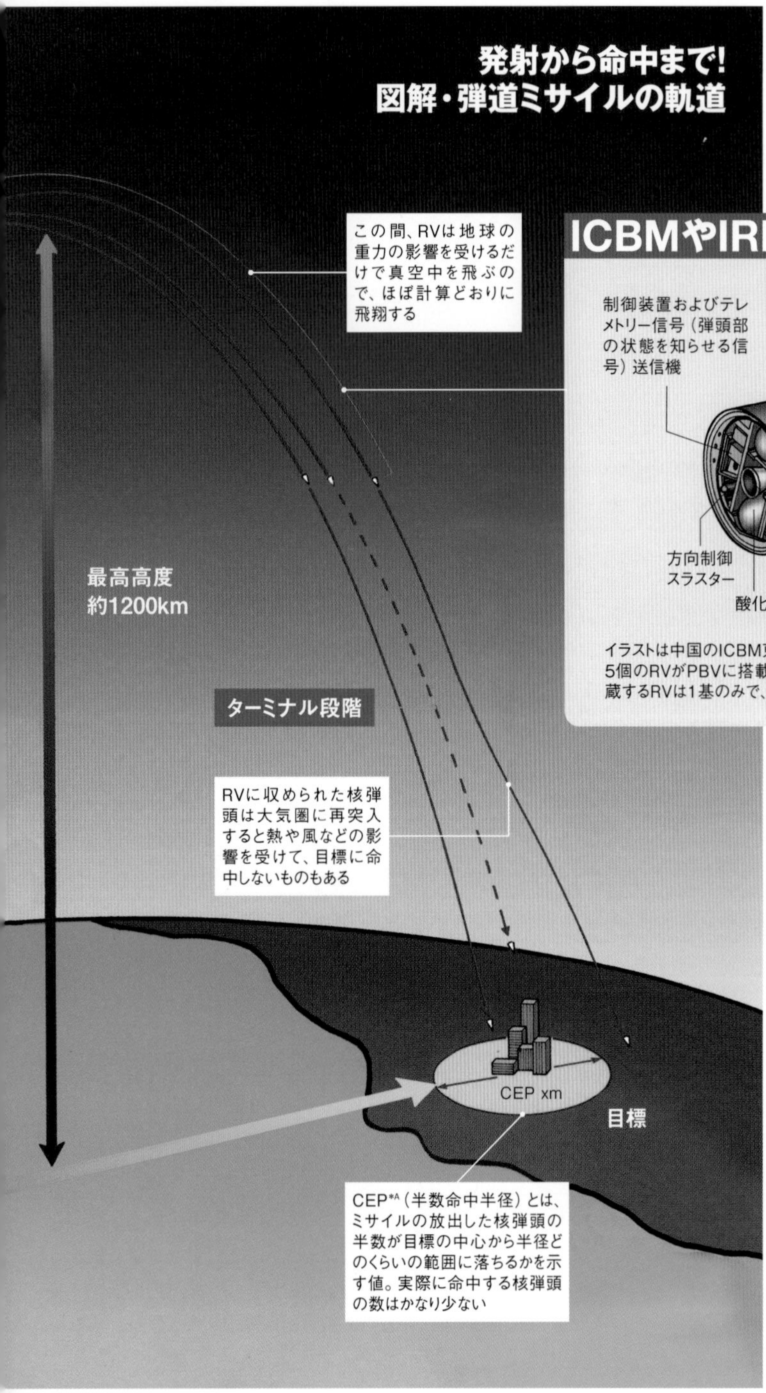

## 発射から命中まで！ 図解・弾道ミサイルの軌道

この間、RVは地球の重力の影響を受けるだけで真空中を飛ぶので、ほぼ計算どおりに飛翔する

最高高度
約1200km

ターミナル段階

RVに収められた核弾頭は大気圏に再突入すると熱や風などの影響を受けて、目標に命中しないものもある

CEP xm

目標

CEP*A（半数命中半径）とは、ミサイルの放出した核弾頭の半数が目標の中心から半径どのくらいの範囲に落ちるかを示す値。実際に命中する核弾頭の数はかなり少ない

*A=Circular Error Probability

## ICBMやIRBMの弾頭部

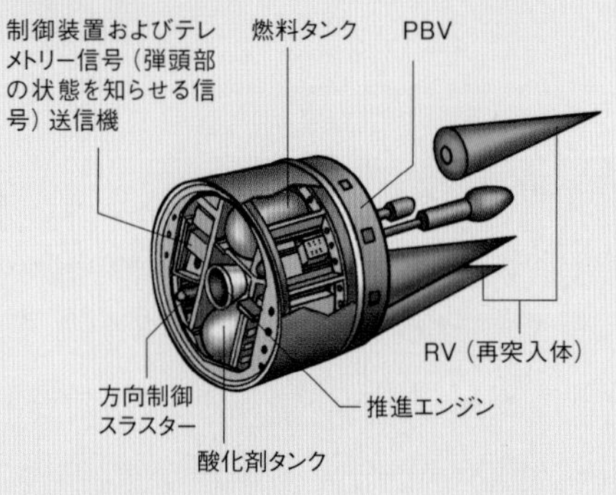

制御装置およびテレメトリー信号（弾頭部の状態を知らせる信号）送信機

燃料タンク

PBV

RV（再突入体）

推進エンジン

方向制御スラスター

酸化剤タンク

イラストは中国のICBM東風31A（DF-31A）の弾頭部。3～5個のRVがPBVに搭載されたMIRV方式だが、核弾頭を内蔵するRVは1基のみで、他はデコイ（囮）という説もある。

弾道ミサイルへの弾頭の搭載方式には単弾頭方式と、MRVやMIRVなどの複数弾頭方式がある。図はMIRV方式で、RV（再突入体：再突入時に空力加熱による超高温から核弾頭を保護する）と呼ばれる複数の円錐形カプセルが、PBV（ポスト・ブースト・ビークル）と呼ばれる搬送台に載せられて弾頭部を構成している。このRVに内蔵されているのが核弾頭である。弾頭部がブースターから切り離された後、MIRVの場合、PBVは姿勢を変化させながらRVを1発ずつ投射していく。これにより1基のミサイルで複数の目標が攻撃可能である。

ICBMの場合、飛翔経路は次のような段階に分けられる（左図）。

**《ブースト段階》**

ミサイルが発射されてからロケットのブースター（エンジン）が燃焼を終えるまでの間を指す。通常3～5分間で、この間にミサイルは大気圏外に到達し、弾道が目標に命中するように計算された軌道に乗る。ミサイルを迎撃する場合、この段階ならば速度が遅いので撃墜のチャンスが最も高い。

**《ポスト・ブースト段階》**

ブースターの燃焼を終えたミサイルから切り離されたPBVがRVを投射し終えるまでの間をいう。この段階は複数の弾頭を持つMRV、MIRV方式特有のもので、単弾頭方式にはない。

**《ミッド・コース段階》**

PBVから投射されたRVが弾道飛行しながら大気圏へ再突入するまでをいう。放出されたRVは慣性により弾道を描きながら上昇を続け、高度約1200kmに達した後、降下・再突入する。再突入速度は最大マッハ20を超えるといわれる。全航程のなかでこの段階が最も長い。

**《ターミナル段階》**

RVの大気圏への再突入から目標に命中するまでを指す。ICBMの各段階のなかでこの段階が一番短い。ミサイルを迎撃する場合、加速されているこの段階が最も難しい。

め、より高性能、長射程の弾道ミサイルを生み出していくことになる。

　弾道ミサイルは射程により、ICBM*2（大陸間弾道ミサイル）、IRBM*3（中距離弾道ミサイル）、MRBM*4（準中距離弾道ミサイル）、SRBM*5（短距離弾道ミサイル）などに分類される。

　一九五七年十月にソ連は人工衛星スプートニク1号打ち上げるが、これは世界初のICBMであるR-7ロケットを転用した宇宙ロケットによるものだった。

　スプートニク打ち上げ成功の報は、西側諸国に衝撃をもたらした（スプートニク・ショック*6）。それは科学技術の大きな成果であると同時に、ソ連の軍事的な優位、すなわち、「核爆弾の輸送手段としての弾道ミサイル」の保有を意味したからだ。ひとたび発射されれば、ICBMは地球の半径に匹敵する距離をわずか三〇分ほどで飛翔する。このため迎撃はほぼ不可能で、核弾頭が落下・爆発すれば最悪の破壊を及ぼすことになる。

　一九五〇～八〇年代、米ソ間ではICBMを始めとする核兵器保有競争が展開し、人類は核戦争の恐怖に怯えていた。東西冷戦期は核ミサイルという悪夢の時代でもあったのだ。

## 弾道ミサイルとはなにか

「弾道ミサイル」という名称は、弾道

*2=Inter Continental Ballistic Missile　*3=Intermediate-Range Ballistic Missile　*4=Medium-Range Bllistic Missile　*5=Short-Range Ballistic Missileの頭文字。　*6=1950年代半ばにおいてアメリカは大量の核兵器（原子爆弾・水素爆弾）を保有していたが、輸送手段は戦略爆撃機によるものであった。スプートニク・ショックはアメリカにおいてミサイル・ギャップ論争を引き起こし、米ソ宇宙開発競争を加速させることとなった。しかしのちにソ連の劣勢が明らかとなり、論争は終結する。

## 弾道ミサイルを誘導する技術

多くの弾道ミサイルは慣性誘導システムにより制御・誘導される。その仕組みを簡単に表すと図のようになっている。慣性誘導装置を構成する加速度計とジャイロによって計測された速度・位置、姿勢角の各データが誘導用コンピュータに送られ、コンピュータは計測データを計算する。その結果とあらかじめ入力された飛行プログラムとを比較して、修正が必要な場合はコンピュータが飛行制御用電子装置に修正命令を送る。飛行制御用電子装置は、命令に従ってエンジンのノズル部を動かし、推力の方向を変化させることで、飛行方向を修正・誘導する。

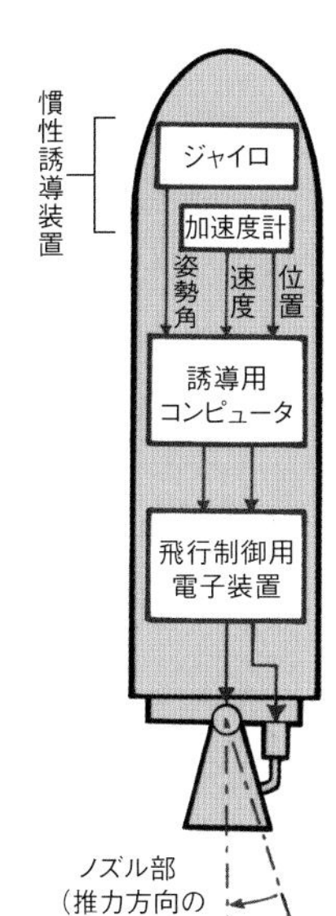
慣性誘導装置
ジャイロ
加速度計
姿勢角
速度
位置
誘導用コンピュータ
飛行制御用電子装置
ノズル部（推力方向の制御）

## 液体燃料ロケットと固体燃料ロケットの違い

弾道ミサイルに使用される液体燃料ロケットは、非対称ジメチルヒドラジンを燃料、四酸化二窒素を酸化剤として使う方法が一般的。この2液は接触させただけで燃焼を開始する特性があり、これをハイパーゴリック性（自己着火性）と呼ぶ。常温でも保存がきくためミサイルに充填・保存しておくことが可能で、ミサイルを即座に発射することもできる。

固体燃料ロケットではグレイン（塊）と呼ばれる固体推進剤が使われる。一般的には過酸化塩素アンモニウムの微少粉末に、推力を上げるためにアルミニウム粉末を添加したものを酸化剤に、ブタジェン系の合成ゴムを燃焼剤（酸化剤の固体粒子と燃料を固める働きも果たす）として混合して固めたものである。現在のICBMは固体燃料ロケットが主流。

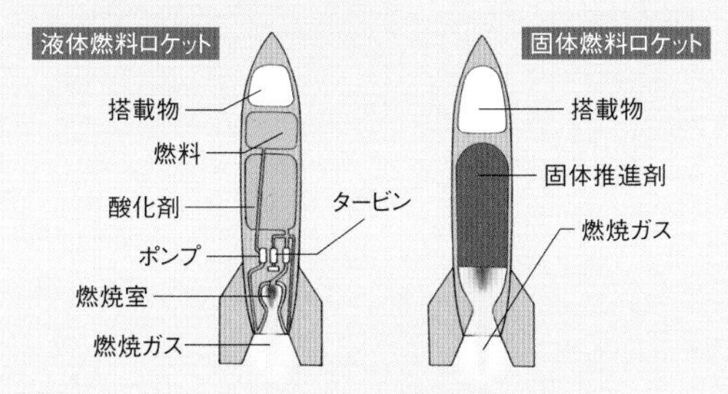
液体燃料ロケット
搭載物
燃料
酸化剤
タービン
ポンプ
燃焼室
燃焼ガス
固体燃料ロケット
搭載物
固体推進剤
燃焼ガス
※図のように液体燃料ロケットのほうが構造は複雑である。

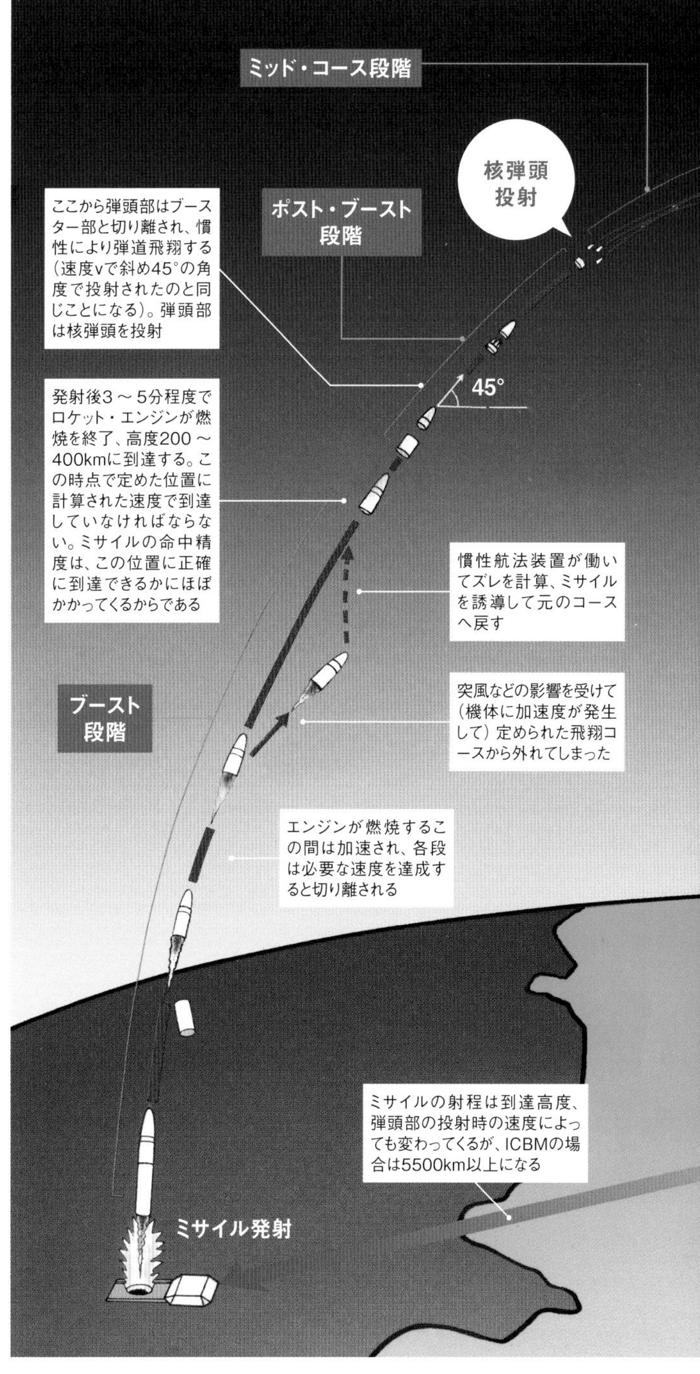
ミッド・コース段階
核弾頭投射
ポスト・ブースト段階
ここから弾頭部はブースター部と切り離され、慣性により弾道飛翔する（速度vで斜め45°の角度で投射されたのと同じことになる）。弾頭部は核弾頭を投射
45°
発射後3～5分程度でロケット・エンジンが燃焼を終了、高度200～400kmに到達する。この時点で定めた位置に計算された速度で到達していなければならない。ミサイルの命中精度は、この位置に正確に到達できるかにほぼかかってくるからである
慣性航法装置が働いてズレを計算、ミサイルを誘導して元のコースへ戻す
突風などの影響を受けて（機体に加速度が発生して）定められた飛翔コースから外れてしまった
ブースト段階
エンジンが燃焼するこの間は加速され、各段は必要な速度を達成すると切り離される
ミサイルの射程は到達高度、弾頭部の投射時の速度によっても変わってくるが、ICBMの場合は5500km以上になる
ミサイル発射

飛行して目標に向かうミサイルに由来する。弾道飛行とは、ひとことでいえば、火砲から発射された砲弾のように弧の弾道を描く飛翔形態のことだ。具体的にどのような弾道を描くのか、ICBMを例に見てみよう。

まず発射、つまりブースター（液体ロケットはロケット・エンジン、固体ロケットはロケット・モーター）への点火による噴射により、ミサイルは加速されて数百キロメートルの高度まで上昇する。発射後わずか数分で燃焼し終えたエンジンは順次切り離される。この後、弾頭部分が慣性により弾道を描いて飛翔し目標へと向かう。火砲の砲弾が描く軌跡と同じように、ミサイルはブースターの燃焼終了時に到達している高度から、その時点で得た速度で打ち出されることになる。その飛翔過程は宇宙開発に使われる民間用ロケットとほとんど変わらない。これが米ソが宇宙開発に邁進した理由でもある。

発射されたロケット（ミサイル）はブースターの燃焼によってしだいに加速されていくが、最終的にどのくらいの速度になるのか。たとえば、人工衛星を軌道に乗せるには毎秒八キロメートル、より高い静止軌道に乗せる（静止衛星にする）[*7]には毎秒一二キロメートルの速度で打ち上げる必要があるといわれる。一方、毎秒八キロメートル以下では[*8]大気圏外に出たロケットも地球の重

*7＝人工衛星を軌道に乗せる場合は、ミサイルの描く飛翔コースよりも到達高度が低く、地球に対して水平方向の速度が大きくなるようにする（地球の自転を利用するためと軌道の傾斜を最小にするため）ので、飛翔コースはもう少し平らになる。

# 北朝鮮の弾道ミサイル
## 国家の存亡を賭けて開発に邁進

### ❶❷❸新型SRBM

2019年に4回発射されたSRBMⒶはロシアの9K720イスカンデルに酷似しており、射程は約600kmといわれる。北朝鮮の呼称は「新型戦術誘導兵器」。SRBMⒶがイスカンデルと同様な能力を持つとすれば飛翔中の機動が可能。低空軌道によるレーダー回避や終末段階の機動などの迎撃回避方法が行える。SRBMⒷは2019年と2020年に合わせて3回発射されたATACMS型のミサイルで、射程は約400km。呼称は「戦術誘導兵器」。SRBMⒸは2019年と2020年に合わせて7回発射されたミサイルで、北朝鮮では「超大型放射砲」と呼称しており射程約400km。いずれのSRBMも1段固体燃料ロケットで、TEL（輸送起立発射器）により運用される。北朝鮮はこれらのSRBMは「防御が容易ではない通常よりも低高度を変則的な軌道で飛翔可能」と発表している。その狙いはミサイル防空網の突破にあるといわれる。

### ❹❺スカッドB/ER

1960年代にソ連が開発したSRBMで、スカッドA、B、C、Dの4つの基本タイプがあるが、多くの国へ輸出され、旧ワルシャワ条約機構加盟国に配備されるなど世界中で使用されたため、さまざまな派生型がある。北朝鮮ではB、C、ERおよび改良型を保有する。単弾頭の液体燃料ロケットで、射程はBが約300km、Cは約500km、ERは約1000km。

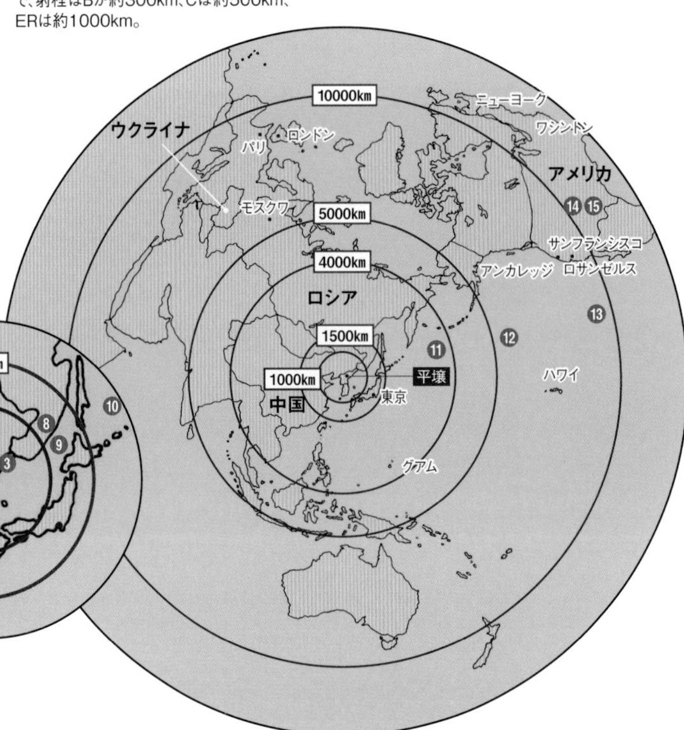


### ⓫ムスダン（火星10）

旧ソ連のSLBMであるSS-N-6をベースに開発した液体燃料ロケットのIRBM。射程は2500～4000kmといわれる。弾頭部に核弾頭、化学弾頭、生物弾頭が搭載できる。2007年4月の朝鮮人民軍創設75周年の記念パレードで初めて存在が明らかになった。

### ⓬IRBM（火星12）

ソ連が開発したRD-250ロケット・エンジン（ウクライナから入手したといわれる）を元にして開発された新型の液体ロケット・エンジンを搭載するIRBM。NATOコードネームKN-17。2017年5月に初めて発射され存在が明らかになった。最大射程約5500km、弾頭搭載重量500～650kg。

### ⓭ICBM（火星14）

NATOコードネームKN-20と呼ばれるICBMで、2017年7月に2回発射された。2回目はロフテッド軌道（弾道ミサイルを通常よりも角度を高くして打ち上げる方法で、迎撃がより困難）で発射されている。当初IRBMと見なされていたが、後にICBMと改められた。射程は5500～10000kmと推定され、仮に10000kmとするとロサンゼルスやシカゴまで射程に入りアメリカ本土を核攻撃できる能力を持つことになる。2段式の液体燃料ロケットで、搭載する弾頭は短弾頭といわれる。

### ❻❼ノドン／ノドン改良型

北朝鮮が最初に開発した射程1000kmを超えるIRBM。スカッドをベースにして開発された1段式液体燃料ロケットで、単弾頭の移動発射式。射程1300km、最大重量16250kg。改良型は射程を1500kmに延長している。

### ❽❾❿SLBM（北極星）および地上発射型SLBM（北極星2）、北極星3

2015年5月に北朝鮮が映像を公開して話題になったSLBM。固体燃料ロケットで、北極星と呼ばれる最初のSLBMはコレ級潜水艦から発射された。地上発射型の北極星2の射程は1000km以上でTELから発射される。2019年10月に発射された北極星3は射程が約2000kmのSLBMだが、水中発射試験装置から発射されたという。また2020年10月と2021年1月の軍事パレードでは北極星4および北極星5が登場しており、新型SLMBが開発された可能性がある。

## 北朝鮮の主要弾道ミサイルとその射程

北朝鮮の弾道ミサイル開発も、イランやパキスタンなど第三世界の国々と同様に、旧ソ連が開発したスカッド・ミサイルに始まる。1980年代初期にスカッドBミサイルを入手（エジプトがソ連との合意に違反して提供したといわれる）した北朝鮮は、それをリバース・エンジニアリング（入手したミサイルを分解・調査することで設計技術などを知ること）して得たデータを元に新たな技術に発展させてきた。スカッドを起源とする派生型にはテポドン1やテポドン2がある。一方、1990年代にソ連から入手したSS-N-6を元に開発されたムスダンを起源とする派生型の弾道ミサイルがSLBMや火星14である

そして、これらの弾道ミサイルとは一線を画するといわれているのが火星12で、新型液体ロケット・エンジンを搭載して性能はより向上している。また2019年以降、北朝鮮が開発に熱心なのが低高度を変則的な軌道で飛翔するSRBMである。

### ⓮ICBM（火星15）

2017年11月に打ち上げられたICBMで、NATOコードネームはKN-22。液体燃料ロケットで射程は10000km以上。仮に13000kmとすると、北朝鮮のミサイルでは初めてアメリカ全土を射程に収めたことになる。北朝鮮はこのICBMは超大型の核弾頭の搭載が可能としている。

### ⓯テポドン2派生型

テポドン2は北朝鮮が開発したICBMのプロトタイプ。その派生型が2012年に初めて人工衛星「光明星3号」を搭載して打ち上げられた銀河3号。テポドン2の改良型で、3段式の液体燃料ロケット。ICBMとして運用した場合の射程は10000km以上と推定される。

## 北朝鮮の主要弾道ミサイル

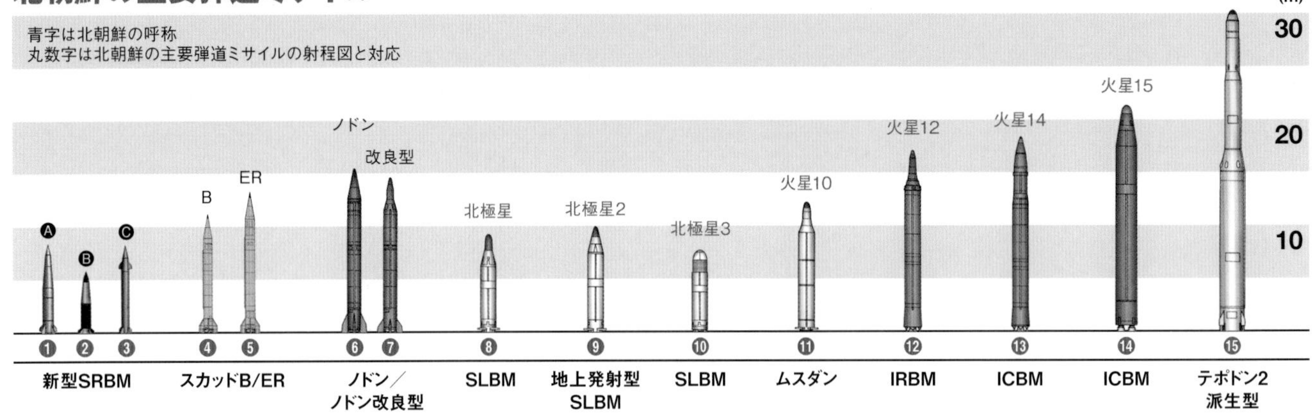

## 弾道ミサイルの到達高度と射程

弾道ミサイルにはSRBMからICBMまであるが、射程の長い弾道ミサイルの弾頭ほど高高度まで到達することになる（より高い高度から弾道飛翔させれば到達距離が長くなるため）。各ミサイルが所定の高度に到達するのに必要な速度（加速終了時の速度）は決まっており、ICBMなら秒速5～7km、IRBMなら秒速2～4km、SRBMなら秒速2km以下という具合だ。また弾道ミサイルの軌道は、最も少ないエネルギーで飛翔する最小エネルギー軌道を採るのが一般的だが、場合によってはディプレスト軌道（敵の発見を遅らせるために採る最小エネルギー軌道より低い軌道）、ロフテッド軌道（重力加速度を利用して大気圏再突入時の速度を上げるために採る、最小エネルギー軌道より高い軌道）が採られることもある。

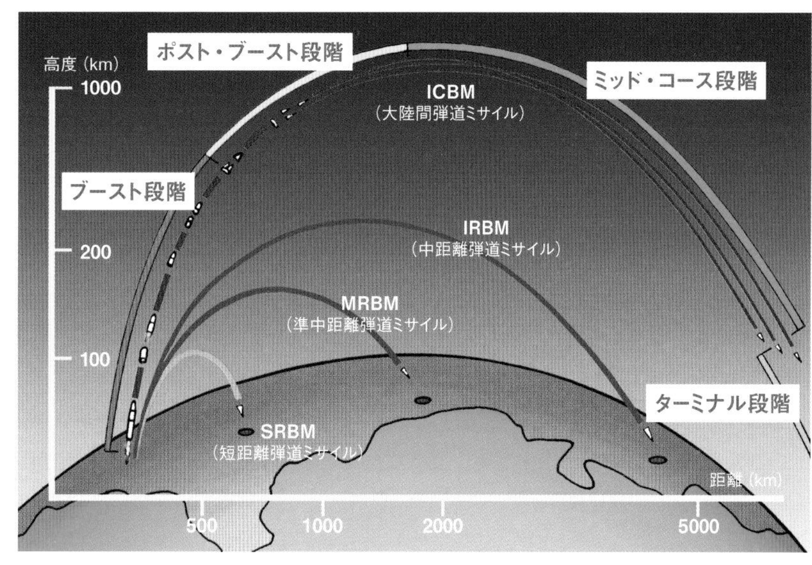


## ミサイルの脅威度を高める移動可能な発射プラットフォーム

北朝鮮は日本海側の舞水端里（ムスダンリ）や黄海側の東倉里（トンチャンニ）のミサイル発射施設でICBMを始めとする弾道ミサイルの発射実験を行ってきたが、完成の目処が立ってきた段階から移動発射車両や潜水艦のような発射プラットフォームでの運用を始めるようになった。敵に察知されないようにミサイルを発射、あるいは敵の攻撃をかわして反撃するためである。また弾道ミサイルの生残性を高めるためでもある。動かない発射施設よりも発射プラットフォームに搭載された弾道ミサイルのほうが、それだけ脅威度は高くなる。

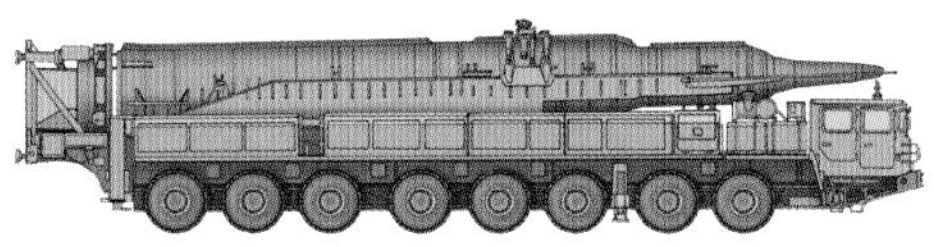

### 火星13（KN-08）と移動発射車両

2015年4月の金日成生誕100年を祝う軍事パレードで初めて登場したICBM 火星13（NATOコードネームKN-08）。イラストのように移動発射車両（中国製WS-51200）に搭載されていた。NK-08は三段式固体燃料ロケットで、旧ソ連のR-27（SLBM）を陸上発射型に改良したムスダンの技術を応用して開発したといわれる（ムスダンは液体燃料ロケットなのでKN-08も同じとする説もある）。全長約18m、最大直径1.8m。また移動発射車両としては鉄道もある。2021年9月には新設された鉄道機動ミサイル連隊が短距離弾道ミサイル（KN-23）を発射、その存在が明らかとなっている。このミサイルはロシアの短距離弾道ミサイル「イスカンデル」に酷似しているという。

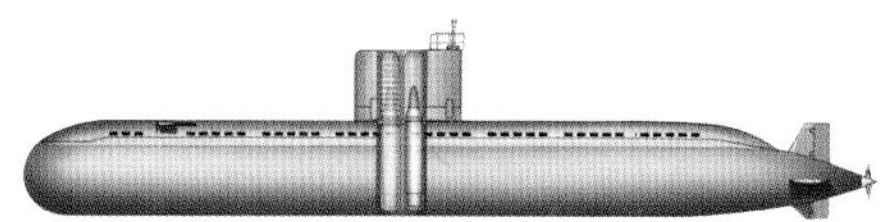

### シンポ級（ゴレ級）潜水艦

北朝鮮が建造した最大級の潜水艦で、ディーゼル・エレクトリック推進式。旧ソ連のゴルフ級やホテル級のようにセイル部分と船体部分を貫通させるように設置した発射管に、北極星1号（NATOコードネームKN-11）弾道ミサイルを搭載する。実際にミサイルの水中発射が可能なのかは不明（北朝鮮は海中からの発射に成功したとするが、信憑性は低い）。小型の船体に弾道ミサイルの発射プラットフォーム機能を持たせたため、武装はKN-11を1基あるいは2基搭載するのみのようだ（1基とする説が有力）。全長65.5m

力の影響を受けるので、人工衛星ではないミサイルの場合、最終速度は毎秒八キロメートル以下となる。とはいえ、ミサイルに与える最終速度は射程によって異なり、たとえば射程が三〇〇キロメートルならば、最終速度は毎秒五キロメートル程度になる。

最終的にミサイルの弾頭部は高度約一〇〇〇〜一二〇〇キロメートルにまで上昇するが、わざわざミサイルを大気圏外にまで打ち上げねばならない理由はなにか。それは、一気に大気圏外まで上昇させて目標に向けて弾道飛翔させたほうが、空気抵抗や天候の影響を受けずに遠くまで飛ばすことができるからだ。そのため、ミサイルで打ち上げられた弾頭部分を、ブースターの燃焼終了時点の高度（高度約二〇〇〜四〇〇キロメートル）から約四五度の角度で打ち出してやるのである（打ち出す速度は先にも書いたようにミサイルの射程により異なる）。ボールを遠くへ飛ばすのに、同じ速度で斜め上方へ投げ上げるとしたら、より高い所から投げたほうが遠くへ飛ぶことと同じ理屈である。

そしてもうひとつの理由は、大気圏内の地球表面上をほとんど水平状態で飛翔していく巡航ミサイル（ロケット・エンジンでなく、飛行機のように有翼式で、ジェット・エンジンを使うことが一般的）では、目標に到達する

＊8＝大気圏はわずかな空気が存在する高度約1000kmくらいまでを指す。地表から上空に向かって対流圏、成層圏、中間圏、熱圏、外気圏からなる。

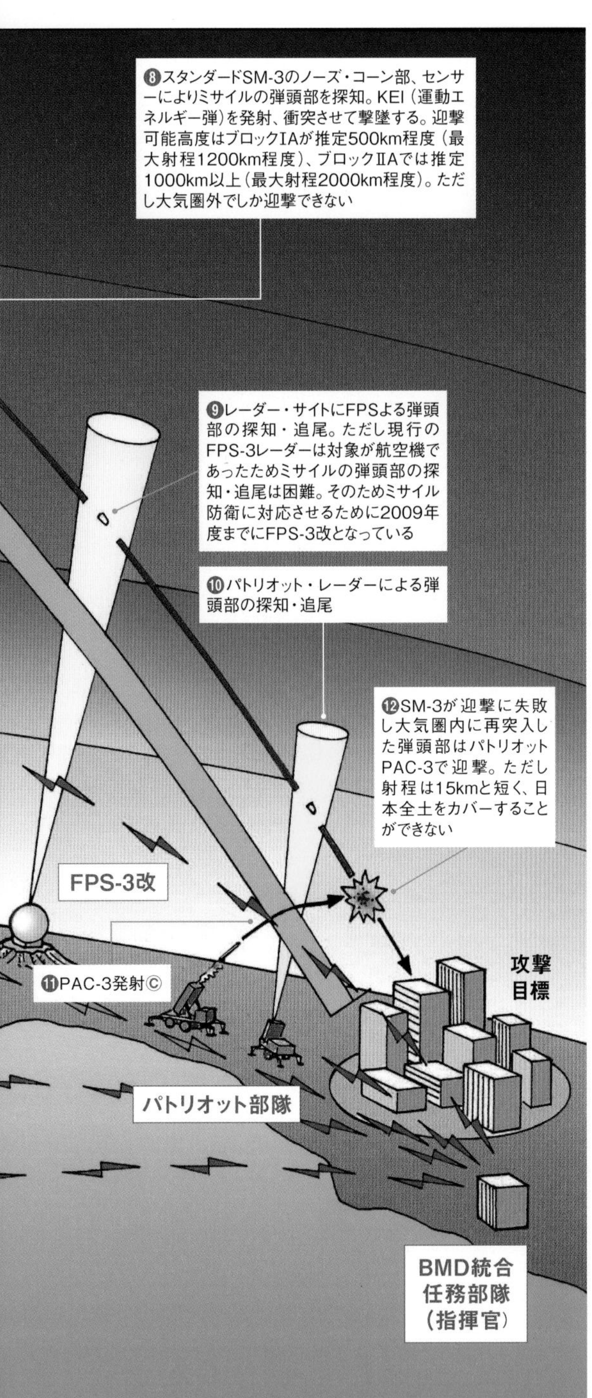

❽スタンダードSM-3のノーズ・コーン部、センサーによりミサイルの弾頭部を探知。KEI（運動エネルギー弾）を発射、衝突させて撃墜する。迎撃可能高度はブロックⅠAが推定500km程度（最大射程1200km程度）、ブロックⅡAでは推定1000km以上（最大射程2000km程度）。ただし大気圏外でしか迎撃できない
❾レーダー・サイトにFPSよる弾頭部の探知・追尾。ただし現行のFPS-3レーダーは対象が航空機であったためミサイルの弾頭部の探知・追尾は困難。そのためミサイル防衛に対応させるために2009年度までにFPS-3改となっている
❿パトリオット・レーダーによる弾頭部の探知・追尾
⓬SM-3が迎撃に失敗し大気圏内に再突入した弾頭部はパトリオットPAC-3で迎撃。ただし射程は15kmと短く、日本全土をカバーすることができない
FPS-3改
⓫PAC-3発射Ⓒ
攻撃目標
パトリオット部隊
BMD統合任務部隊（指揮官）


1998年の北朝鮮によるテポドン発射実験以後、「日本版BMD（弾道ミサイル防衛）」の研究が進められ、2003年にBMDシステムの導入が決定された。現在構築中の防衛システム（上図）の主力となるのが弾道ミサイルの探知・追尾が可能なⒶFPS-5の地上レーダー網、弾道ミサイルが大気圏外を飛翔するミッド・コース段階で迎撃するⒷスタンダード・ミサイルSM-3ブロックⅠA／ⅡA、および大気圏再突入から着弾までのターミナル段階の極めて低層域で迎撃するⒸパトリオット・ミサイルPAC-3である。

Ⓐは高速で落下し、レーダー反射面積の小さい弾頭部の捕捉と追尾ができる。探知距離も現行のFPS-3の3倍ちかいといわれる。Ⓑは平成14年（2002年）度予算で整備されイージス艦に搭載・運用された。現在、こんごう型（ベースライン5.3、BMD3.6J）、あたご型（ベースライン9、BMD5.0に改修中）、まや型のミサイル護衛艦で、スタンダードSM-3ブロックⅠA／ⅡAを搭載・運用する。

弾道ミサイル迎撃はミサイルの加速が不十分なブースト段階が最も容易である。しかしそのためには敵領空内での迎撃となる可能性が高く、現実的には難しい。そのため多層防御を行うBMDのような方式が考えられた。

# 日本の弾道ミサイル防衛構想

## 撃墜が難しいミサイルをどうやって迎撃するのか

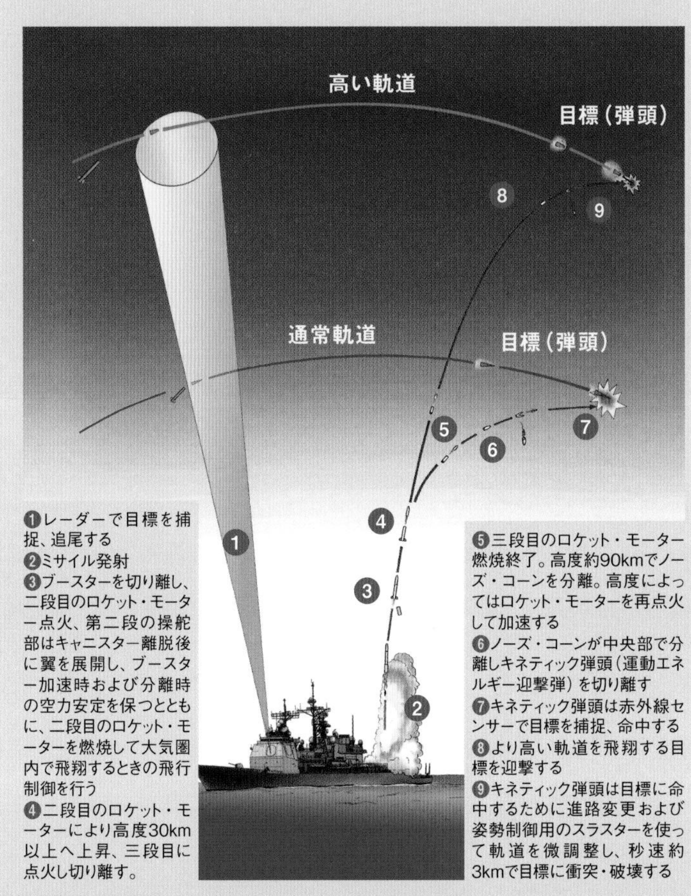


❶レーダーで目標を捕捉、追尾する
❷ミサイル発射
❸ブースターを切り離し、二段目のロケット・モーター点火、第二段の操舵部はキャニスター離脱後に翼を展開し、ブースター加速時および分離時の空力安定を保つとともに、二段目のロケット・モーターを燃焼して大気圏内で飛翔するときの飛行制御を行う
❹二段目のロケット・モーターにより高度30km以上へ上昇、三段目に点火し切り離す。
❺三段目のロケット・モーター燃焼終了。高度約90kmでノーズ・コーンを分離。高度によってはロケット・モーターを再点火して加速する
❻ノーズ・コーンが中央部で分離しキネティック弾頭（運動エネルギー迎撃弾）を切り離す
❼キネティック弾頭は赤外線センサーで目標を捕捉、命中する
❽より高い軌道を飛翔する目標を迎撃する
❾キネティック弾頭は目標に命中するために進路変更および姿勢制御用のスラスターを使って軌道を微調整し、秒速約3kmで目標に衝突・破壊する

### SM-3ブロックⅡA

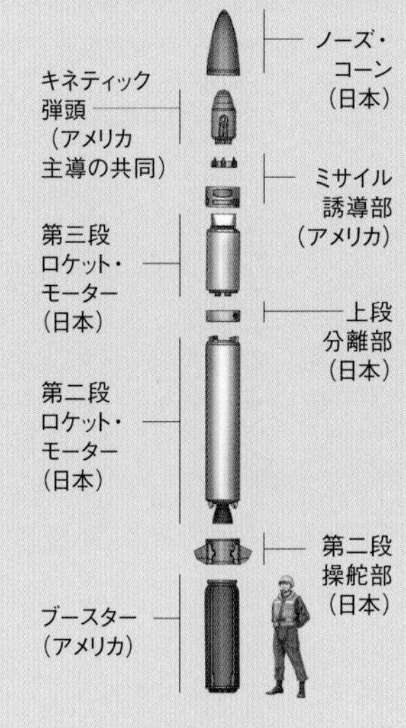


※カッコ内は開発担当国。

### スタンダードSM-3ブロックⅡA

アメリカ本土を狙う中国や北朝鮮の弾道ミサイルは、より高い軌道（最高高度550km）を採るため、これらをミッド・コース段階で攻撃するには現在の迎撃ミサイルSM-3ブロック[*B]ⅠAでは高度が不足する。そこでより高い高度で迎撃できるSM-3ブロックⅡA（左図）の開発が日米共同で行われた。アメリカのミサイル防衛構想では、中国や北朝鮮のミサイルを迎撃するため日本とミサイル防衛システムを連携しており、他の同盟国とも早期警戒情報網の構築、アメリカ製迎撃ミサイルの導入、早期警戒レーダーの配備を行うなど、連携を進めている。SM-3ブロックⅡAもその一環といえる（上図はその運用法を示す）。2020年に就役した、まや型護衛艦（ベースライン[*C]9、BMD[*D]5.1）では、SM-3ブロックⅡAを搭載・運用している。全長6.55m、直径0.53m、重量1.5t、迎撃可能射程約1200 km以上、最大迎撃高度約1000km

＊B＝ブロックとは生産の段階を示す。
＊C＝ベースラインとはイージス・システムのバージョンを示す。
＊D＝BMDとは弾道ミサイル防衛の能力のバージョンを示す。

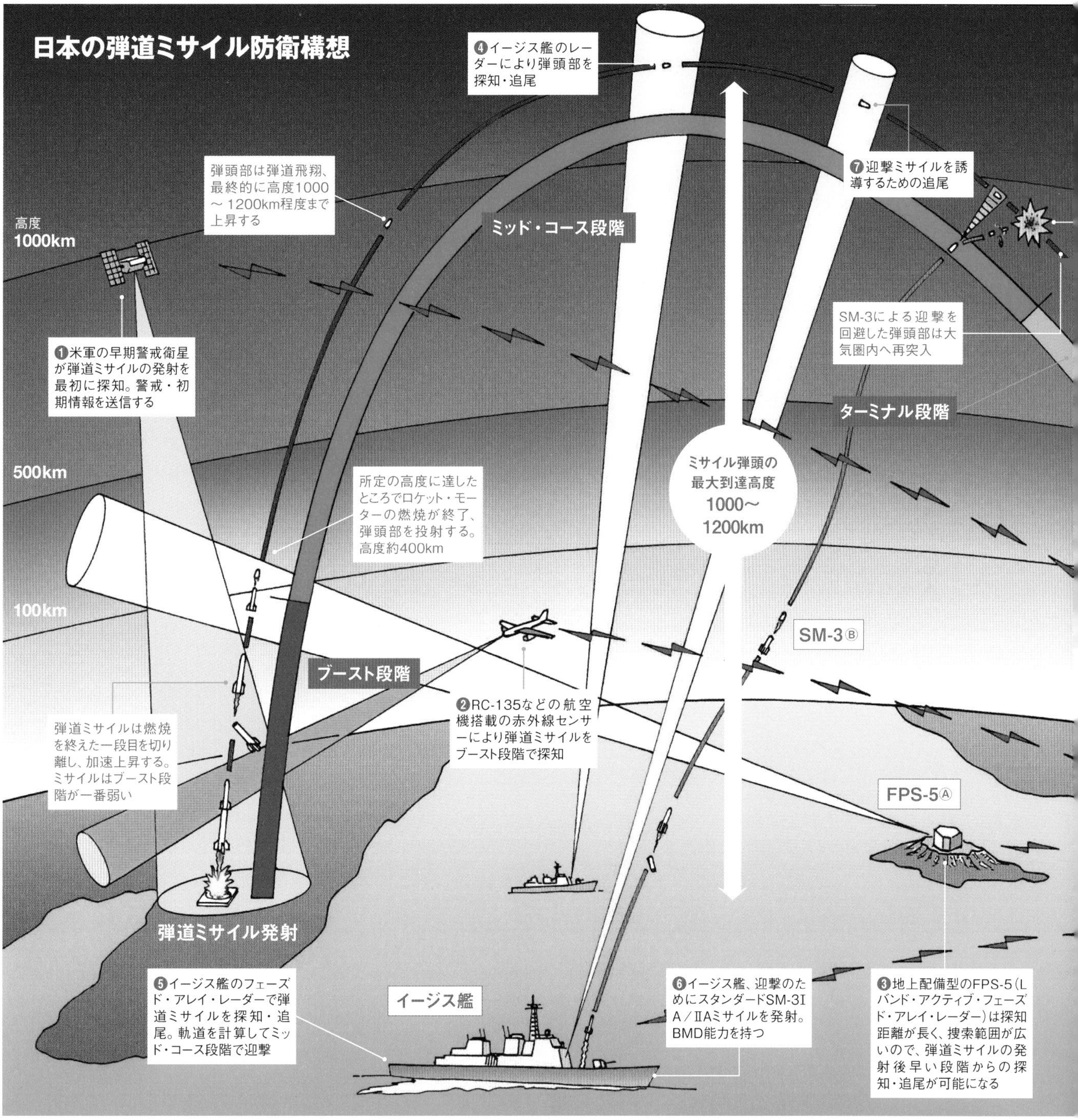

## 日本の弾道ミサイル防衛構想

高度
1000km

500km

100km

❶米軍の早期警戒衛星が弾道ミサイルの発射を最初に探知。警戒・初期情報を送信する

弾頭部は弾道飛翔、最終的に高度1000～1200km程度まで上昇する

❹イージス艦のレーダーにより弾頭部を探知・追尾

ミッド・コース段階

❼迎撃ミサイルを誘導するための追尾

SM-3による迎撃を回避した弾頭部は大気圏内へ再突入

ターミナル段階

ミサイル弾頭の最大到達高度 1000～1200km

所定の高度に達したところでロケット・モーターの燃焼が終了、弾頭部を投射する。高度約400km

SM-3Ⓑ

ブースト段階

❷RC-135などの航空機搭載の赤外線センサーにより弾道ミサイルをブースト段階で探知

弾道ミサイルは燃焼を終えた一段目を切り離し、加速上昇する。ミサイルはブースト段階が一番弱い

FPS-5Ⓐ

弾道ミサイル発射

❺イージス艦のフェーズド・アレイ・レーダーで弾道ミサイルを探知・追尾。軌道を計算してミッド・コース段階で迎撃

イージス艦

❻イージス艦、迎撃のためにスタンダードSM-3IA／IIAミサイルを発射。BMD能力を持つ

❸地上配備型のFPS-5（Lバンド・アクティブ・フェーズド・アレイ・レーダー）は探知距離が長く、捜索範囲が広いので、弾道ミサイルの発射後早い段階からの探知・追尾が可能になる

まで飛翔のための動力を与え続けなければならないが、大気圏外に上昇させてしまえば、上昇時は動力が必要となるが、そこから先の弾道飛翔の過程では動力は必要ない。ミサイルに慣性力を与えて投げ上げ、自由落下させるのと同じだからである。もっとも、弾道ミサイルが大気圏外にまで上昇するために必要なエネルギーは、ミサイルの機体に占める推進剤の割合が非常に大きいことからもわかるように、巡航ミサイルと比べて膨大なものとなるのだが。

とはいえ、大気圏外を飛翔する弾道ミサイルでは、射程（そして目標に命中するかどうかも）は、ロケット・エンジンまたはロケット・モーターの燃焼停止時の速度と方向（速度ベクトル）で決定されてしまう。エンジンが燃焼

低空域に到達した弾道ミサイルを迎撃する最後の砦となるのが地上に配備されたパトリオットPAC-3（最大迎撃高度は15km程度）。航空自衛隊では1995年にパトリオットPAC-2、2010年にはPAC-3の配備が開始された。またPAC-3の射程や迎撃高度を延伸したPAC-3MSE（PAC-3改良型）も開発されており、配備が始まっている。写真はPAC-3のミサイル・ランチャー。

を終えて弾道飛翔の過程に入ってしまうと、弾頭は無誘導であり、コースを修正する手段をほとんど持たないからだ。そこで、エンジンを停止させる時点の速さと位置をコントロールする必要がある。つまり発射から燃焼終了までの、ロケットの制御が可能な数分間のうちに、目標への誘導を行う必要があるわけだ。

## 核と結びついた弾道ミサイル

すでに述べたように、ICBMを始めとする弾道ミサイルが脅威なのは、一度発射されると迎撃が非常に難しいからである。そして搭載するのは核弾頭だ。核と結びついたことで、弾道ミサイルは「最強の兵器」となったといえる。核爆発の威力はすさまじい。広島や長崎に投下された原子爆弾[*9]でさえ、あれほどの惨禍をもたらしたのだ。戦後、水素爆弾の開発などで核兵器の破壊力は飛躍的に増大し、Mt級（Mt＝メガトンはTNT火薬一〇〇万トン分の破壊力に相当。ちなみにKt＝キロトンは、TNT火薬一〇〇〇トンの破壊力に相当）に達している。それが及ぼす破壊と殺戮は計り知れない。

当初、ICBMは命中精度が低かったため、搭載される核弾頭は大威力のMt級が採用されていた。やがて改良が進んで精度が向上したため、核弾頭は小型軽量化している。弾頭も単弾頭方式から、MRV[*10]（複数再突入体）方式、MIRV[*11]（複数個別誘導再突入体）方式と技術的に進化している。複数の小型弾頭を用いたほうが、大威力の単弾頭よりも破壊効率がよいからだ。なお、MRV方式とは、一基の弾道ミサイルに搭載された複数のRV[*12]（再突入体）が同一目標を狙うことで目標破壊の確率を向上させたもの。MIRV方式は一基の弾道ミサイルに搭載された複数のRVがそれぞれ別の目標を狙えるようにしたものである。

## 核ミサイルの悪夢は終わらない

一九八九年に冷戦の終結が宣言され、ソ連は崩壊したが、実際には二十一世紀を迎えたいまでも核戦争の恐怖は去っていない。

アメリカではUSSTRATCOM[*13]（戦略軍）の指揮下、F・E・ウォーレン空軍基地（ワイオミング州）など三か所のICBM基地でいまも待機任務は続いているし、アメリカに限らずSLBM[*14]（潜水艦発射弾道ミサイル）を搭載する潜水艦は常に戦闘待機しながら航海中である。そしていまこの瞬間にも、中国人民解放軍ロケット軍の核弾頭搭載弾道ミサイルが日本列島を標的としているのだ。

現在、イギリスおよびフランスの核武装はSLBMによるものであり、ICBMを配備している国は、アメリカ、ロシア、中国、さらにインドが開発中といわれる。そして二〇一七年、ここに北朝鮮が加わっている。冷戦終結は核兵器開発の拡散を招き、第三世界の国々でも核武装が可能となった。そして北朝鮮はついに弾道ミサイル技術まで手に入れた。若い独裁者が玩ぶ兵器は、たしかに日本の平和にとって重大な懸念といえる。しかし、核ミサイルの脅威はずっと我々の身近にあったのだ。

北朝鮮の弾道ミサイルは、冷戦期から続き、冷戦終結後も消えていなかった悪夢を、日本人にもう一度思い出させたといえるであろう。

*9＝広島に投下された原爆の破壊力はTNT火薬1万2500トン分で、今日言うところの12.5ktに相当する。
*10＝Multiple Re-entry Vehicleの頭文字。
*11＝Multiple Independently-targetable Re-entry Vehicleの頭文字。ただし弾道ミサイルの性質上、ある程度以上離れた目標を同時に狙うことは不可能。
*12＝Re-entry Vehicleの頭文字。
*13＝United States Strategic Commandの略称。ICBMからSLBMまでのすべての戦略核兵器を統括運用する。
*14＝Submarine Launched Ballistic Missileの頭文字。潜水艦発射方式の弾道ミサイルは、射程を問わずすべてSLBMと呼ばれる。

## 陸上で運用される「イージス・アショア」とは

イージス艦が搭載するフェーズド・アレイ・レーダーSPY-1とSM-3ミサイルを24基装備するVLS（垂直発射システム）を地上に設置し、弾道ミサイル迎撃システムとしたのがイージス・アショアだ。地上設置型レーダー・サイトと移動式のVLSで構成される。もとはNATOの弾道ミサイル防衛構想の一環として開発が進められていたもので、2018年に日本でも導入を検討していた（2020年に計画を停止）。当時の政府の見解によれば、イージス・アショアを2～3基導入することで、日本全土の防衛が可能だということだった。イージス・アショアはNATOのヨーロッパ地域における弾道ミサイル防衛システムとして、スペイン、ドイツ、ルーマニアの3か所に配備されている。

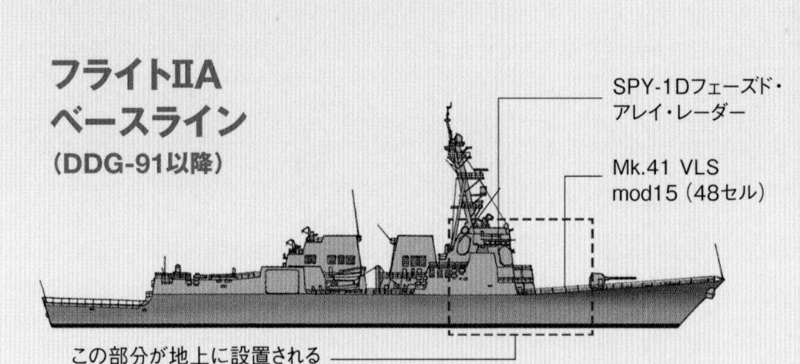

イージス・アショアの地上設置型レーダー・サイト。海上で運用されてきたイージス・システムの転用であるイージス・アショアは信頼性が高く、導入にかかる費用やランニングコストも比較的安価であるとされている。

*Aircraft carriers' Catapult and Landing Systems*

# 空母の艦上機発着艦システム

## 艦上機をいかに発艦・着艦させるのか

**現代の海軍力の中核ともいえる空母（航空母艦）は、搭載する航空兵力をどのようにして運用するのか？発着艦システムの構造と最新型の秘密に迫る!**

飛行甲板上の蒸気カタパルトのシャトルにセットされたアメリカ海軍F/A-18戦闘攻撃機。シャトルが走る溝は構造上、完全には密閉できないため、シリンダーから漏れ出した水蒸気が外気で急激に冷却されて白い蒸気煙となっている。現代の空母で運用されるジェット艦上機はカタパルトなしでは発艦できない。

**アメリカ海軍**
**ニミッツ級原子力空母**
**『ジョン・C・ステニス』**
**CVN-74**

**満載排水量**：10万5500t　**全長**：333m
**最大幅**：76.8m　**最大速力**：30ノット
**乗員**：6500名（航空要員2500名含む）
**搭載機**：70機以上

### 空母の三大発明

空母を大きく発達させた三大発明は、艦上機を射出して発艦させる「カタパルト」、進行方向に対して斜めに配置された飛行甲板である「アングルド・デッキ」、艦上機の着艦を誘導する「ミラー・ランディング・システム」であるといわれる。

これらは艦上機がレシプロ機だった第二次世界大戦当時にはそれほど重要視されなかった。艦上機に離陸最大重量ギリギリまで兵装を施したとしても、空母を風上へ向けて航走させることで得られる風速*1と艦上機の滑走速度を合成すれば、なんとか機体を空中に浮かせられるだけの必要最小速度（失速速度の一・二倍程度）が得られたし、空母の飛行甲板上への着陸も、着艦速度がそれほど速くなかったので、LSO*2（着艦信号士官）の振るパドル信号による誘導だけで済んだためだ。

しかし、艦上機がジェット化してくるとそうはいかなくなった。機体は大型化し、武装や燃料などの搭載量もレシプロ機時代とはくらべものにならないほど増加した。重量が増せば空母が大型化したとしても自力で発艦できない。重量増加に加え、飛行性能向上のため艦上機自体の機体形状も大きく変

*1＝得られる風速は空母の航走速度と向かい風の風速を足したものとなる。
*2＝Landing Signal Officerの頭文字。

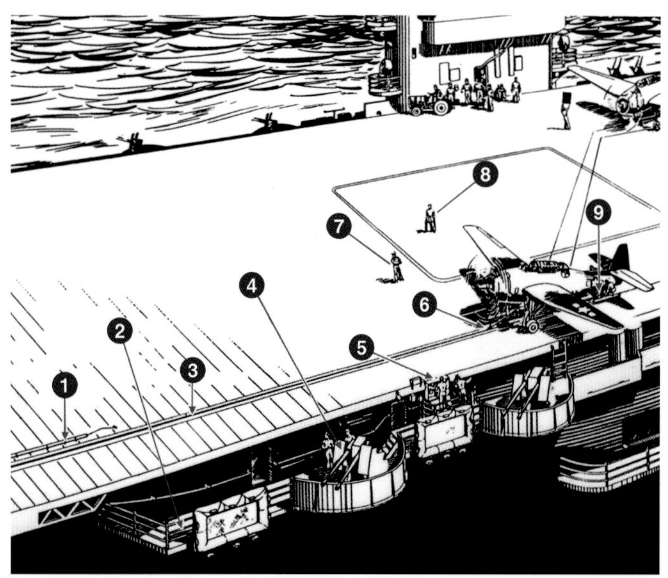


## 飛行甲板に設置された油圧式カタパルト

イラストは第二次大戦で使用されたアメリカ海軍護衛空母のH-4油圧式カタパルト。全長32m、7200kgの機体を137km/hまで加速でき、機体にブライドル（機体とカタパルトのシャトルをつなぐワイヤー。シャトルの前進とともに機体を引っ張る）を取り付けて射出した。小型の護衛空母では飛行甲板が短いためカタパルトは必須の装備だった。ちなみにアメリカ海軍が第二次大戦で建造した最後の護衛空母コメンストベイ級では、H-2とH-4の2つのカタパルトが装備されていた。

❶ブライドル・キャッチャー　❷キャットウォーク　❸シャトル・トラック　❹40㎜対空砲　❺フライトデッキ・コントロール・ステーション　❻ブライドルとシャトル　❼カタパルト・オフィサー　❽甲板員　❾ホールドバック

**右上**_着艦に失敗してひっくり返ったイギリス海軍のホーカー・シー・フューリー艦上戦闘機。もう少しで整備区画に並んだ他の艦載機に突っ込むところだった。第二次大戦後、まだ空母にアングルド・デッキが導入されていなかった頃の写真。　**左上**_第二次大戦時、エセックス級などの大型空母ではカタパルトは使われず、空母が風上に向けて航走して向かい風を受けつつ、艦上機が自力滑走して発艦していた。写真はアメリカ海軍のF6Fヘルキャット艦上戦闘機。飛行甲板からエンジンをフルパワーにして、揚力を得るためフラップを一杯に降ろしている。　**左**_艦上機の空母への着艦は、飛行甲板に張られたアレスティング・ワイヤーに機体尾部の着艦フック（テイル・フック）を引っ掛けることで強引に停止させるというもの（これは現在でも基本的に変わっていない）。ワイヤーのすべてを捉えそこねた場合（ボルター）、着艦やり直し（ウェーブ・オフ）となるが、燃料切れなどでどうしても停止しなければならないときは最後の制動装置としてバリケード・ネットが使われる。ネットは鋼索だったが、現在ではナイロン製になっている。

化し、発艦に必要な最小速度もずっと大きくなってしまったのである。

　こうした点を解決したのが、先に挙げた三つの発明だった。いずれもイギリス海軍で開発され、今日の空母では必要不可欠な装備となっている。

## 蒸気式から電磁式へ

　カタパルトは、初期には油圧式や火薬式が使われたが、第二次大戦後にはより強力な蒸気式が実用化された。今日のアメリカ海軍の原子力空母に装備されている蒸気（スチーム）カタパルト（C13－1およびC13－2）は、約九四メートルの長さがあり、重量三五・四トンの機体を時速約二九六キロメートルまで一気に加速して発射することが可能だ。

　蒸気カタパルトは一九五〇年代に空母への装備が始まり、改良が続けられながら今日まで使用されている。

　二〇一七年に就役したアメリカ海軍のCVN－78『ジェラルド・R・フォード』には、従来の蒸気カタパルトではなく電磁カタパルト（EMALS）[*3]が装備された。これは電磁力により艦上機を加速するもので、機種や搭載量などにより射出時の加速度を適切に調節できるため機体にかかる負担が少なく、空母の船体に蒸気を流すための複雑な配管や装置を必要としないという

＊3=Electro Magnetic Aircraft Launch System

メリットがある。電磁カタパルトは大量の電気を使用するが、発電量が大きい[*4]原子力空母では問題とならない。

この電磁カタパルトはアメリカ海軍とイギリス海軍が共同開発したものだが、アメリカ海軍のCVN-78には装備されたものの、イギリス海軍のクイーン・エリザベス級空母への装備は見送られている。これはカタパルトが不要なSTOVL[*5](短距離離陸垂直着陸)機であるF-35Bを搭載機としたこと、カタパルトのコストが高くなりすぎたことなどが理由とされる。また中国やロシアの海軍でも電磁カタパルトが研究されており、次期空母への搭載が予定されているという。

## 安全な着艦のために

アングルド・デッキ(アングルド・フライト・デッキ)は、艦上機の着艦速度が大きくなり着艦距離が延びたため一九五〇年代に考え出されたものだ。この飛行甲板の採用により艦上機の運用効率と安全性が大きく向上することとなった。

ちなみに現代の空母の飛行甲板は、高張力鋼の上にノンスキッドというセメントのような塗料を塗ってザラザラした硬い表面としている。これにより

(62頁に続く)

ウェーブ・オフ*A
(着艦復行)

*A=航空機が着陸を断念して再度上昇に移ることを「ゴー・アラウンド」と呼ぶが、海軍では「ウェーブ・オフ」と称する。

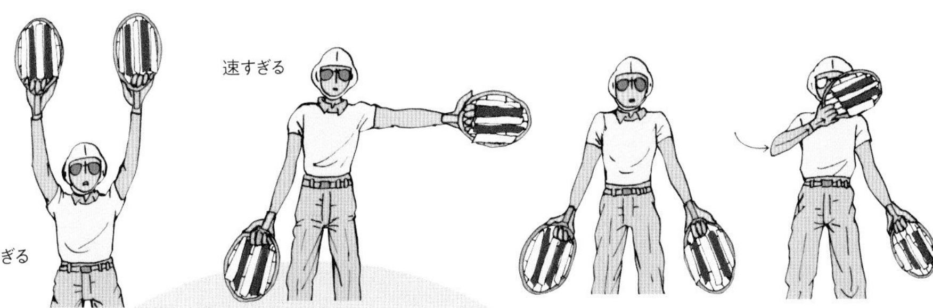
高すぎる　速すぎる　低すぎる　カット

## LSOとパドル信号

アメリカ海軍は1930年代にLSO(着艦信号士官)という役職を定め、熟練したパイロット経験者をその任に就かせた。LSOの任務は飛行甲板の状況と着艦進入してくる艦上機の状態を判断して、赤と黄色の布がつけられたパドルでパイロットに指示を出し、機体を安全に空母に着艦させることだ。両手に持ったパドルによる手信号は13パターンが標準化された。艦上機がLSOのパドル信号で着艦するようになったことは、着艦の方法が確立されたことを意味し、適切な訓練を受けたパイロットならば、誰でもある程度は安全に着艦できるようになった。

適正高度

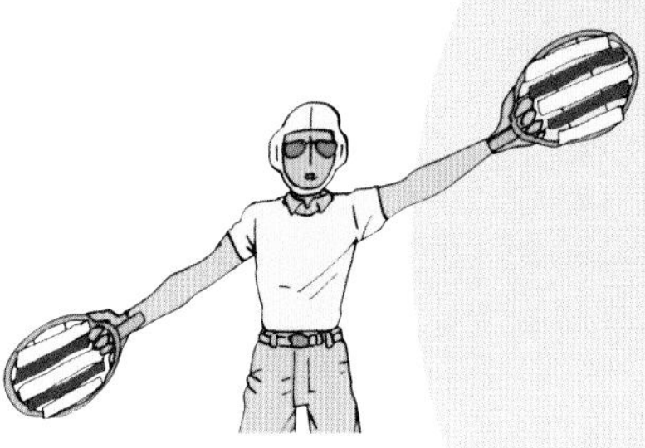
左へ流れている

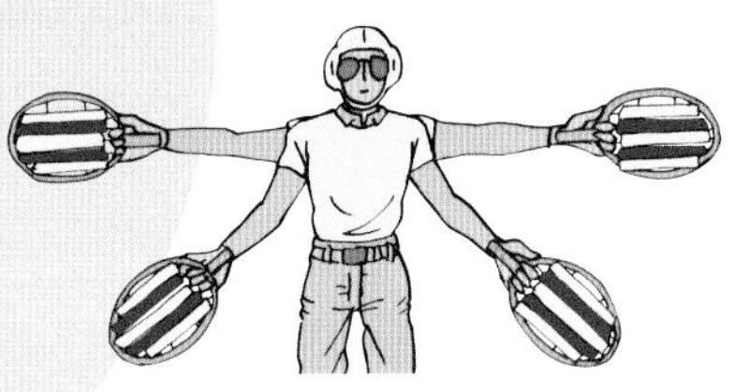
わずかに高い、機首下げよ

フラップ・ダウン

フラップ降ろせ

手に持ったパドルでF6F艦上戦闘機を誘導し、「ヨークタウン」に着艦させるLSO。その任務からLSOは非公式に「パドル」と呼ばれていた。第二次大戦後も、艦上機がジェット化された初期の頃(1950年代)までパドル信号は使われていた。

わずかに低い、機首上げよ

車輪出せ

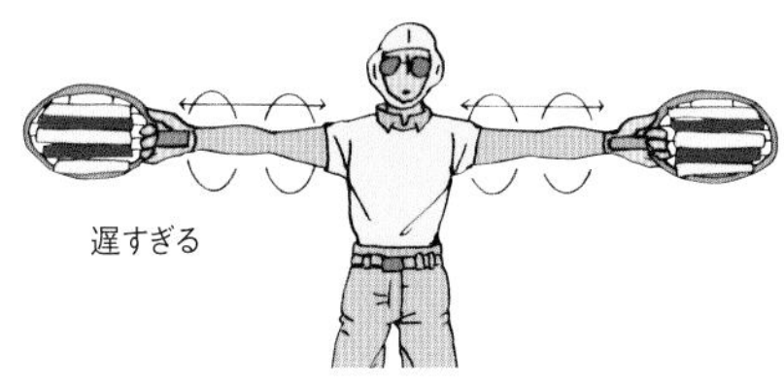
遅すぎる

*4=電磁式の欠点は電源が故障したら使えなくなることだが、その時はカタパルトどころか艦のほとんどのシステムが動かなくなってしまう。
*5=Short Take-Off & Vertical Landing

# 原子力空母の飛行甲板発艦区画

発艦区画には艦上機を射出するカタパルトとその関連設備が設置されている。カタパルト・ステーションでは、カタパルト操作要員が艦上機の射出に必要な風速、機体重量、スチーム圧などをチェックして、カタパルト・オフィサー（カタパルトを使用した発艦の全責任を負う）に合図を送る。カタパルト・オフィサーが派手なポーズで発艦の合図を出すと、カタパルト・ステーションの操作要員が発射ボタンを押して艦上機が射ち出される（実際にカタパルトを動かして射出を行うのは艦内にあるカタパルト制御室）。イラストはアメリカ海軍のCVN-76『ロナルド・レーガン』。

❶原子炉および関連設備：放射能遮蔽壁で隔離されている原子炉、原子炉冷却システム、蒸気発生器（原子炉の熱でタービンを回転させて高温・高圧の蒸気を作る）などが置かれている
❷ジェット・ブラスト・ディフレクター：ジェット機がノズルから噴き出す凄まじいエンジン後流から、待機する他の機体や飛行甲板の要員を保護する設備。油気圧によって立ち上がる6枚のパネル（水冷パネル）で構成され、発艦する機種により使用する枚数や角度を変えることができる

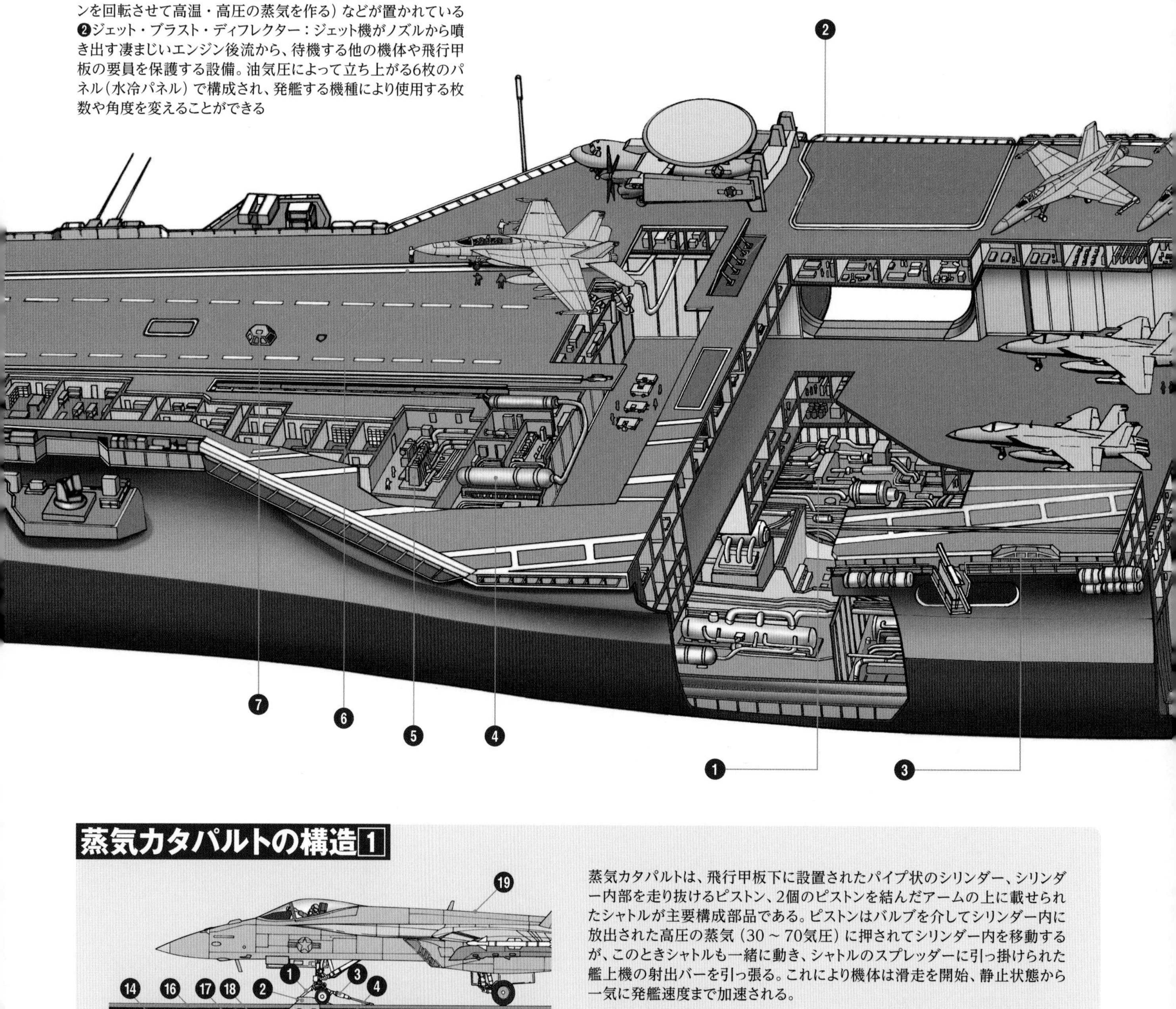

## 蒸気カタパルトの構造1

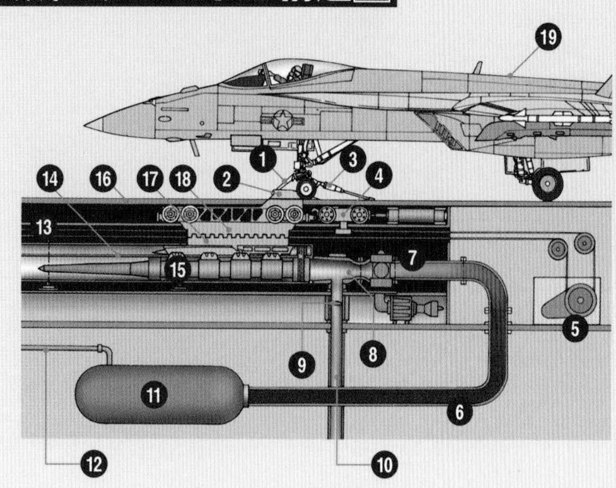


蒸気カタパルトは、飛行甲板下に設置されたパイプ状のシリンダー、シリンダー内部を走り抜けるピストン、2個のピストンを結んだアームの上に載せられたシャトルが主要構成部品である。ピストンはバルブを介してシリンダー内に放出された高圧の蒸気（30～70気圧）に押されてシリンダー内を移動するが、このときシャトルも一緒に動き、シャトルのスプレッダーに引っ掛けられた艦上機の射出バーを引っ張る。これにより機体は滑走を開始、静止状態から一気に発艦速度まで加速される。

❶射出バー：F/A-18の前脚に設置されている　❷シャトル：前部に射出バーを引っ掛ける部分（スプレッダー）がある　❸トレール・バー　❹シャトル・リターン用プーリー（滑車）　❺ワイヤー巻き上げ装置　❻蒸気配管：高温高圧の蒸気が通る　❼蒸気放出バルブ　❽蒸気放出口：高温高圧の空気が放出されピストンを前方へ動かす　❾蒸気排出弁　❿蒸気排出管　⓫蒸気タンク：機関室のボイラーで作られた蒸気が充填されている　⓬蒸気供給パイプ　⓭シリンダー（イラストは側面図なので1本だが並行して2本ある）　⓮ワイヤー　⓯ピストン（シリンダーと同様に2個ある）　⓰カタパルト・レール　⓱アーム　⓲フレーム：シャトルとアームを連結している　⓳射出される機体

## 蒸気カタパルトの構造2

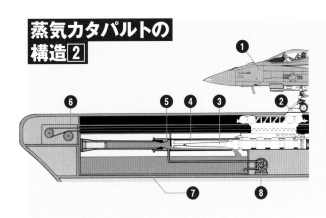

艦上機が射出されるのは、ピストンがウォーター・ブレーキに突入してシャトルに制動がかかった瞬間となる。艦上機は慣性によって前方に押し出されるが、スプレッダーに引っ掛けられているだけの射出バーはシャトルから外れる仕組みになっている。ウォーター・ブレーキによって停止したピストンはワイヤーによって巻き上げられて、シャトルとともに元の位置（射出準備位置）に引き戻される。

❶射出される機体　❷制動がかかったシャトル　❸ウォーター・ブレーキに突入したピストンの先端部（スピアー）　❹ウォーター・ブレーキのシリンダー　❺シリンダー内部に充填されている液体　❻ワイヤー　❼液体タンク　❽充填用ポンプ：スピアーが突入して排出された液体を再びポンプに充填する装置

❻F/A-18の発艦準備を行う飛行甲板作業員　❼カタパルト・ステーション：No.1およびNo.2カタパルト用。装甲された天蓋を持ち、昇降式で飛行甲板下に収納できる。全天候下で使用できる　❽No.1およびNo.2カタパルト　❾発艦したF/A-18

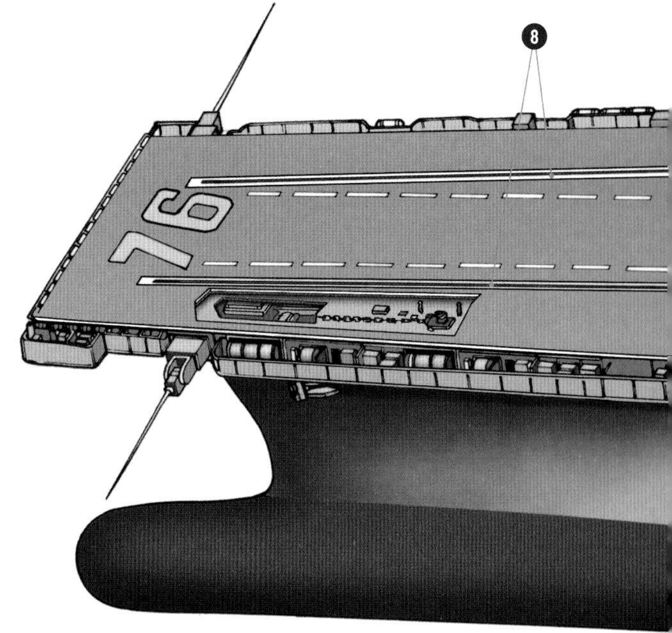


❸カタパルト・ステーション：No.3およびNo.4カタパルト用。装甲された天蓋を持つ昇降式の常設型カタパルト・ステーション。左舷のキャットウォークに設置されている。全天候下で使用できる　❹蒸気タンク：蒸気発生器で作られる蒸気の一部をカタパルト用に蓄積するタンク　❺蒸気制御ステーション：カタパルト用蒸気を管理する

## 蒸気カタパルトの構造3

シリンダー内へ放出される蒸気が最大限のパワーを発揮するためには、シリンダー内部が密閉され、蒸気のエネルギーがロスされずにピストン後部の圧力ドラムにあたることが望ましい。しかし、ピストンはシャトルを動かすものだから、シリンダーにはピストンとシャトルを連結するアームが動くための溝状の開口部を設けなければならない。そのためシリンダー開口部にはゴム製のシーリング・カバーが施され、カバーとシリンダーの隙間はシーリング・ストップと呼ばれる帯状のやわらかい金属で塞いである。これはアームの通過時にシーリング・ストップが押し上げられ、通過後に押し下げて隙間を閉じる仕組みとなっている。線ファスナー（ジッパー）の開け金具と閉じ金具を一体化して、その上にシャトルを載せたと考えればわかりやすいだろう。写真は飛行甲板上でのカタパルト整備作業。

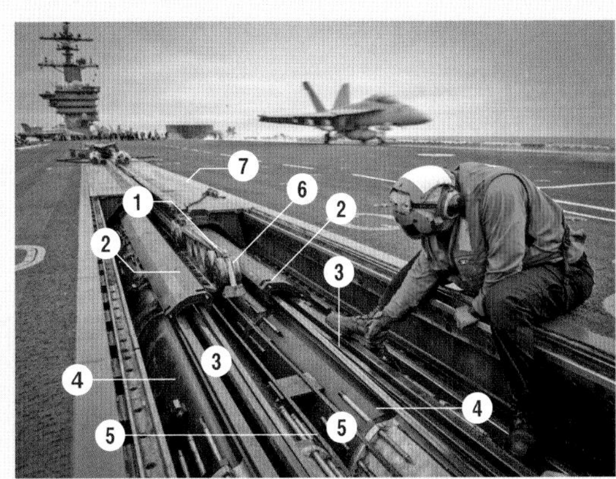

❶シャトル　❷カバー　❸シーリング・ストップ　❹シリンダー：内部にピストンが入っている。シャトルは左右のシリンダー内のピストンを連結するアームの上に乗っている　❺ワイヤー：シャトルを射出準備位置に戻す　❻フレーム　❼カタパルト・ライン・カバー

カタパルト・ステーションの内部。航空機が乗り上げても天井が潰れないよう非常に頑丈に作られている。

カタパルトのシリンダー内部に高圧蒸気が流れ込むと、シャトルは30tちかいF/A-18を引っ張って急加速し、270km/hの速度で飛行甲板から射ち出す。このとき瞬間的だが、乗員の体には1tちかい加重がかかる。写真は射出に備えるパイロット。

# 原子力空母の飛行甲板着艦区画

艦上機の空母への着艦は、全長約250mほどのアングルド・デッキ（着艦部）上で行われる。きわめて短い距離の滑走で艦上機に制動をかけて停止させるのがアレスティング・ギア・システムだ。これはアレスティング・ワイヤー（クロスデック・ペンダント）、パーチェース・ケーブル、アレスター・エンジン（油圧制動装置）で構成される。艦上機は機体尾部の着艦フック（テイル・フック）でアレスティング・ワイヤーを捉えて着艦するが、このとき引っ張られるワイヤーに接続されたパーチェース・ケーブルを介してアレスティング・エンジンが機体の運動エネルギーを吸収する。これにより強引に機体を停止させるのだ。

## 着艦フック

艦上機の空母への着艦は、フックが捉えたアレスティング・ワイヤーによって無理やり飛行甲板に引きずり降ろされるようなものだ[*B]（「コントロールされた墜落」と言われる）。艦上機にはカタパルト射出に耐えられる頑丈な前脚と、着艦の衝撃に耐えられる高い強度の降着装置と機体構造が要求される。

＊B＝艦上機のパイロットはハーネスで座席に固定されているが、着艦時には前方へ投げ出されるような衝撃を受け、歯がガタつくほどだという。

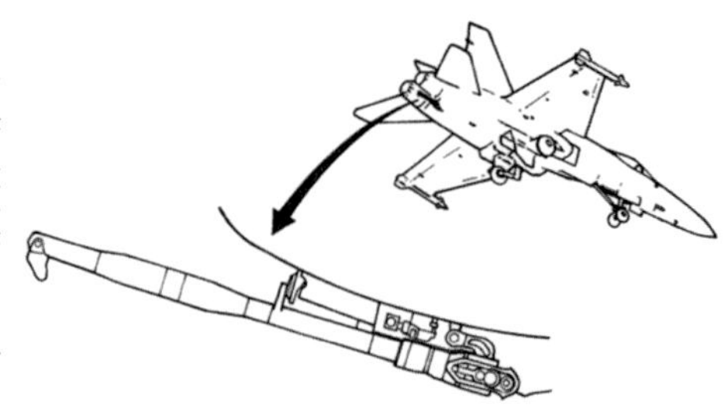

## LSOの指示

艦載機が空母へ着艦する場合、グライド・スロープに乗って降下進入する。この着艦コースが適正かどうかを判断し、安全に誘導するのがLSOとFLOLS（フレネル・レンズ光学着艦システム）だ。現代のLSOはパドルを使わず、白いライフ・ベストを着て、左手に無線機の送受話機、右手にピッケルと呼ばれるIFLOLS（改良型フレネル・レンズ光学着艦システム）のライトを点滅させる装置を持ち、着艦機のパイロットにアドバイスを送る

艦上機の前脚に設置されたアプローチ・ライト（赤の矢印）は下から赤、オレンジ、緑色。正しい角度で進入するとLSOからはオレンジ色が見える

LSOは着艦機のアプローチ・ライトの光（オレンジ色が適正）で進入機のAOA[*C]（迎え角）が適正かどうかを判断できる

＊C＝Angle Of Attackの頭文字。　＊D＝自機の着艦フックと空母のランプの間隔。

## 着艦機の空母への進入

安全に着艦するため、空母着艦誘導装置が適正な降下進入角度を指示する電波をグライド・スロープと呼ぶ。パイロットはAOAを8度に保ちつつ、速度を125ノット（約231km/h）に維持しながら適正グライド・スロープに乗って機を降下させていく。フック・ランプ・クリアランスを約3.35m取って空母のランプ（飛行甲板の後部）を超えると、ターゲット・ワイヤー（目標とするアレスティング・ワイヤー）に到達する。しかし、飛行甲板上は艦橋構造物が乱気流を発生させるので、パイロットには細かい機体コントロールが要求される。着艦しようとする機のパイロットに降下角が適正かどうかを視認させる装置が、LSOが操作するFLOLSやIFLOLSである。

### 空母への進入法1

着艦パターンはいくつか定められており、大別するとIFLOLSを使用した目視による着艦と、悪天候下や夜間に計器を使用して空母からのレーダー誘導で着艦する方法である。イラストは目視による通常の着艦パターン。

❶艦尾方向から空母の右舷上空を通過（高度約240m）。着艦フックを降ろして着艦の意思を示す。兵装スイッチOFF

❷スピード・ブレーキを開き、180度ターンに入る

❸ターン中に脚を降ろして減速　❹スピード・ブレーキを閉じる

❺空母左舷を水平飛行（高度約180メートル）。機体重量が適正かチェック

❻約30度バンク

❼空母の真横を通過して約1.85km飛んでから、再び180度ターン

❽アングルド・デッキの着艦エリアのセンターラインの延長線上に機体を持っていく。距離約1.2kmでグライド・スロープに乗る（高度約112.3m）。

❾アプローチ時のエンジン・パワーはミリタリー・パワー（最大推進力）の約90%

❿ウェーブ・オフ（着艦やり直し）を考慮してミリタリー・パワー

### 空母への進入法2

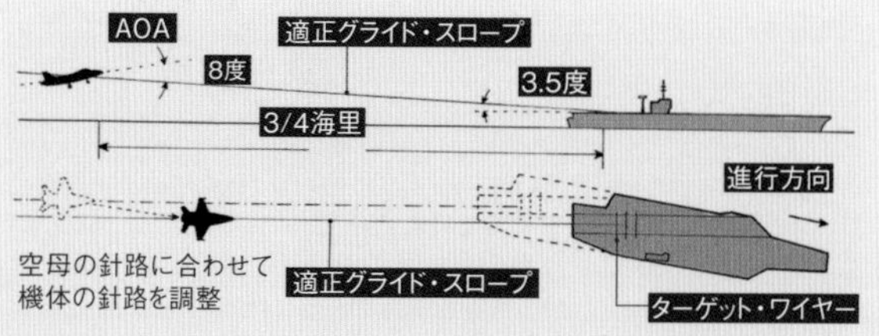


機体がグライド・スロープに乗るとパイロットはLSOの指示に従って降下を行なう。降下中はアングルド・デッキを考慮して機体を絶えず右へバンクさせる。グライド・スロープに乗って適正なAOAと速度を保ちながら降下、空母のランプを越えるとターゲット・ワイヤーに到達する。

### 着艦誘導灯

艦尾に設置された着艦誘導灯。着艦のために艦尾方向から進入する機のパイロットには、着艦誘導灯（黄色の棒状の部分）とランプのライトが組み合わさってT字のように見える。T字が歪んで見えた場合は機体の進入角度が適正ではなく、T字がきちんと見えれば進入は適正で安全な着艦ができる。

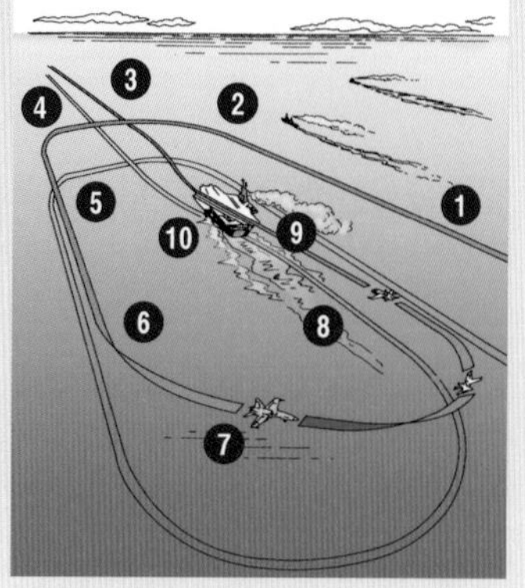

❾衛星通信アンテナ ❿SPS-48E三次元対空捜索レーダー ⓫シースパロー誘導用イルミネーター ⓬航空管制所 ⓭エレベーター：F/A-18を2機搭載して20秒で昇降できる ⓮ハンガー：天井まで3甲板分の高さがある ⓯IFLOLS（改良型フレネル・レンズ光学着艦システム） ⓰No.4カタパルト：アングルド・デッキ側に設置 ⓱ジェット・ブラスト・ディフレクター：アングルド・デッキのカタパルト用 ⓲アングルド・デッキ（着艦区画） ⓳LSOプラットフォーム：着艦信号士官が位置して着艦を誘導する ⓴AN/SPN-35着艦誘導レーダー ㉑SH-60F汎用ヘリコプター：飛行作業中は空母上空で待機し、事故の際には救助にあたる ㉒着艦機：IFLOLSを見ながら進入、艦尾から1本目のワイヤー（ターゲット・ワイヤー）を狙う

❶着艦誘導灯：ランプ（飛行甲板の最後部。着艦機の飛行甲板への進入口）下側に設置されている ❷Mk.7アレスティング・エンジン：ワイヤーの制動と緩衝を調整する ❸アレスティング・ワイヤー：CVN-76ではワイヤーが3本になっている。ワイヤーは100回使用すると廃棄される ❹リトラクタブル・シーブ：ワイヤーの繰り出し装置 ❺AN/SPN-41着艦補助レーダー ❻AN/SPS-49A（V）1 二次元対空レーダー ❼AN/SPN-43C航空管制レーダー ❽AN/SPQ-9B対空レーダー

## フレネル・レンズ・システム

### FLOLS（フレネル・レンズ光学着艦システム）

着艦機のパイロットに機体が適正グライド・スロープ上に乗って降下しているかどうかを示す装置。艦上機の着艦速度が増大したことから、従来のミラー・ランディング・システムの能力向上を図ったもので、1970年代から導入されている。適正の場合、パイロットには右下中央の図のようにライトが横一直線に並んで見える。LSOは艦上で着艦機の降下状況を見ながらFLOLSのライトの点灯を操作して、着艦機パイロットに指示を与える（艦上機にもAOAや機首姿勢が適正かどうかを示す装置が搭載されている）。基本的にLSOとFLOLSを使った着艦はパイロットが目視できる場合に用い、悪天候時はレーダー誘導が行われる。

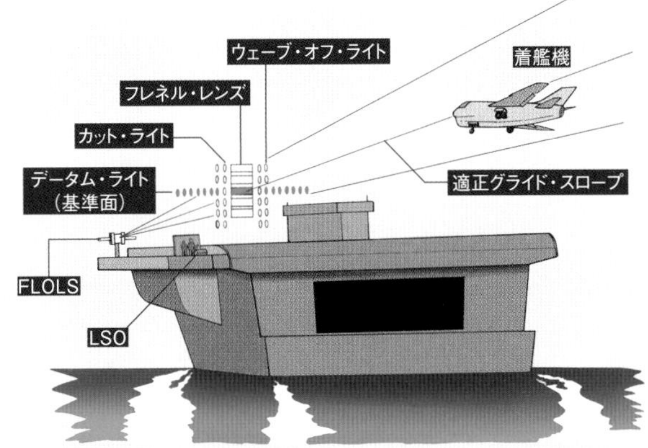


### IFLOLS（改良型フレネル・レンズ光学着艦システム）

FLOLSの改良型。基本構造は変わらず、パイロットが視認しやすいようにフレネル・レンズが上下に大きくなった。

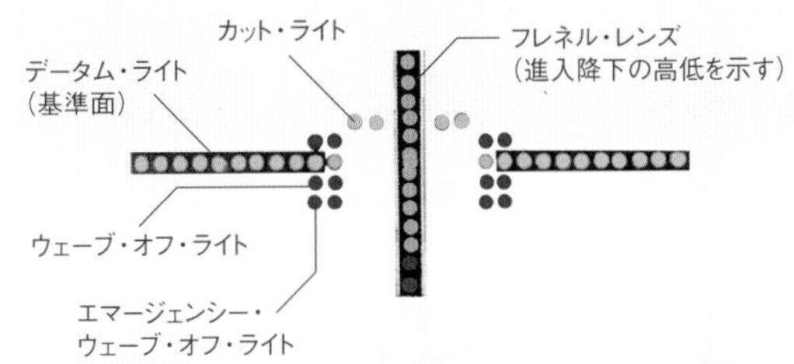


### IFLOLSの表示例

フレネル・レンズの黄色のライトがデータム・ライトと横一直線に並んでいればグライド・スロープに乗って適正な進入降下を行なっていることになる。ウェーブ・オフ・ライトが点滅すると進入降下が適正でなく、そのままでは危険で、着艦作業のやり直しが必要であることを示す。

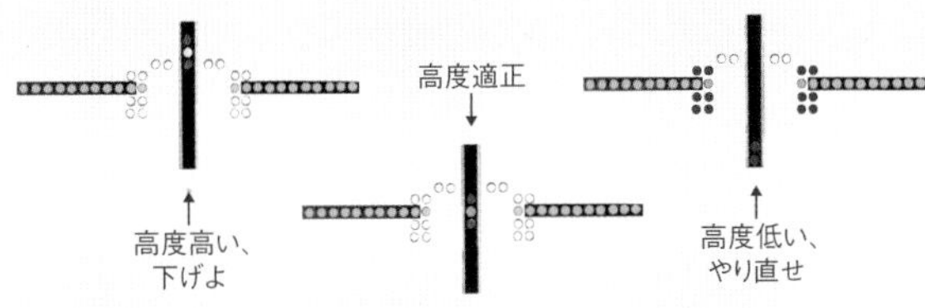


空母の艦上機
発着艦システム

テイル・フック上げよ（着艦フック上げよ）　翼折りたたみ　主翼固定　主翼展開　射出バー降ろせ　機の補助動力始動　フラップ位置下げ　フラップ位置ハーフ　フラップ位置上げ

エンジン・カット　最終準備　速度落とせ　前方移動　右展開　左転回　誘導員の引き継ぎ　ホット・ブレーキ　空中給油口チェック　スピード・ブレーキ・チェック（開け）

緊急停止　停止（夜間）　インターコム通話可　外部ライト点検　停止、ブレーキかけよ　エンジン始動

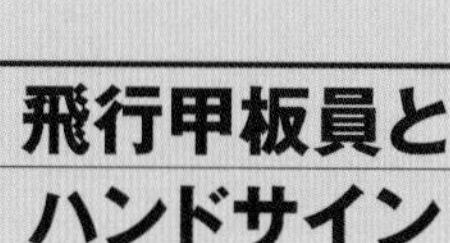

# 飛行甲板員とハンドサイン

空母の飛行甲板では艦上機の発着艦とそれにともなうさまざまな作業が多くの要員によって行われており、少しの油断が重大事故につながる危険に満ちている。轟音や衝撃波が飛び交う環境において、艦上機パイロットと飛行甲板員が確実にコミュニケーションをとるために使われるのがハンドサインだ。なかでも最もハンドサインを使うのが甲板上で航空機を移動させる航空機誘導員である。イラストは主に航空機誘導員が使用するハンドサイン。

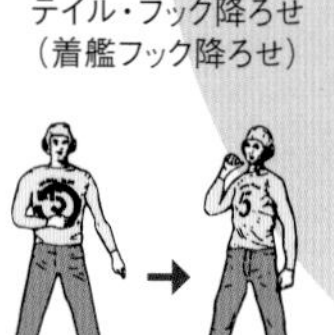
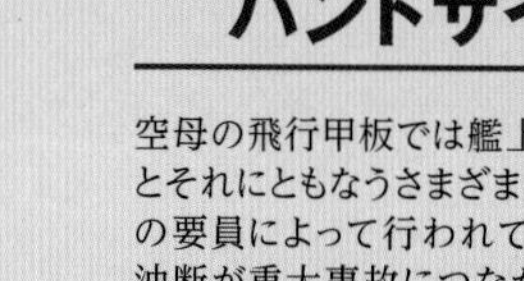

ラダー・チェック（方向舵チェック）　テイル・フック降ろせ（着艦フック降ろせ）　スタビレーター・チェック

全タンク給油／パワー入れるな　ノーズギア操作　エルロン・チェック（補助翼チェック）

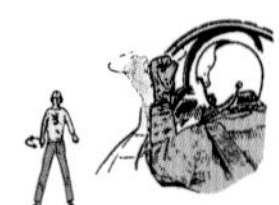

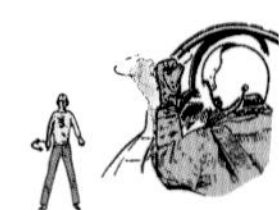

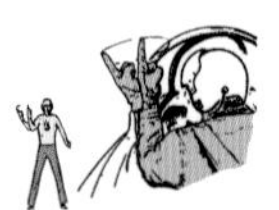

確認　補助動力始動　エンジン・カット　エンジン回転上昇

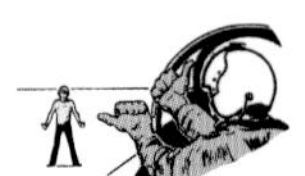

電源入れよ／電源外せ　外部空気源入れよ／外せ　エンジン始動／ウィンドミル　機体下面はクリアーか?　車輪止め外せ／車輪止め入れよ

耐摩耗性と耐熱性を高めるとともに、滑り止めとしての効果もある。

ミラー・ランディング・システムも一九五〇年代に開発されている。これは着艦速度が速くなり、LSOのパドルが識別できないほど離れた距離から着艦パターンをとらねばならない艦上機を誘導する光学着艦支援装置である。その構造は鏡と複数のライトを組み合わせたもので、機体が適正なグライド・スロープ（着艦コース）上に乗って降下しているかどうかをパイロットに認識させて、安全に着艦を誘導する。一九七〇年代にはより進化したFLOLS[*6]（フレネル・レンズ光学着艦装置）が開発され、二〇〇〇年代初めまで使用されてきた。アメリカ海軍で現在運用されている原子力空母は、さらに改良を加えたIFLOLS[*7]（改良型フレネル・レンズ光学着艦装置）を装備している。

## 飛行甲板員の役割

空母にカタパルトや光学着艦装置などが装備されていても、それらの操作や艦上機を発着艦させる前後の作業が円滑に行われなければ空母は機能しない。そのために働くのが飛行甲板員だ。空母の飛行甲板上では、艦上機を稼働させるためにさまざまな甲板員が働い

*6=Fresnel Lens Optical Landing System（俗称「ミートボール」）　*7=Improved Fresnel Lens Optical Landing System

ている。彼らは一見バラバラに動いているようだが、その動きは統制・管理されている。空母の飛行甲板上では、ときには同時に二〇〇～五〇〇名もの人間が作業を行うこともある。そのため甲板上でどんな班の要員が何の作業をしているのかわかるように、彼らは所属する係を示す色のベストとジャージ、ヘルメットを着用している。

その種類は、航空機誘導員（黄のヘルメットと黄のジャージとベスト）、アレスティング・ギア要員[*8]、フック・ランナーおよび航空機整備員(緑と緑)、航空機操作員(青と青)、燃料補給員(紫と紫)、兵器要員（赤と赤）、機付長および航空機ライン整備要員（茶と茶）、安全・医療要員（白と白）、エレベーター操作員および連絡員（青と青）、カタパルト士官および拘束装置士官（緑と黄）などというように色分けされている。

発着艦作業は構成人員が最も多い飛行科が中心となって行うが、飛行甲板員でない他の科とも共同で行わねばならないことがいくつかある。たとえば発艦や着艦時には、現代の空母でもそれぞれ適正な相対風[*9]が必要であり、相対風を得るために艦を風上に向けて走らせねばならない。またカタパルト射出に使用される蒸気は、艦内の原子力機関で作り出されているが、多くの艦上機がカタパルト射出される飛行作業の際にはそれだけ多くの蒸気が必要になる。このような作業は、艦長の下に監督されている航海科や機関科の協力が必須となる。

## 新しい発艦・着艦システム

2017年に就役したCVN-78『ジェラルド・R・フォード』は、アメリカの空母として初めて電磁カタパルト(EMALS)を装備している。まだ完全に実用化したわけではなく、今後どのようなトラブルや不具合が出てくるかわからないが、21世紀の空母を担う技術といえるだろう。

EMALS（電磁カタパルト）による射出試験を行うF-35。

### EMALSの原理

電磁カタパルトは磁気浮上式リニア・モーター・カーと同じ原理で稼働する。直線的に並べられた固定電磁石と、その上で可動する電磁石により構成され、電流を流したときに両者の間に生じる吸引力と反発力で電磁石を動かし加速させる。このとき可動する電磁石の上にシャトルを取り付ければ、艦上機を射出できるというわけだ。電磁カタパルトの射出試験の映像を見ると、スムーズな射出を行えるようだ。

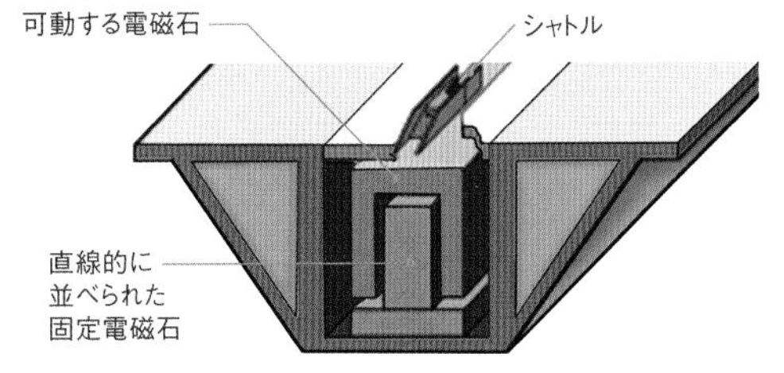


CVN-78ではアレスティング・ワイヤーの繰り出しと制動を電動モーターで行なう先進アレスティング・ギア・システム(AAG[*E])も装備されている。従来の油圧式アレスティング・エンジンよりワイヤーの繰り出しと巻き取りがスムーズに行え、作業時間も短縮されるという。

*E＝Advanced Arresting Gearの頭文字。

飛行甲板に埋め込まれたAAGのイメージ。CVN-78はA1B[*F]加圧水型原子炉2基で蒸気タービン4基を回転させる高性能な発電施設が搭載されており、電磁カタパルトや先進アレスティング・ギア・システム稼働時の膨大な電力をまかなうことができる。

*F＝ジェラルド・R・フォード級空母のために設計された空母用原子炉。A1Bはニミッツ級のA4W原子炉より小型化されながら、約3倍の電力を発生させられるという。

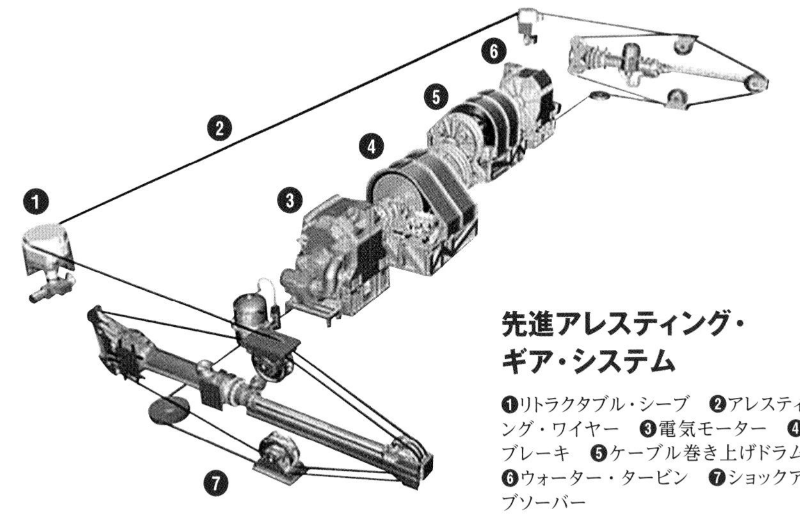

### 先進アレスティング・ギア・システム

❶リトラクタブル・シーブ ❷アレスティング・ワイヤー ❸電気モーター ❹ブレーキ ❺ケーブル巻き上げドラム ❻ウォーター・タービン ❼ショックアブソーバー

*8＝アレスティング・フック操作員。 *9＝自然の風ではなく、機体や船体が動くことにより生じる風のこと。

*The Development of the Landing Ships*

# 揚陸艦艇

## 多用途に使える強襲揚陸艦へと発展した経緯

**揚陸艦という艦艇は、どのように生まれ、いかにして世界中に戦力投射できる強襲揚陸艦へと至ったのか? 誕生から現在までの〝航跡〟をたどる!**

LSTから自走して揚陸するM4中戦車。LSTは1943年のソロモン諸島の戦いで初めて実戦投入され、以後多くの上陸作戦で活躍した。現在ではLCAC[*A]（エアクッション型揚陸艇）の発達などもあり、アメリカ軍では戦車揚陸艦という艦艇はすべて退役している。

*A=Landing Craft Air Cushion（通称「エルキャック」）

艦尾からLCACを発進させるワスプ級7番艦『イオー・ジマ』（イオー・ジマ級の同名の艦とは別の艦）。強襲揚陸艦と航空母艦は艦形がよく似ており、また初期の強襲揚陸艦は空母の船体を転用したものだったが、両者はまったく異なる艦艇である。

### 本格的な揚陸艦は第二次大戦時に出現

「揚陸艦（ようりく）」は単なる輸送艦ではない。大量の兵員や物資を港湾施設を使わず自力で迅速に陸揚げできる能力を持つ艦艇のことである。

本格的な揚陸艦の歴史は第二次世界大戦期に始まる。太平洋の島々で日本軍と戦ったアメリカ軍は、上陸作戦に特化した艦艇の必要に迫られた。日本軍が防備を固める島嶼（とうしょ）への上陸戦では激烈な戦闘が発生したからだ。またヨーロッパ戦線でも、ドイツに占領された地域を奪回する大陸反攻作戦のために、兵員と車両を搭載して海岸に揚陸できる艦艇が必要とされた。その開発と建造を請け負ったのもアメリカであった。

最初に開発・建造された揚陸艦がLST[*1]（戦車揚陸艦）である。これは平らな船底を活かして海岸に直接ビーチング（乗り上げ）し、艦首扉（バウ・ドア）を左右に開いて傾斜路（ランプ）を降ろし、艦内に搭載した戦車などの車両を自走上陸させるというものだった。ただし、構造的に艦首部分を幅広くせざるを得ず、これが大きな造波抵抗を生み出すため、LSTの航行速度は遅かった。

この時期にはLSTよりも小型のLCM[*2]（機動揚陸艇）やLCVP[*3]（汎用小型揚陸艇／通称ヒギンズ・ボート）、LCPL[*4]（汎用大型揚陸艇）など、大

*1=Landing Ship,Tank　*2=Landing Craft Mechanized　*3=Landing Craft,Vehicle,Personnel　*4=Landing Craft,Personnel（Large）

❶上陸前と上陸時には巡洋艦や駆逐艦が艦砲射撃を実施し、珊瑚礁内の地雷や航空爆弾、浜辺の障害物などを破壊した。艦砲射撃には、島を防衛する日本軍に舟艇やLVTを攻撃させないという効果もあった。 ❷LCI（G）[*E]（砲艇）は突撃第1波の突撃開始直前より搭載する40mm砲やロケット弾発射器などで、海岸線に設置された敵陣地を攻撃した。 ❸珊瑚礁から6000m付近まで進出したLSTより歩兵を載せたLCVPやLVT、LVT（A）が下ろされた。イラストには描いていないが、1大隊にLSTが4隻割り当てられていた。通常、LST4隻でLVT（A）18両、LVT50両を輸送できた。珊瑚礁外に設置された機雷はUDT[*F]（水中破壊班）によりあらかた除去されていた（アメリカ軍が除去作業を行ったことは日本側に上陸地点を悟らせることになってしまった）。 ❹海岸に近い海部分はリーフ（隆起珊瑚礁）が防潮堤のように海岸を囲んでおり、水深が0.3～0.9mと浅く、LCVPやLCMのような舟艇では座礁してしまう。そのためLVTのような装軌式上陸用車両でなければ通過できなかった。上陸作戦ではLVTが多用され、LCMに乗った兵士は珊瑚礁の直前でLVTに乗り換えることもあった。 ❺上陸海岸の区分線（上陸海岸は西浜で、南北約3kmの海岸を北からホワイト1、2、オレンジ1、2、3というコードネームで5つに区分した。ホワイトには第1海兵連隊、オレンジには第5、第7海兵連隊が上陸することになっていた（各連隊は4つの大隊で編成されていた）。 ❻LVT（A）は3個小隊（計18両）が突撃第1波の中央と両翼に配置された。 ❼強力な日本軍の反撃によりホワイト・ビーチ、オレンジ・ビーチともに激戦が展開。一時は第1波上陸部隊が撤退する場面もあったが、日本軍守備隊の隙間を衝いて、後続の第5海兵連隊の第2波が上陸して内陸へ進出した。日本軍は九五式戦車を伴った斬り込み隊が反撃をするなど白兵戦を展開したが、内陸への進出を阻止できなかった。

第一波の上陸部隊のLVTは海岸から約150m付近まで進出した時点で日本軍の砲撃を受けて壊滅している。日本軍は火砲の照準を珊瑚礁に合わせ、上陸してくるアメリカ軍のLVTを端から撃破していった。

上陸開始前には艦上機（50機余り）が投入され、爆撃や機銃掃射を行った。艦上機は上陸後も地上攻撃を実施して地上部隊を支援している。

*E=Landing Craft Infantry (Gunboat)
*F=Underwater Demolition Team

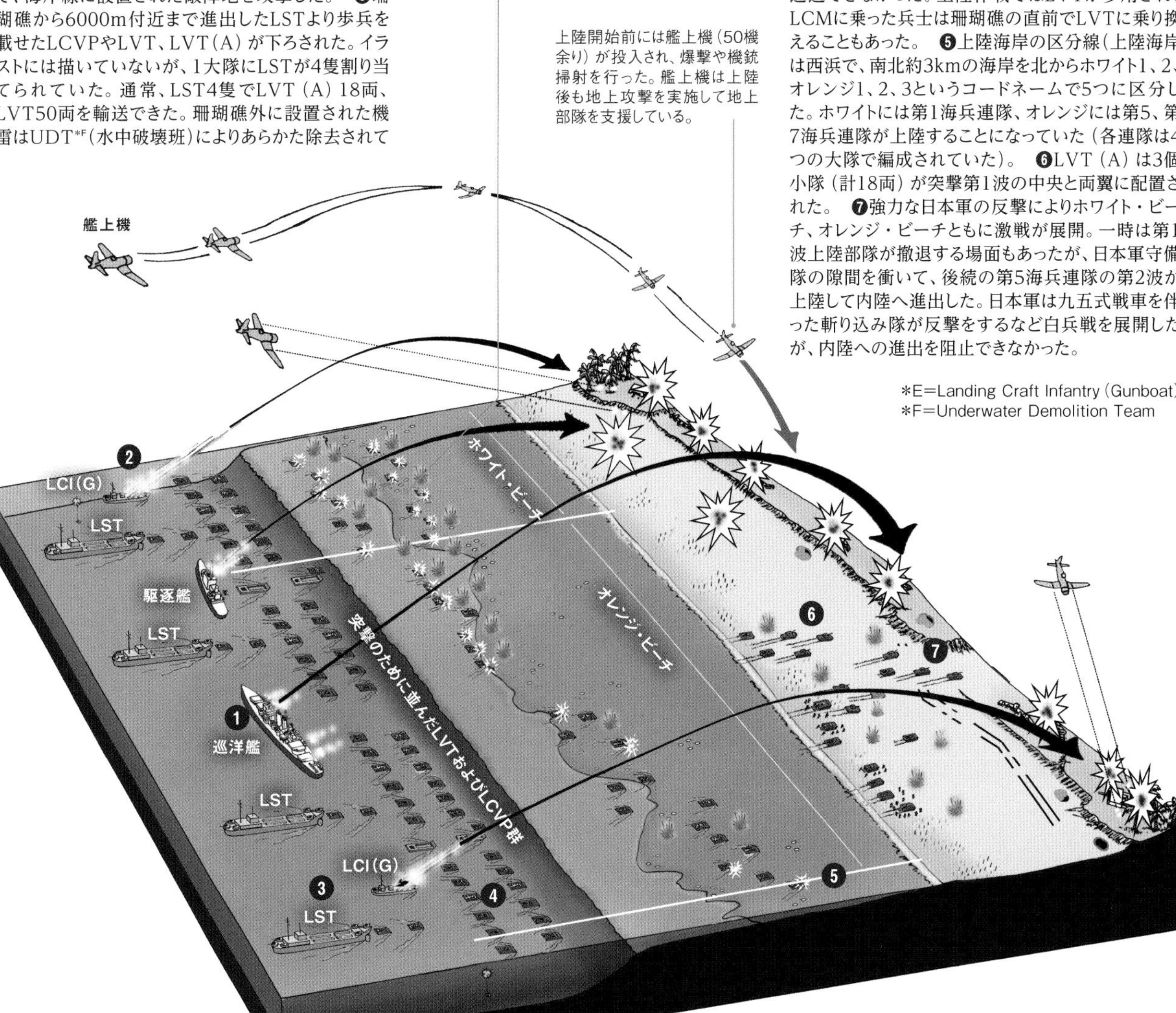


# 第二次大戦におけるアメリカ軍の敵前上陸
## （ペリリュー島上陸作戦）

イラストは1944年9月から11月にかけて行われたペリリュー島の戦い[*B]で展開されたアメリカ軍の上陸作戦の模様。第二次大戦終結までにアメリカ軍はシステム化された近代的な水陸両用作戦を完成させたが、それまでに数多くの失敗を重ね、膨大な犠牲を出しており、ペリリュー島への上陸作戦でも同様だった。当時は現在の強襲揚陸艦のような艦艇がなかったため、上陸作戦には多数の艦艇を必要とした（イラストには描いていないが、このほかにも戦艦、空母、揚陸指揮艦、兵員輸送艦など、上陸作戦を支援する多数の艦艇が参加している）。

作戦の展開は、まず上陸作戦の開始前に敵の水際防御に対して海軍艦艇と航空機により集中的な砲爆撃を加える。そして火力支援艦艇の砲撃やロケット弾攻撃の下、大隊ごとに目標の海岸へLVT[*C]（装軌式上陸用車両）およびLVT（A）[*D]（装軌式上陸用装甲車両）で構成される突撃第1波がフォーメーションを組んで強襲上陸を行い、海岸線を確保する（事前に目標となる海岸を海兵師団ごとに分割して担当区域を決めてある）。続いてLVTに搭乗した第2波、第3波の海兵部隊が上陸を行い、橋頭堡を確立する。その後、LSTなどが戦車や火砲を上陸させ、敵の攻撃に対してより堅固な防御態勢を取るとともに、制圧範囲を拡大していくというものだった。

一方、日本軍は上陸してくるアメリカ軍を水際で撃退すべく、珊瑚礁や海岸線を利用して強力な防衛線を構築していた（海岸線近くには飛行場があり、これを守ることが島を防衛するうえで最重要とされたためでもあった）。実際の戦闘は水際での死闘が繰り返され、アメリカ軍は多大な損害を出したものの、なんとか海岸線や飛行場の制圧に成功した。しかし、日本軍が戦術を高地における持久戦に転換したため、島を占領するまでに2か月以上を要している。

*B=アメリカ側の作戦名は「ステールメートII」作戦。 *C=Landing Vehicle Tracked（通称「アムトラック」）
*D=Landing Vehicle Tracked (Armor)（アムトラックに装甲を施し、軽戦車の砲塔を搭載した火力支援型。通称「アムタンク」）

きさや搭載量が異なる多数の上陸用舟艇が開発・使用されているが、いずれも速度が遅く、航洋性が悪かった（というよりも、わずかな距離を航行するようにしか造られていなかった）。これらの舟艇は母艦となる艦艇に搭載されて運ばれ、クレーンで海面に下ろしてから兵員が移乗するという手順で運用されていた。しかし、この方法では上陸用舟艇に兵員や物資を載せるだけでも時間と手間がかかり、作業が天候や海象に大きく左右されるため、揚陸作戦全体の足並みを乱してしまうという問題があった。

　そこで、車両や物資を搭載した状態の上陸用舟艇を母艦内のウェルドック（ドック式格納庫／68頁の「ウェルドックの仕組み」を参照）に収容して作戦海域まで輸送し、ウェルドックに注水して舟艇を発進させられるＬＳＤ*5（ドック型揚陸艦）が登場した。その最初の艦が一九四三年に一番艦が就役したアメリカ海軍のアシュランド級である。これは船体の全長の八〇パーセント以上を占めるウェルドックを持ち、自航可能な浮きドックのような艦艇だったが、当時としてはかなり斬新な艦であり、大戦後に建造された揚陸艦にも影響を与えている。

　ちなみに第二次大戦時の日本軍も小発動艇や大発動艇などの上陸用舟艇を開発・運用しており、緒戦の上陸作戦で使用した。さらに上陸用舟艇母艦（特種船）も建造されており、その代表が日本陸軍の『神州丸』である。艦内に艦首から艦尾までほぼ全通式の舟艇用*6格納庫が設けられており、艦尾の大型扉を開けて兵員や貨物を載せた状態の上陸用舟艇を発進させることができた。

## 上陸作戦で使用されたアメリカ軍の主要艦艇および車両

第二次大戦時のアメリカ軍が上陸作戦で使用した艦艇と車両は、以下のとおりに分類できる。

◎**兵員輸送艦、戦車揚陸艦、ドック型揚陸艦など**：外洋航海能力を持ち、車両や戦車、兵士を戦場となる海域まで輸送・上陸させる。

◎**LVTや兵員揚陸艇、DUKW（6輪水陸両用トラック）、戦車揚陸艇など**：目標となる海岸へ兵士や戦車を直接運び、強襲揚陸を行う。

◎**火力支援艦やロケット支援艦、LCI(G)など**：上陸する部隊が突撃する前に、海岸線に構築されている敵陣地を火砲やロケット弾で攻撃する。

◎**揚陸指揮艦・統制艦など**：作戦全体の指揮を執ったり、部隊が間違いなく上陸できるように統制する。

LSM 中型揚陸艦
LCC 統制艦
AGC 揚陸指揮艦
LVT 装軌式上陸用車両
LVT(A) 装軌式上陸用装甲車両
LSM(R) ロケット支援艦
DUKW 水陸両用トラック
LCI(G) 砲艇
LCVP 車両人員揚陸艇
LSD ドック型揚陸艦
LCT 戦車揚陸用舟艇
LST 戦車揚陸艦
AKA 兵員輸送艦

## さまざまな艦種の機能を集約した強襲揚陸艦の誕生

　第二次大戦後には、船体を大型化して搭載量を増やし、より航洋性を高くしたＬＳＤが登場した。さらに一九五〇年代になると、兵員や物資の輸送の主体を戦後に大きく発達したヘリコプターによる空輸に置いたＬＰＨ*7（ヘリコプター揚陸艦）が出現し、ＬＳＤとＬＰＨが上陸作戦を担う艦艇の主流となった。ＬＰＨは全通式の飛行甲板を持ち、ヘリによる水陸両用作戦を行う能力を備えた艦（ウェルドックは持たない）のことで、世界初のＬＰＨとなったのはアメリカ海軍の『セティス・ベイ』である。これは一九五五年にカサブランカ級護衛空母からＣＶＨＡ*8（強襲ヘリコプター空母）に改装された艦で、一九五九年にＬＰＨに艦種変更されている。

　なお、アメリカ海軍では『セティス・ベイ』*9のほかにも、空母から改装されたＬＰＨとしてボクサー級がある。

　そして一九六一年に一番艦が就役したイオー・ジマ級は、最初からＬＰＨとして新造された揚陸艦である。本級

*5=Landing Ship,Dock　*6=『神州丸』の格納庫は喫水線より上に位置し、舟艇はローラー式の軌道上を移動して艦尾のスロープから海面に滑り出る方式だった（ドック内に海水を導いて舟艇を浮上させて発進させるウェルドック方式ではない）。　*7=Landing Platform Helicopter　*8=Carrier Vessel Helicopter Assault　*9=コメンスメント・ベイ級護衛空母の2番艦『ブロック・アイランド』も戦後にヘリコプター揚陸艦への改装計画があったが、キャンセルされたのち退役している。

**1**_ドック型揚陸艦の嚆矢となったアシュランド級1番艦『アシュランド』。ウェルドックを中心として艦が設計されており、全長139.5mの船体に全長118m（幅13m）のウェルドックを有し、LCT[*G]（戦車揚陸用舟艇）を3隻搭載し、艦尾から発進させられた。アシュランド級は8隻[*H]が建造され、1970年まで就役していた。満載排水量7930t、全長139.5m、最大速力15.5ノット（約29km/h） **2**_ボクサー級2番艦『プリンストン』。3隻のボクサー級は第二次大戦終結後に就役したエセックス級空母から改装され、ヘリコプター揚陸艦に艦種変更された。いずれも1970年までに除籍となっている。満載排水量3万7500t、全長270.7m、最大速力27ノット（約46km/h） **3**_全通式の飛行甲板、右舷に寄せたアイランド型の艦橋構造物を持つイオー・ジマ級。写真は7番艦『インチョン』。飛行甲板の艦首部分が舷側に合わせて丸みを持つことが特徴。全通式の飛行甲板は長さ183.7m×幅31.7mで、7機のCH-46中型ヘリコプターを同時運用できた。満載排水量1万8300t（後期型）、全長183.6m、最大速力23ノット（約42.6km/h） **4**_1976年5月に就役したタラワ級1番艦『タラワ』。1976年から80年にかけて5隻が就役している。船体後部のウェルドックは長さ80m×幅23.4mで、LCUなら4隻を収容できた。のちにはLCACも配備されたが、ウェルドック内の仕切り板やベルトコンベアが邪魔になって1隻しか収容できなかった。満載排水量3万9300t、全長254.2m、最大速力24ノット（約44.4km/h）

*G=Landing Craft Tank（第二次大戦後にLCU：Landing Craft Utilityに改名されている）
*H=準同型艦のカーサ・グランデ級、キャビルド級を加えると25隻となる。

## アメリカ級強襲揚陸艦

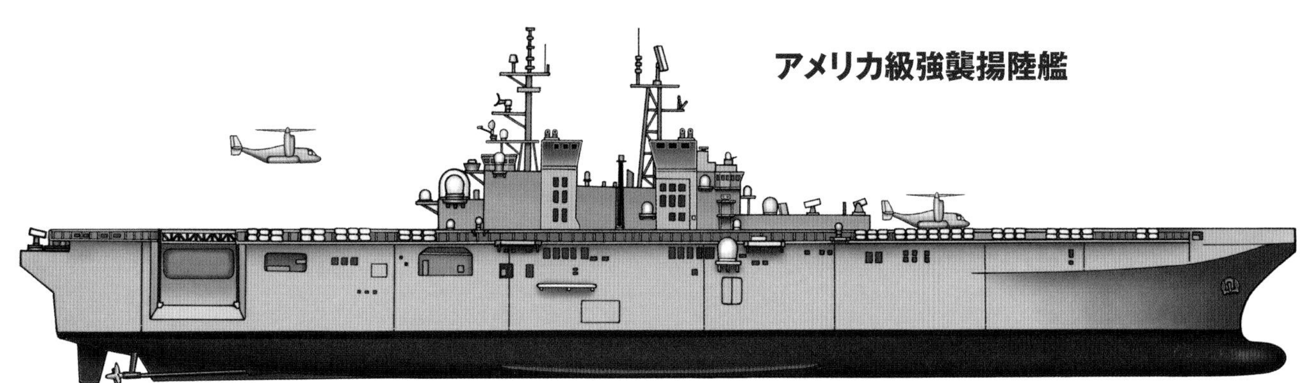

当初、タラワ級を更新する艦として計画されたことからアメリカ級はLHA(R)と分類されていた。(R)はReplacement(更新）の意味で、LHAはヘリコプター揚陸艦にウェルドックを装備して揚陸艇を使った重装備の揚陸を可能にした強襲揚陸艦のこと。アメリカ級はワスプ級の8番艦『マキン・アイランド』をベースにしており、ワスプ級にちかい艦にもかかわらず、計画当初のままLHAに分類されている。イラストはアメリカ級1番艦『アメリカ』。満載排水量4万5570t、全長257.3m、最大速力22ノット（約40km/h）

はヘリコプターの運用を考慮した結果、空母と同様に全通式の飛行甲板を有する船体となり、のちの強襲揚陸艦の形態に大きな影響を与えている。ただし、揚陸にはヘリコプターのみを使うように設計された揚陸艦であるため、上陸用舟艇のような船舶での揚陸機能はほとんど持っていなかった。

そしてLPHにLPD[*10]（ドック型輸送揚陸艦）の機能を持たせ、さらにLKA（貨物揚陸艦）、AGC（揚陸指揮艦）など、水陸両用作戦に投入される複数の艦種の能力を一隻に集約した新型艦という発想が生まれることとなる。この新たな艦にはあらゆる作戦に柔軟に対応できる高い汎用性、敵の反撃を受けても兵力・車両・装備などのバランスが崩れることなく上陸作戦を展開できる自己完結性、さらに重装備の揚陸も可能なことが求められた。これを具体化したLHA[*11]（ヘリコプター強襲揚陸艦）が、一九七六年に一番艦が就役したタラワ級である。本級が現在の強襲揚陸艦の特徴を備えた最初の艦といえるだろう。

タラワ級は空母のようなカタパルトは有していないが、三〇機ちかいヘリコプターとSTOVL[*12]（短距離離陸・垂直着陸）機を搭載・運用できる能力を持ち、船体後部にウェルドックを設置。五〇〇〇トンを超える貨物輸送能力に、さらに揚陸部隊（上陸作戦を行

*10=Landing Platform Dock（ウェルドックの容積を減らして、そのスペースを貨物輸送用に振り分けているため、ドック型輸送揚陸艦に分類される）
*11=Landing Helicopter Assault　*12=Short Take Off/Vertical Landing

## 強襲揚陸艦の特徴

強襲揚陸艦は1隻でも大隊規模の上陸作戦を展開できる能力を持つように設計されている。その特徴は、以下の設備を持つ点にある。
❶航空機（ヘリコプターやティルトローター機、STOVL機）を運用するための全通式の飛行甲板、❷それらを修理・収容できる格納庫、❸揚陸部隊（約1900名の海兵）を搭乗させられる居住スペース、❹揚陸部隊が運用したりそれを支援するための車両を艦内に収容するスペース、❺兵員や車両を揚陸させるための舟艇やLCACを搭載・運用するウェルドック。
イラストはワスプ級8番艦『マキン・アイランド』。満載排水量4万1335t、全長257.3m、最大速力22ノット（約41km/h）

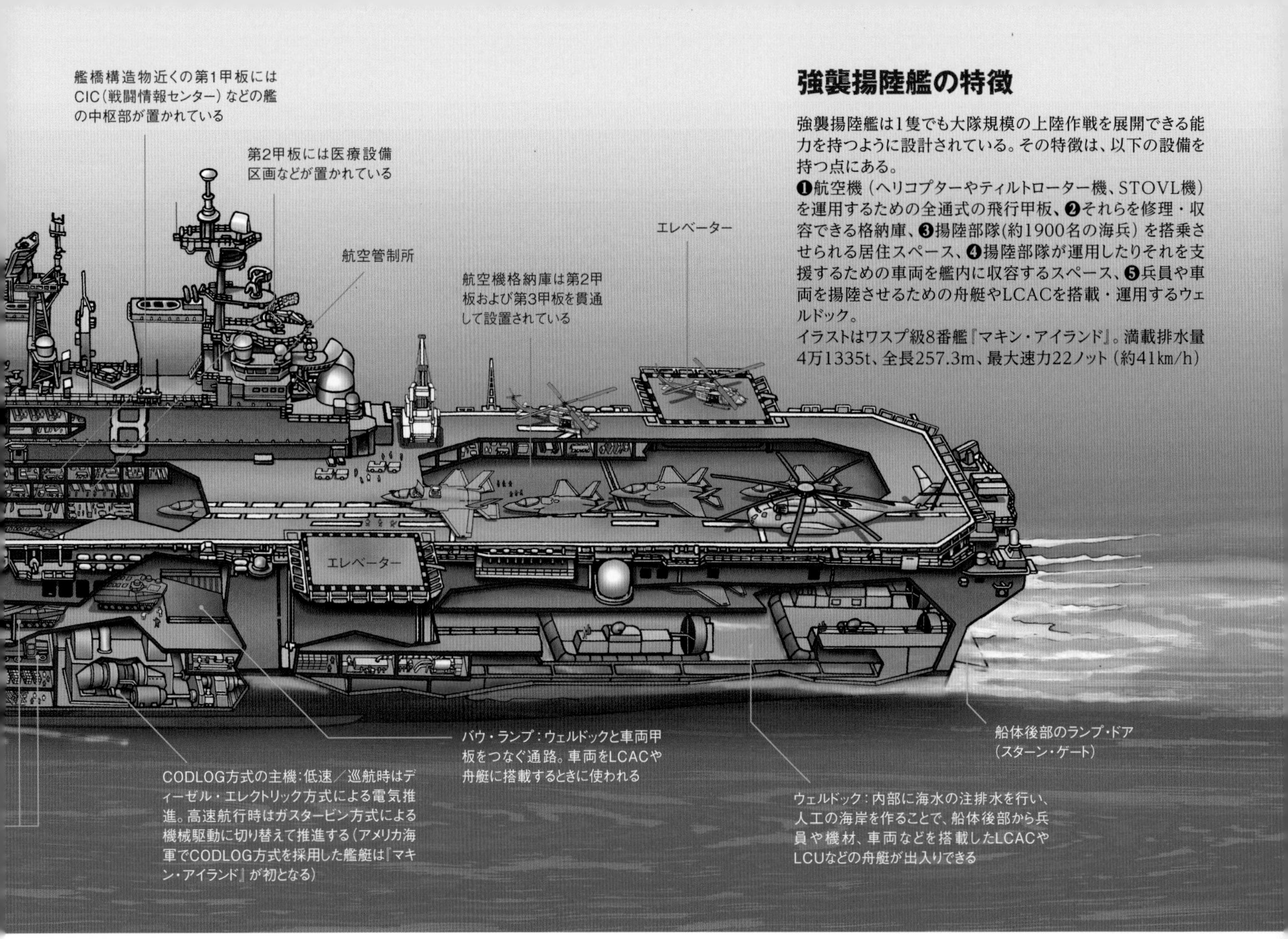

艦橋構造物近くの第1甲板にはCIC（戦闘情報センター）などの艦の中枢部が置かれている
第2甲板には医療設備区画などが置かれている
航空管制所
航空機格納庫は第2甲板および第3甲板を貫通して設置されている
エレベーター
エレベーター
バウ・ランプ：ウェルドックと車両甲板をつなぐ通路。車両をLCACや舟艇に搭載するときに使われる
船体後部のランプ・ドア（スターン・ゲート）
CODLOG方式の主機：低速／巡航時はディーゼル・エレクトリック方式による電気推進。高速航行時はガスタービン方式による機械駆動に切り替えて推進する（アメリカ海軍でCODLOG方式を採用した艦艇は『マキン・アイランド』が初となる）
ウェルドック：内部に海水の注排水を行い、人工の海岸を作ることで、船体後部から兵員や機材、車両などを搭載したLCACやLCUなどの舟艇が出入りできる


《ウェルドックに海水を注入》

1
ウェルドック（海水を入れていない状態）
バラスト・タンク
ポンプ
喫水線
2
傾いた艦
バラスト・タンクに海水を注入
3
ランプ・ドアが海面下になり、LCACや舟艇がウェルドックに出入りできるようになる
ウェルドックに入ったLCACや舟艇に車両や貨物を搭載する
バラスト・タンクから少し海水を抜く
艦が水平になり喫水線が上がる


《ウェルドックから海水を排出》

作業終了後はバラスト・タンクから海水を排出して艦を軽くする


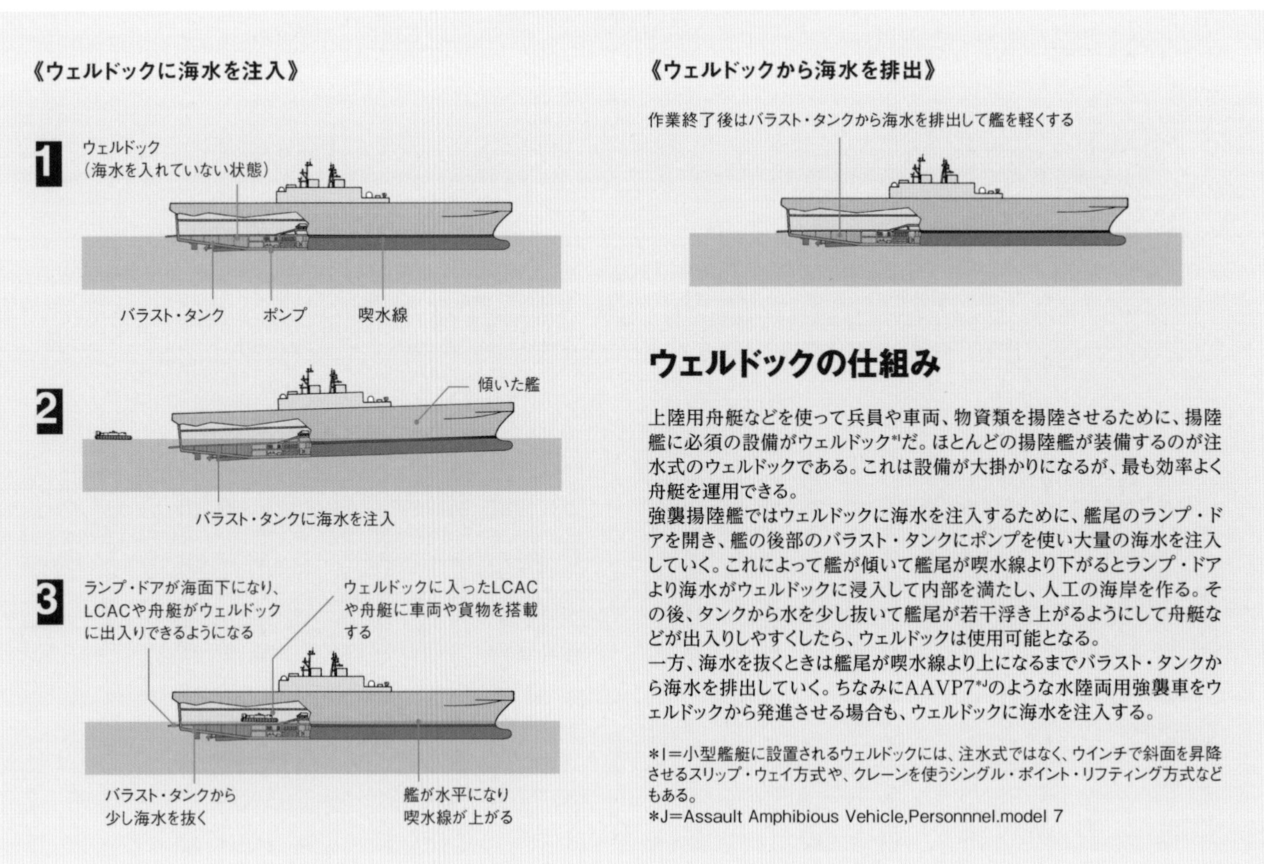

## ウェルドックの仕組み

上陸用舟艇などを使って兵員や車両、物資類を揚陸させるために、揚陸艦に必須の設備がウェルドック*Iだ。ほとんどの揚陸艦が装備するのが注水式のウェルドックである。これは設備が大掛かりになるが、最も効率よく舟艇を運用できる。
強襲揚陸艦ではウェルドックに海水を注入するために、艦尾のランプ・ドアを開き、艦の後部のバラスト・タンクにポンプを使い大量の海水を注入していく。これによって艦が傾いて艦尾が喫水線より下がるとランプ・ドアより海水がウェルドックに浸入して内部を満たし、人工の海岸を作る。その後、タンクから水を少し抜いて艦尾が若干浮き上がるようにして舟艇などが出入りしやすくしたら、ウェルドックは使用可能となる。
一方、海水を抜くときは艦尾が喫水線より上になるまでバラスト・タンクから海水を排出していく。ちなみにAAVP7*Jのような水陸両用強襲車をウェルドックから発進させる場合も、ウェルドックに海水を注入する。

*I＝小型艦艇に設置されるウェルドックには、注水式ではなく、ウインチで斜面を昇降させるスリップ・ウェイ方式や、クレーンを使うシングル・ポイント・リフティング方式などもある。
*J＝Assault Amphibious Vehicle,Personnnel.model 7

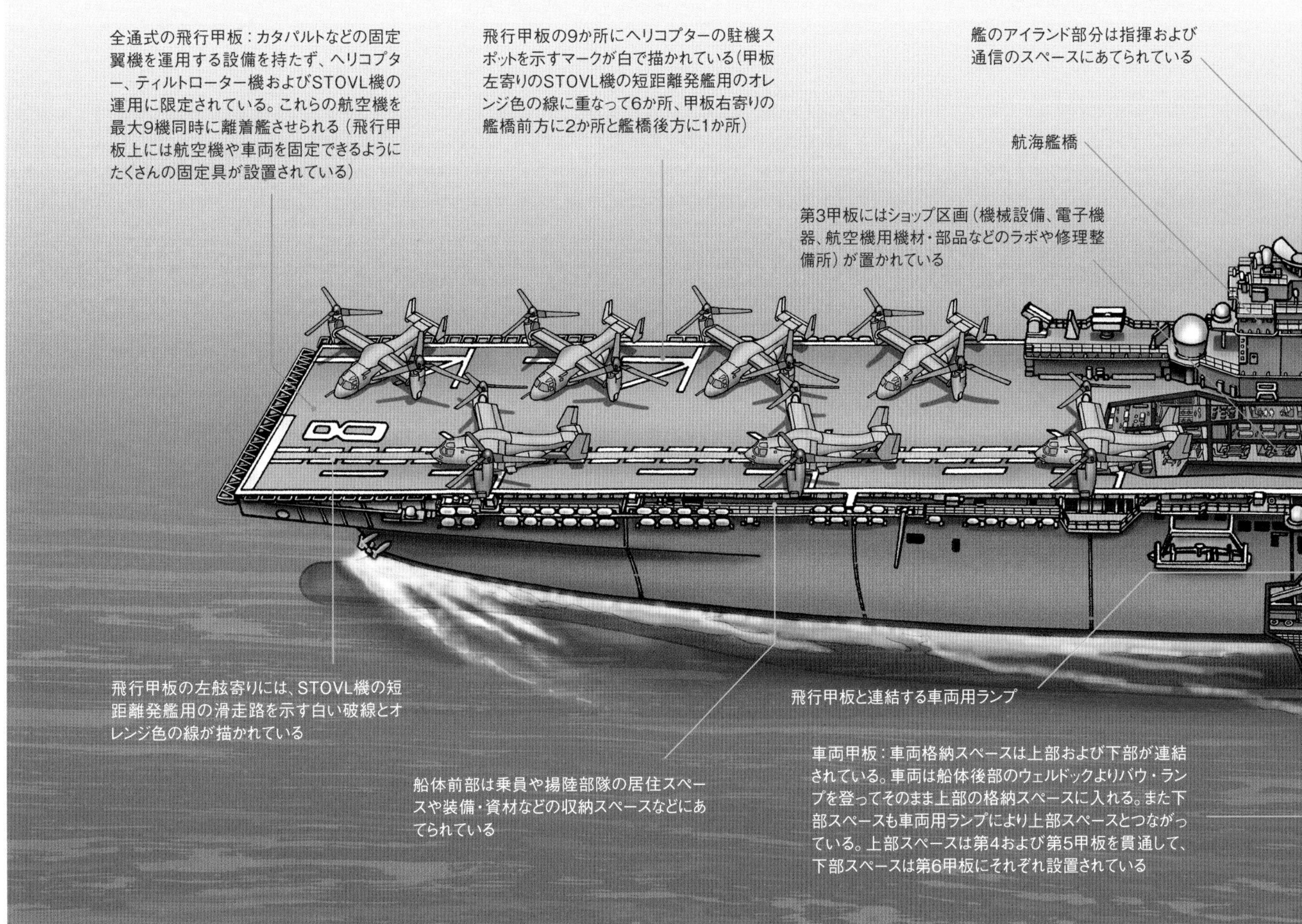
全通式の飛行甲板：カタパルトなどの固定翼機を運用する設備を持たず、ヘリコプター、ティルトローター機およびSTOVL機の運用に限定されている。これらの航空機を最大9機同時に離着艦させられる（飛行甲板上には航空機や車両を固定できるようにたくさんの固定具が設置されている）
飛行甲板の9か所にヘリコプターの駐機スポットを示すマークが白で描かれている（甲板左寄りのSTOVL機の短距離発艦用のオレンジ色の線に重なって6か所、甲板右寄りの艦橋前方に2か所と艦橋後方に1か所）
艦のアイランド部分は指揮および通信のスペースにあてられている
航海艦橋
第3甲板にはショップ区画（機械設備、電子機器、航空機用機材・部品などのラボや修理整備所）が置かれている
飛行甲板の左舷寄りには、STOVL機の短距離発艦用の滑走路を示す白い破線とオレンジ色の線が描かれている
飛行甲板と連結する車両用ランプ
船体前部は乗員や揚陸部隊の居住スペースや装備・資材などの収納スペースなどにあてられている
車両甲板：車両格納スペースは上部および下部が連結されている。車両は船体後部のウェルドックよりバウ・ランプを登ってそのまま上部の格納スペースに入れる。また下部スペースも車両用ランプにより上部スペースとつながっている。上部スペースは第4および第5甲板を貫通して、下部スペースは第6甲板にそれぞれ設置されている

う海兵隊員）約一九〇〇名の居住設備や訓練室を備えていた。そのため満載排水量は四万トンちかくなり、イオー・ジマ級よりはるかに大きくなった。タラワ級は五隻が建造・就役したが、二〇一五年までに全艦が退役している。

## 現在のアメリカの強襲揚陸艦

タラワ級をさらに大型化したのが、一九八九年に一番艦が就役したワスプ級だ。その船体はイギリスのインヴィンシブル級軽空母に匹敵する大きさである。ワスプ級では指揮・管制機能が強化され、上陸作戦の司令官（将官クラス）とスタッフが座乗して、従来の揚陸指揮艦が担ってきた旗艦としての役割を果たすことができる。

ワスプ級は七番艦までは推進機関に蒸気タービンを用いているが、八番艦の『マキン・アイランド』は燃料消費を抑えるため、主機をCODLOG[*13]方式（低速・巡航時はディーゼル・エレクトリック方式による電気推進、高速航行時はガスタービン方式による推進）としている。

そしてアメリカ海軍の最新の強襲揚陸艦が、二〇一四年に一番艦が就役したアメリカ級である。

アメリカ級の最大の特徴はSTOVL機のF-35BやティルトローターMV-22を搭載して航空兵力の運用に重点を置いていることだ。搭載・運用できる航空機はF-35Bが六機、MV-22が一二機（またはMV-22のみ二八機）、および各種ヘリの計三一機である。そのためウェルドックの廃止や格納庫（ハンガー）容積の拡張、航空機燃料の搭載量の増大が図られている。こうした理由から、アメリカ級の船体の大きさはワスプ級と同程度だが、満載排水量は四万五〇〇〇トン以上と増大している。

なお、アメリカ級の主機は『マキン・アイランド』を踏襲してCODLOG方式を採用しており、船体構造や艤装も四五パーセントの共通性を持たせるように設計されている。

アメリカ級は二隻が就役しているが、ウェルドックを廃したことによる舟艇の運用能力低下が問題となった。そのため三番艦以降は設計を変更して、航空機運用能力を維持したままウェルドックを復活させた船体（フライトI）となることが決定された。現在、建造中のアメリカ級三番艦『ブーゲンヴィル』は、二〇二四年に海軍に引き渡される予定だ。

このようにアメリカは二〇二〇年現在[*14]、ワスプ級とアメリカ級のふたつの艦級（クラス）の強襲揚陸艦を運用している。

## 揚陸艦艇の建造と保有が世界的なトレンドに

かつては強襲揚陸艦といえばアメリ

*13＝COmbined Diesel eLectric Or Gas turbine　*14＝ワスプ級8隻とアメリカ級2隻の10隻体制であったが、ワスプ級6番艦『ボノム・リシャール』が2020年7月に火災を発生、同年11月にアメリカ海軍は同艦の退役を発表している。

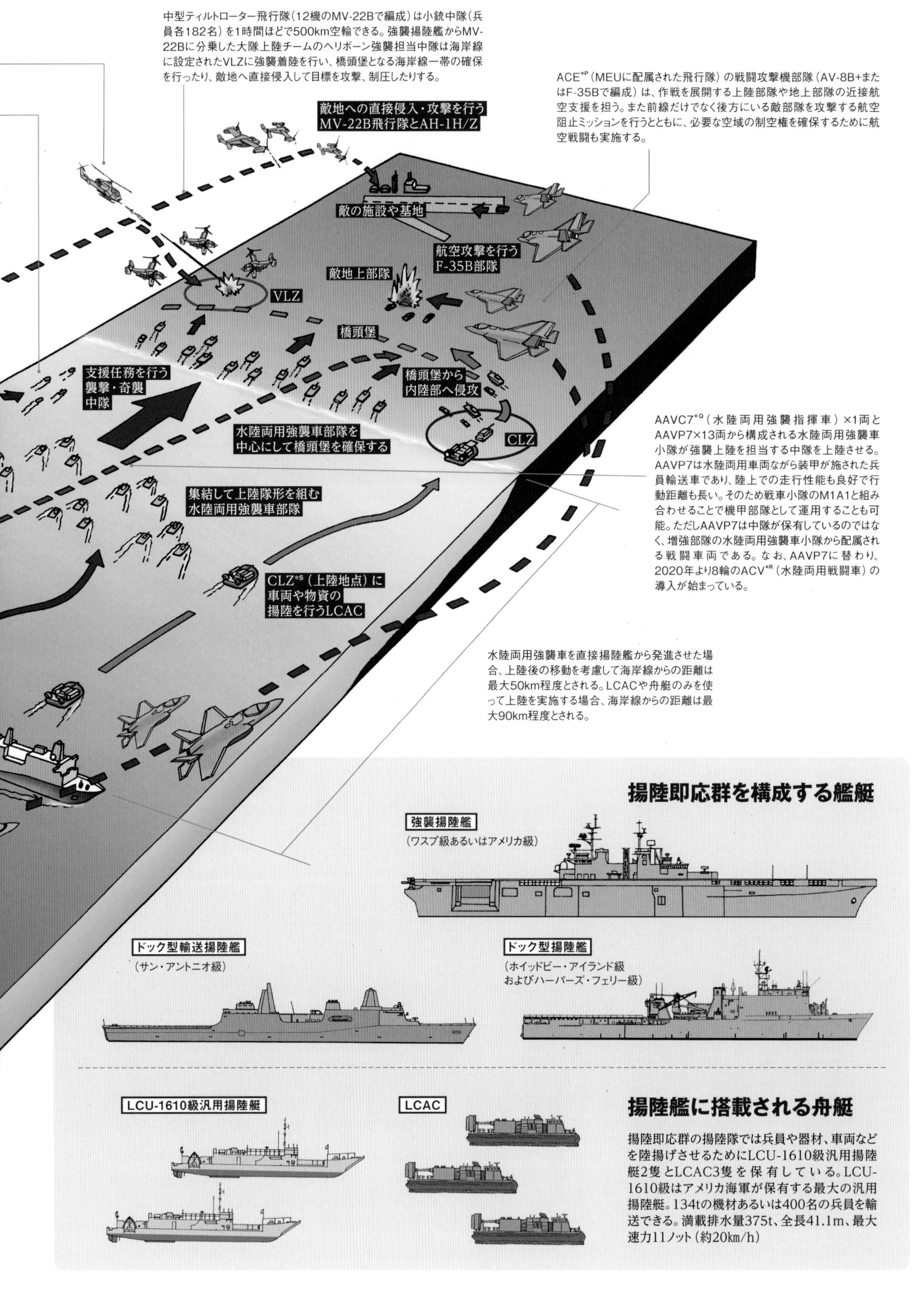
中型ティルトローター飛行隊（12機のMV-22Bで編成）は小銃中隊（兵員各182名）を1時間ほどで500km空輸できる。強襲揚陸艦からMV-22Bに分乗した大隊上陸チームのヘリボーン強襲担当中隊は海岸線に設定されたVLZに強襲着陸を行い、橋頭堡となる海岸線一帯の確保を行ったり、敵地へ直接侵入して目標を攻撃、制圧したりする。
ACE[※P]（MEUに配属された飛行隊）の戦闘攻撃機部隊（AV-8B+またはF-35Bで編成）は、作戦を展開する上陸部隊や地上部隊の近接航空支援を担う。また前線だけでなく後方にいる敵部隊を攻撃する航空阻止ミッションを行うとともに、必要な空域の制空権を確保するために航空戦闘も実施する。
敵地への直接侵入・攻撃を行うMV-22B飛行隊とAH-1H/Z
敵の施設や基地
航空攻撃を行うF-35B部隊
敵地上部隊
VLZ
橋頭堡
支援任務を行う襲撃・奇襲中隊
橋頭堡から内陸部へ侵攻
CLZ
水陸両用強襲車部隊を中心にして橋頭堡を確保する
集結して上陸隊形を組む水陸両用強襲車部隊
CLZ[※S]（上陸地点）に車両や物資の揚陸を行うLCAC
AAVC7[※Q]（水陸両用強襲指揮車）×1両とAAVP7×13両から構成される水陸両用強襲車小隊が強襲上陸を担当する中隊を上陸させる。AAVP7は水陸両用車両ながら装甲が施された兵員輸送車であり、陸上での走行性能も良好で行動距離も長い。そのため戦車小隊のM1A1と組み合わせることで機甲部隊として運用することも可能。ただしAAVP7は中隊が保有しているのではなく、増強部隊の水陸両用強襲車小隊から配属される戦闘車両である。なお、AAVP7に替わり、2020年より8輪のACV[※R]（水陸両用戦闘車）の導入が始まっている。
水陸両用強襲車を直接揚陸艦から発進させた場合、上陸後の移動を考慮して海岸線からの距離は最大50km程度とされる。LCACや舟艇のみを使って上陸を実施する場合、海岸線からの距離は最大90km程度とされる。
揚陸即応群を構成する艦艇
強襲揚陸艦
（ワスプ級あるいはアメリカ級）
ドック型輸送揚陸艦
（サン・アントニオ級）
ドック型揚陸艦
（ホイッドビー・アイランド級およびハーパーズ・フェリー級）
LCU-1610級汎用揚陸艇
LCAC
揚陸艦に搭載される舟艇
揚陸即応群の揚陸隊では兵員や器材、車両などを陸揚げさせるためにLCU-1610級汎用揚陸艇2隻とLCAC3隻を保有している。LCU-1610級はアメリカ海軍が保有する最大の汎用揚陸艇。134tの機材あるいは400名の兵員を輸送できる。満載排水量375t、全長41.1m、最大速力11ノット（約20km/h）

# 強襲揚陸艦はどのように運用されるのか
## (海兵遠征隊の水陸両用作戦)

イラストはアメリカ軍のARG*K(揚陸即応群)が水陸両用作戦をどのように展開するかを示す。ARGは海軍の揚陸隊と海兵隊のMEU*L(海兵遠征隊)で編成される。揚陸隊は強襲揚陸艦、ドック型輸送揚陸艦、ドック型揚陸艦で構成され、出撃命令が下るとMEUを乗艦させて直ちに出撃できるように即応待機と緊急出撃態勢を取っている。

ARGの水陸両用作戦の特徴は、航空機の運用により兵力を海岸線だけでなく、内陸奥深くまで進攻させられることだ。

海兵隊は軍事作戦において必要とされるすべての任務に対応できるMAGTF*M(海兵空陸任務部隊/通称「マグタフ」)という編成を採っており、そのなかで最小規模の部隊となるのがMEUである。MEUの兵力は揚陸隊の3隻の揚陸艦に分けて搭載される。そのうち全通式甲板を持つ強襲揚陸艦がMEUの兵力や物資の半分ちかい量*Nを搭載して、揚陸作戦では上陸部隊を出撃させる主力艦となる。ほかの2隻の艦は強襲揚陸艦を補完して上陸部隊の戦闘を支援する。

MEUが水陸両用戦を行う際、上陸の主力となるのが大隊上陸チームで、主力は約980名で構成される海兵大隊(歩兵)。大隊を構成する3個の小銃中隊はそれぞれ異なる役割を担っている。イラストでは水陸両用作戦の展開と各部隊の役割を強襲揚陸艦を中心に描いてある。

*K=Amphibious Ready Group　*L=Marine Expeditionary Unit　*M=Marine Air-Ground Task Force
*N=垂直離着陸機AV-8B(あるいはF-35B)を6機、ティルトローター機MV-22Bを12機、輸送ヘリCH-53Eを4機、攻撃ヘリAH-1W/Zを4機、汎用ヘリUH-1N/Yを4機など、航空戦闘部隊のほぼ全兵力を搭載する

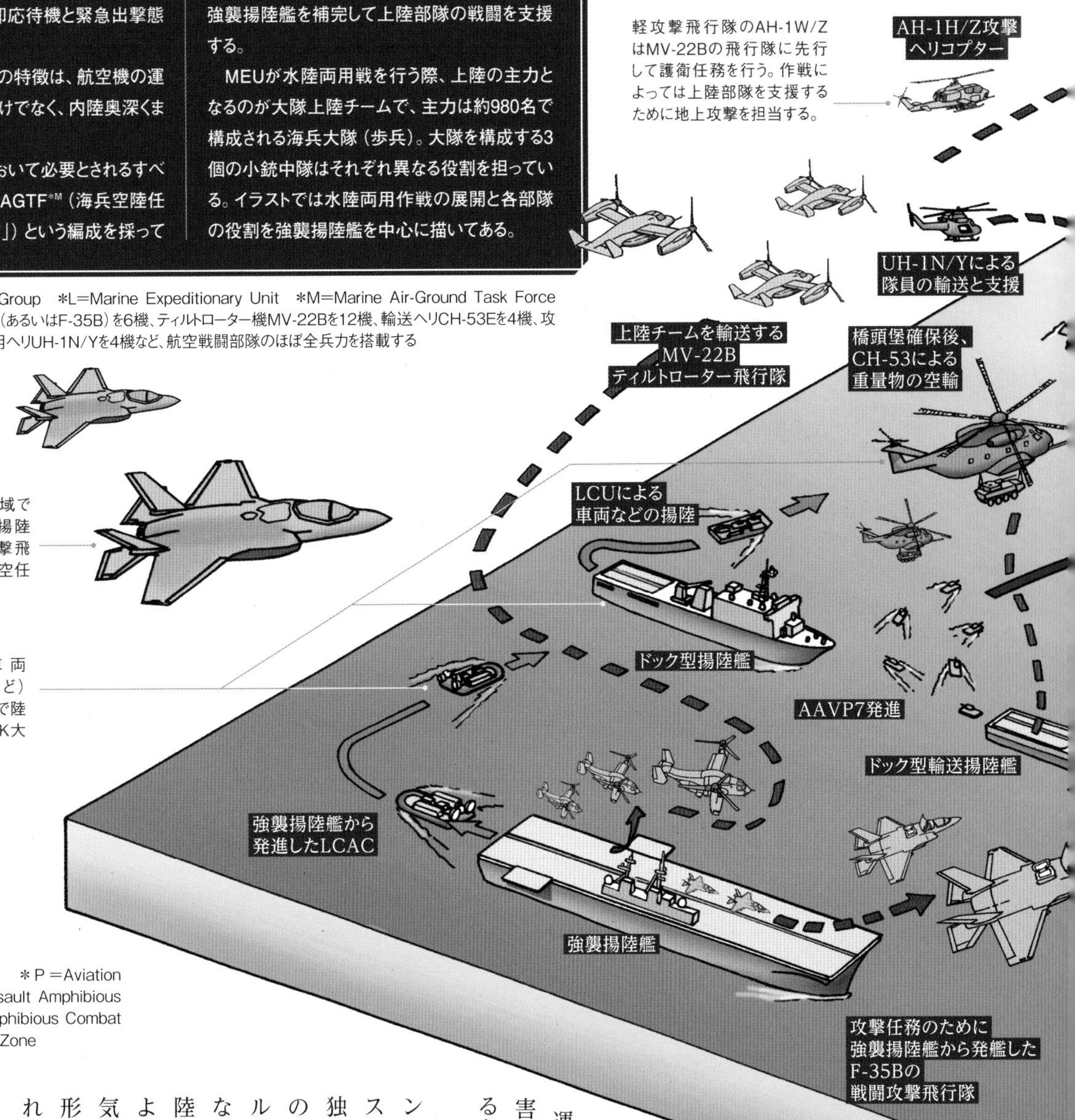

先行したAH-1ZがVLZ*O(垂直離着陸地帯)の安全を確保するため、地上の敵を掃討する。

襲撃・奇襲担当中隊はゾディアック(戦闘用ゴムボート)や潜水装置、ヘリコプターなどを使って、敵対海岸の防御力の弱い部分への襲撃や奇襲上陸などを専門的に行う。上陸に先立つ潜水斥候や欺瞞(ぎまん)作戦、破壊工作などの支援も任務だ。そのためゴムボートの操艇や潜水装置の取り扱いなどに習熟するように訓練されている。また崖登攀(とうはん)強襲もこの中隊の専門分野だ。

軽攻撃飛行隊のAH-1W/ZはMV-22Bの飛行隊に先行して護衛任務を行う。作戦によっては上陸部隊を支援するために地上攻撃を担当する。

AH-1H/Z攻撃ヘリコプター

UH-1N/Yによる隊員の輸送と支援

上陸チームを輸送するMV-22Bティルトローター飛行隊

橋頭堡確保後、CH-53による重量物の空輸

敵機の脅威が大きい地域での上陸作戦では、強襲揚陸艦に搭載された戦闘攻撃飛行隊の戦闘攻撃機が防空任務を行う場合もある。

LCUによる車両などの揚陸

ドック型揚陸艦

AAVP7発進

ドック型輸送揚陸艦

増強部隊の戦闘車両(M1A1戦車やLAV25など)や火砲は、LCACやLCUで陸揚げ、あるいはCH-53E/K大型輸送ヘリで空輸される。

強襲揚陸艦から発進したLCAC

強襲揚陸艦

攻撃任務のために強襲揚陸艦から発艦したF-35Bの戦闘攻撃飛行隊

*O=Vertical Landing Zone　*P=Aviation Combat Element　*Q=Assault Amphibious Vehicle Command　*R=Amphibious Combat Vehicle　*S=Craft Landing Zone

カの独擅場であったが、一九九〇年代後半から各国で揚陸作戦用艦艇の需要が高まっている。空母を持つ国は少ないが、強襲揚陸艦やドック型輸送揚陸艦は空母より安価で、ヘリコプターやSTOVL機を搭載して軽空母のようにも運用可能であり、高い揚陸能力は災害派遣や人道支援などにも活用できるなど、多用途に使えるためだ。

フランスのミストラル級、スペインの『ファン・カルロス1世』、オーストラリアのキャンベラ級、韓国の独島級などの強襲揚陸艦、イギリスのアルビオン級、オランダのロッテルダム級などのドック型輸送揚陸艦などがその代表である。これらの揚陸作戦用艦艇はアメリカの揚陸艦のような大規模なものではないが、電気推進方式やステルス性を考慮した形状の採用など、独自の工夫が見られることが特徴だ。

一方で、中国はアメリカに対抗して大型の揚陸作戦用艦艇の建造に邁進している。二〇二一年に一番艦が就役した075型強襲揚陸艦は、ワスプ級に匹敵する大きさであるという。

*Surface Combatants*

# 水上戦闘艦

## 浮力により支えられる艦艇は巨大化と重武装が可能な兵器である

**戦闘を主目的とする軍艦のうち、潜水艦を含まない艦艇が水上戦闘艦であり、海軍力に不可欠な戦力である。実戦を重ねて進化した〝戦うフネ〟の構造と機能に迫る!**

**フレッチャー級駆逐艦**

1943年に1番艦が就役したアメリカ海軍の駆逐艦。大戦中に175隻が建造され、戦後は日本やイタリアなどに貸与されている。基準排水量2100t、全長114.75mの大型駆逐艦で、船体強度を増すために平甲板を採用。駆逐艦ながら断片防護を考慮して特殊処理鋼を多用した。

### 戦闘艦のデザイン

戦闘艦の種類の相違は艦の長さ（水線長）と幅（船幅）の比率に表れている。大口径の艦載砲と堅固な装甲を持つ戦艦は長さも幅も大きい。海上で砲撃を行うために安定したプラットフォームとして機能しなければならないからだ。また大口径の艦載砲を可動させるには多数の人員、大量の装備や備品、弾薬類が必要となる。それらを艦内に収容し、さらに敵の砲撃や魚雷の攻撃から艦を防護するための装甲や諸設備を装備すると長さも幅も大きくなり、それらの比率（長さを幅で割った値）は5.7～8.0ほどになる。それに対して巡洋艦は戦艦より速力や航続力が求められるので比率は変化する。軽巡洋艦の比率は9～11、重巡洋艦の比率は9～10.5（大口径の艦載砲を搭載する分、若干両者は異なっている）。装甲を持たず、速度を重視する駆逐艦の比率は9～11で軽巡洋艦にちかい。イラストは第二次大戦当時の戦闘艦の一般的な船形で、これで見てみると戦艦や重巡洋艦は幅が広く似たような形状になっている。一方、駆逐艦は速度を重視するため細長い船形を持っていることがわかる。
ちなみに水線長とは船舶の喫水線（船体と水面との交線）の先端から後端までの長さのことで、簡単にいえば満載喫水線の長さである。アメリカ海軍や海上自衛隊では、水線長を基準にして艦を設計している。なお、船幅は船体の最も広い部分の内側の幅のこと。

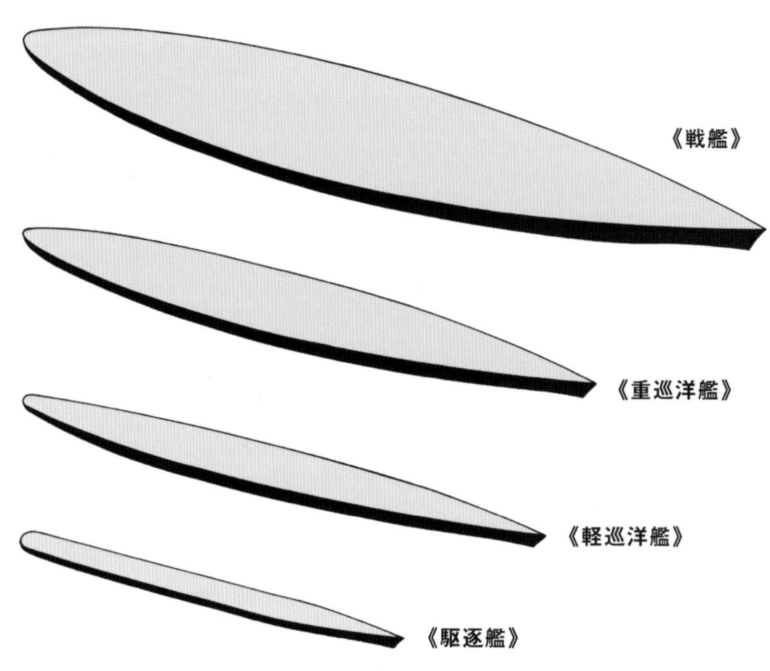

## 戦闘艦の船型

船型とは船の外形を表す型のことで、船の喫水線より上の側面の形状（船体部分の形状）を指す。船の最上層の甲板を上甲板といい、上甲板の上に設けられた構造物は上部構造と呼ばれる。また同じ上甲板上に設けられた構造物でも左右の船側まで達するものを船楼（せんろう）という。戦闘艦はいくつかのタイプに分類できる。

**《長船首楼型》**

船首楼が船体中央部以降まで延長された形になっているもの。上部構造を設けることなく艦内容積を拡大でき、上部構造を設けた場合に比べ風圧側面積も増加させずに済むという利点がある。また復原性に優れている。

**《遮楼甲板型》**

2層の全通甲板を持った平甲板型の船型。上甲板の上に遮楼甲板が設けられており、構造上の強度甲板は上甲板になる。復原性、対波性が高く、艦内容積も大きく取れるという利点がある。第二次大戦後の戦闘艦艇に多い船型。

**《平甲板型》**

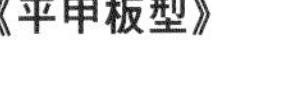

甲板が全通して1枚の甲板でつながっている船型。船体強度が高いが乾舷（水面から上甲板までの長さ）が低くなるので艦首乾舷を高くしており、甲板のそり（シア）が大きくなる。

**《中央船楼型》**

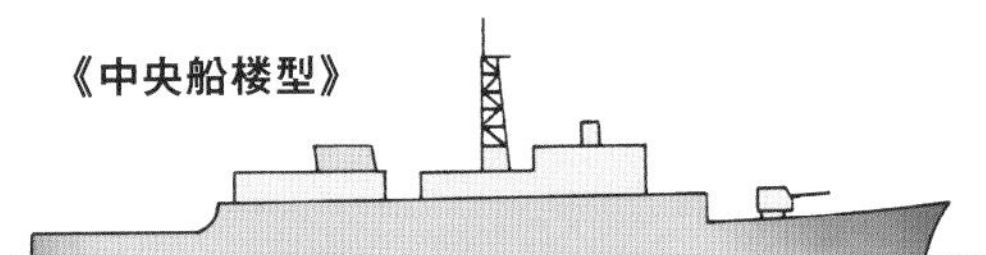

船橋楼型ともいい、船体中央部に船楼が設けられているもの。艦内容積が大きく取れるが、強度と凌波性（りょうせい）に劣る。

**《船首楼型》**

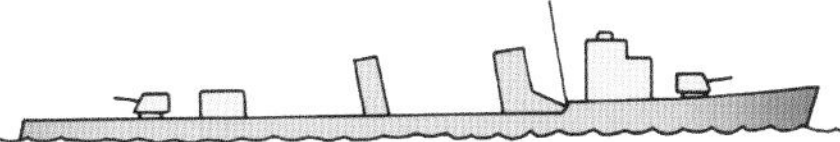

船首部分に船体構造上一体となった船楼があるもの。船首にあるので船首楼という。

**《戦艦『ドレッドノート』》**

1906年末に就役したイギリス海軍の『ドレッドノート』は、戦艦としては速力を重視して世界初のタービン機関の採用、主砲に30.5cm砲連装5基を搭載するなど画期的な艦となり、その後の戦艦の形態に大きな影響を与えた。『ドレッドノート』と同程度の戦艦をド級、さらに上回る戦艦を超ド級と呼ぶ。

**《戦艦『アイオワ』》**

第二次大戦中にアメリカが建造・就役させたアイオワ級戦艦は、主砲に40.6cm連装砲塔3基を装備。アメリカ海軍で最大・最強の戦艦であった。足の速さや汎用性の高さなどから、戦後40年あまりも再役を重ね、湾岸戦争でも使用されている。

## 水上戦闘艦とはどんなフネか

水上戦闘艦（以下、戦闘艦）とは、兵装を搭載し、水上で軍事力を示威・行使する軍艦（ウォーシップ）のことである。

戦闘艦といえば、戦艦（基準排水量[*1]：一万五〇〇〇トン以上）、巡洋艦（同：七〇〇〇～一万五〇〇〇トン程度）、駆逐艦（同：三〇〇〇～七〇〇〇トン程度）、フリゲート（同：一〇〇〇～三〇〇〇トン程度）に大別できる。なお、海上自衛隊の戦闘艦はすべて「護衛艦」と呼ばれるが、イージス・ミサイル護衛艦や汎用護衛艦は駆逐艦クラスに分類される。ちなみにフリゲートと駆逐艦の区別は曖昧（あいまい）だが、推進装置が一基のものをフリゲート、二基以上のものを駆逐艦とする区分法もある。

それぞれの艦艇には役割が与えられており、それを遂行するために独自の艦容を持っている。本稿では戦闘艦のうち、戦艦、巡洋艦、駆逐艦を取りあげる。

＊1＝乗組員、燃料、弾薬、水など、すべてを搭載した状態での排水量を満載排水量と呼び、ここから燃料と水を差し引いた数値が基準排水量である。

# 戦艦に見る戦闘艦艇の構造と艤装

戦闘艦はその目的に応じた構造と艤装（ぎそう）を持っている。ここでは大艦巨砲主義時代の戦艦を例に見てみよう。イラストは超ド級戦艦のクィーン・エリザベス級（HMS『ウォースパイト』*A）。本級は大口径砲もさることながら、高速力で巡洋艦並みの航続性能を持つという特徴があった。1915年から1916年の間に4隻が就役し、第一次大戦と第二次大戦に参加している。イラストは1934年～1937年にかけて行われた近代化改修後の艦容。長船首楼型の船型にタワーブリッジ式の艦橋構造物を持つ。

*A=Her（His）Majesty's Ship（女王／国王陛下の船）

## 戦艦『ウォースパイト』

**満載排水量**：36,450t
**全長**：195.3m　**最大幅**：31.7m
**喫水**：9.5m（満載10.5m）
**最大速度**：24ノット
**航続距離**：4500海里（10ノット）
**乗員**：950～1220名

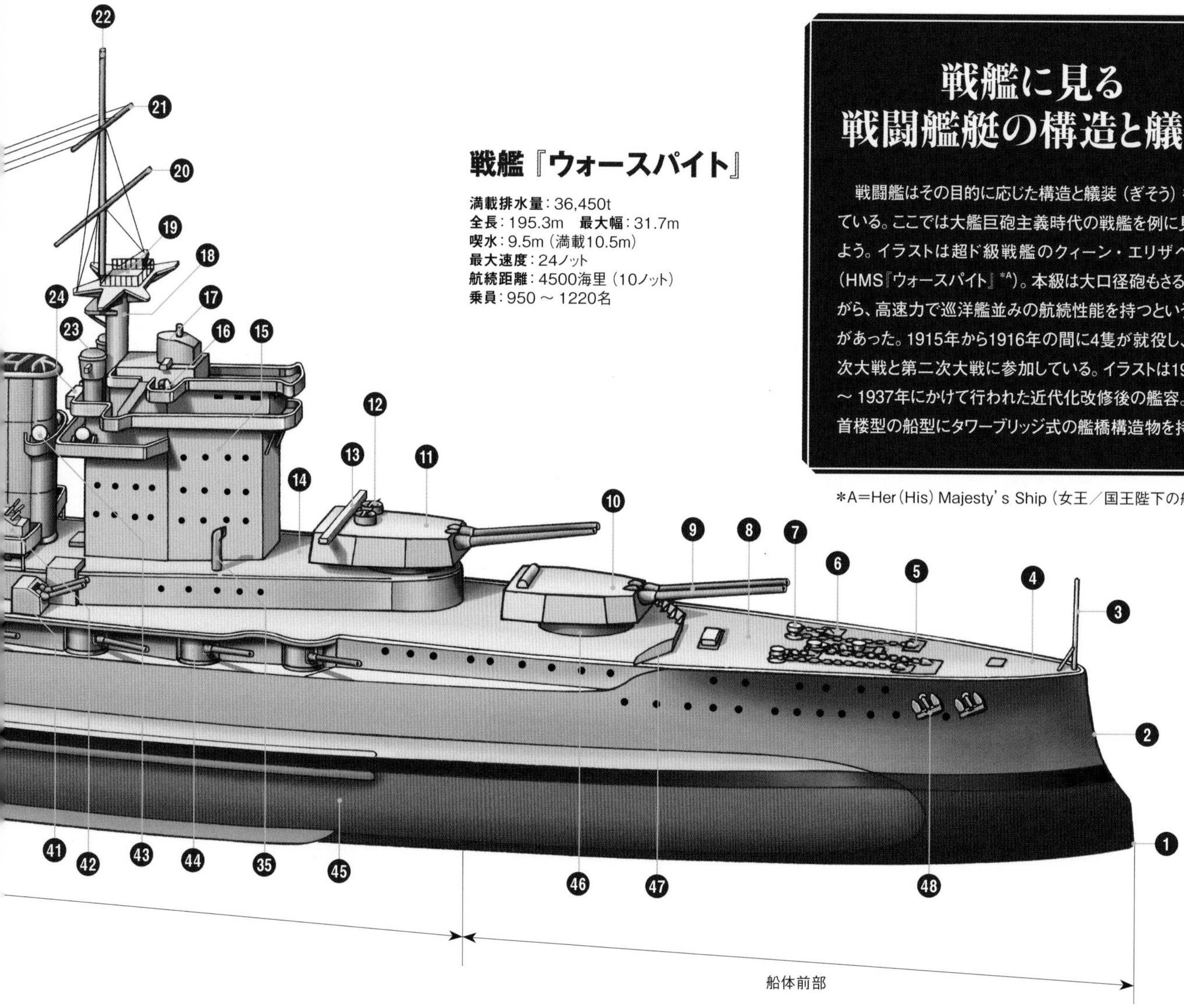

船体前部

## 高雄型巡洋艦

日本海軍が1932年に就役させた重巡洋艦で、同型艦が4隻建造されている。搭載した主砲は三年式二号50口径（20cm）砲で、110kgの砲弾を2万9400mまで到達させることができた（迎角45度）。写真は1番艦『高雄』。

## 装甲艦『ドイッチュラント』

ドイツ海軍が第二次大戦で使用したドイッチュラント級装甲艦。条約型重巡（カテゴリーA）を超える主砲の威力、速力と航続力の高さからポケット戦艦と呼ばれた。第二次大戦では装甲艦から重巡洋艦に艦種変更されている。

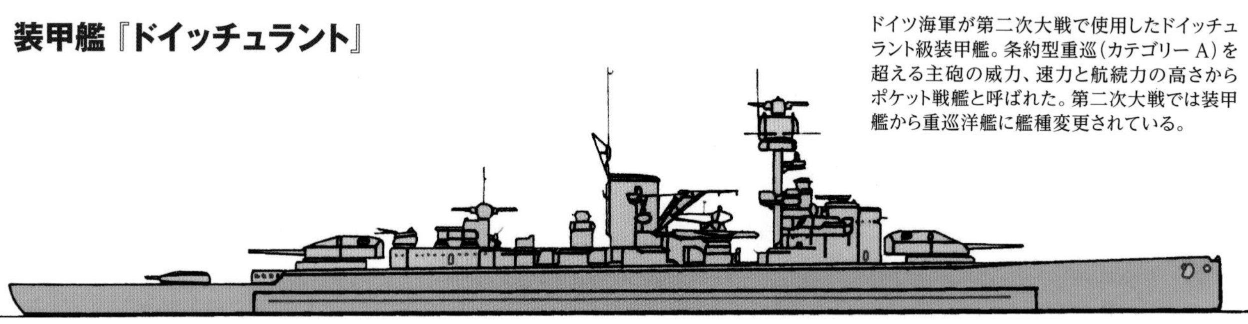

❶ラム（衝角）付き船首：船首は船が効率よく水を切って進むための重要な部分。いくつもの形状があるが、本艦のものは船首水線下前方に突き出た形状となっている。元は体当たり攻撃用に取り付けた衝角だが、ズムウォルト級ミサイル駆逐艦のように造波抵抗を減少させる目的で取り付ける艦もある　❷舳先（へさき）：艦首の先端部をさす　❸旗竿　❹艦首：甲板を含めた船の前部分をさす　❺錨鎖（びょうさ）孔：錨鎖を通す管　❻錨鎖：錨をつなぐ鎖　❼揚錨機（ようびょうき）：投錨した錨を引き上げるために錨鎖を巻き上げる装置　❽艦首上甲板：揚錨機などが置かれている部分　❾主砲：イラストはMk.1 42口径（38.1cm）砲。重量871kgの砲弾を最大射距離である2万2850m前後まで到達させることができた（射角−5～20度の範囲）。砲弾の威力は距離1万3582mで305mmの舷側装甲を貫通できた　❿A砲塔：最大厚330mm（砲塔前面）の装甲で覆われた砲塔に主砲のMk1. 38.1cm砲を2基装備した。イギリス海軍では前部の砲塔は前から順番にA、B、C…、後部の砲塔は前からX、Y…、艦中央部の砲塔は前からP、Q、Rと呼んだ（ちなみにアメリカと日本は前から1番、2番…と呼ぶ）　⓫B砲塔　⓬対空機関銃座　⓭測距儀　⓮上部構造：上甲板より上の構造物　⓯艦橋構造物：操舵装置や羅針盤などの船の操縦装置を備え、操艦を行ったり戦闘の指揮を執ったりする艦橋や通信室などが置かれている　⓰艦橋張り出し

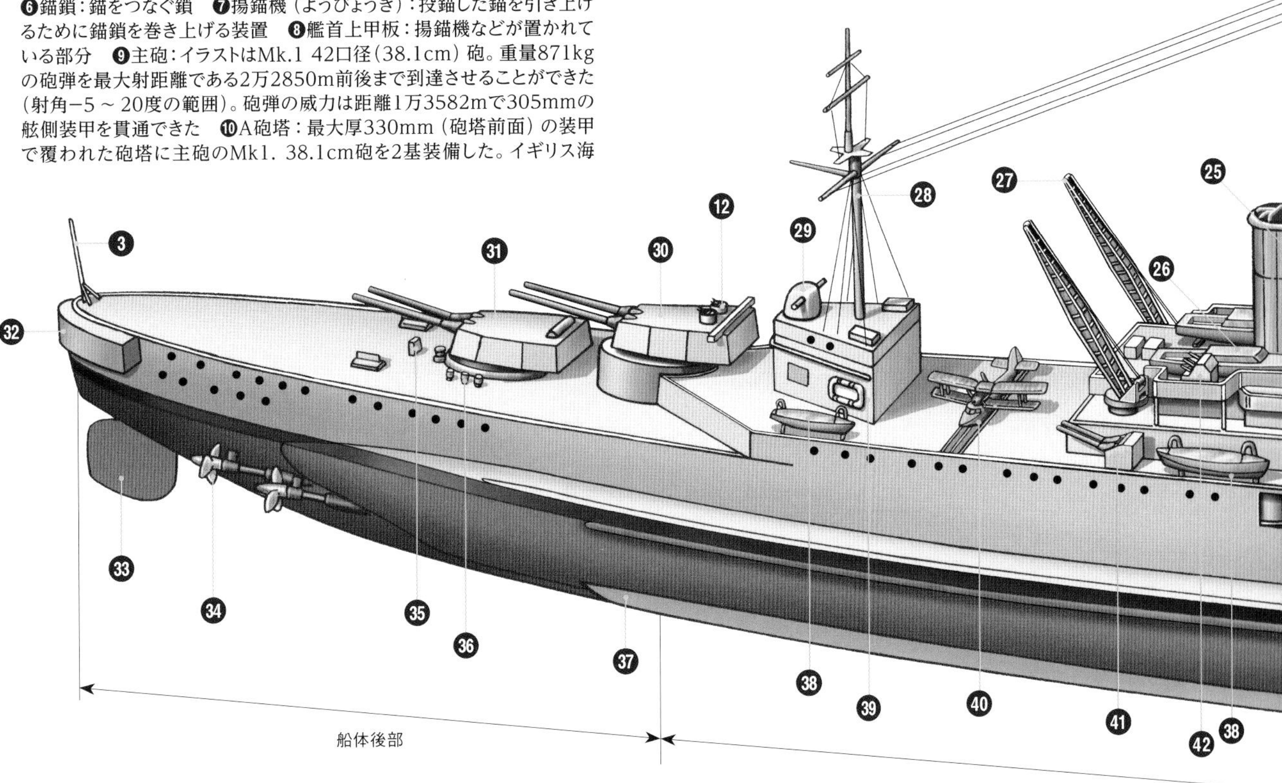


□戦艦

海上における砲撃戦で敵艦隊を撃破し、海の覇権を握ることを目的に建造された艦艇。その特徴は、大口径で威力のある艦載砲と堅固な装甲を持つこと。十九世紀末に誕生し、第二次世界大戦で空母にその座を譲るまで、列強国では海軍の主力艦として艦隊を率い、国力のシンボルともされてきた。しかし、砲撃に特化した艦艇であったため、大戦後は存在意義が失われてしまった。

□巡洋艦

戦艦ほどの火力と装甲は持たないが、速力と遠洋航行能力に優れる艦艇（駆逐艦ほどの速力はないが、火力と装甲で勝る）。一九二二年のワシントン海軍軍縮条約では「基準排水量が一万トン以下で、主砲の口径が八インチ*2（二〇・三センチ）以下の艦」と定義されている。つづく一九三〇年のロンドン海軍軍縮条約では、搭載する主砲の口径が六・一インチ（一五・五センチ）以上で八インチ以下の巡洋艦をカテゴリーA、六・一インチ以下をカテゴリーBと定義し、前者を重巡洋艦、後者を軽巡洋艦と呼ぶようになった。第二次大戦では海上交通路の確保や船団護衛、水陸両用戦など多様な任務をこな

⓱前部主砲射撃指揮装置：A砲塔およびB砲塔が備える主砲の指揮・統制を行う所。内部に測距儀と方位盤が置かれていた　⓲前檣：前部マスト　⓳見張り所　⓴信号桁：信号旗揚降索が取り付けられている　㉑無線桁：無線機のアンテナとなるワイヤーが取り付けられている　㉒トップ・マスト　㉓高角砲射撃指揮装置：高角砲の指揮・統制を行う所　㉔信号旗箱　㉕煙突　㉖艦載艇：沖合に停泊した艦と陸上との交通や物資輸送に使用する小型艇で、エンジンと操舵室を持つ。日本海軍では内火艇と呼んだ　㉗デリック：艦載機や貨物などを艦に搭載するためのクレーン。右舷と左舷に1基ずつ設置されたデリックの間の上部構造は、艦載機の格納庫に充てられている　㉘後檣（こうしょう）：後部マスト　㉙後部主砲射撃指揮装置：船体後部のX砲塔およびY砲塔の主砲を指揮・管制する　㉚X砲塔：A、B、X、Yの各砲塔には測距儀とターン・タブレットと呼ばれる小型の方位盤を装備していたため、主砲用射撃指揮装置の管制を受けることなく個々に射撃を行うことも可能だった　㉛Y砲塔　㉜艦隊指揮官の居室　㉝舵　㉞スクリュー・プロペラ：イラストのクィーン・エリザベス級戦艦は動力機関に蒸気タービン（重油専焼式のボイラー 24基、直結タービン2組）を使用し、4基のスクリュー・プロペラを回転させた　㉟通風筒：艦内のエア・コンディションを保つための通風装置の外気取り入れ口　㊱ボラード：繋船索などを巻き付けるもの　㊲ビルジ・キール：航行時の船の横揺れを減少させるための部材　㊳カッター・ボート：兵員や物資輸送、錨作業、救命などに使用する手漕ぎボート。軍艦では短艇（たんてい）と呼ばれる　㊴デッキ・ハウス：上甲板上にある構造物　㊵カタパルトおよび艦載機：艦載機は水上機でカタパルトより発進し、海上に着水してデリックにより回収された。主要任務は偵察と索敵で時には救難任務も行った　㊶10.2cm45口径連装高角砲：対空射撃を担当する　㊷2ポンド8連装ポンポン砲：対空機関砲　㊸サーチライト　㊹副砲：Mk.Ⅻ 45口径（15.2cm）単装砲。重量45.36kgの砲弾を迎角14度で最大1万2344mの距離まで到達可能。砲は人力で操作した　㊺バルジ：船の舷側の喫水線付近に設けられたふくらみ（内部は中空）。横傾斜に対する復原力があり、外板の損傷による浸水から船を守る。軍艦では魚雷防御などの効果もある　㊻バーベット：軍艦搭載用の砲台構造の一部で、上甲板に出た円筒形の装甲部。この上に砲塔の旋回部が設置されている　㊼波除け：航行中に艦首を乗り越える波浪の衝撃を和らげる障壁　㊽アンカー（錨）

*2＝ヤード・ポンド法における長さの単位。1インチ＝25.4ミリメートル。

## 戦闘艦の砲撃

主砲を発射するには、まず主砲射撃指揮装置で目標までの距離や方位を測定する。射撃指揮装置は艦の中でも最も高い場所である構造物の前檣楼（ぜんしょうろう）にあり、測定に使用する方位盤や測距儀が置かれている。方位盤は測距儀と共に砲撃に必要な諸データの測定、着弾観測を行い、また艦の主砲の射撃を統一指揮する装置である。この装置には射手および旋回手が配置について、照準望遠鏡を覗き込みながら装置に付いている俯迎角・旋回ハンドルを操作して、目標への正確な照準を行う。

射撃指揮装置で測定した距離や方位は、艦内部にある射撃計画室（日本海軍では主砲発令所）に送られる。そこには射撃盤と呼ばれる装置（アナログ式コンピュータ）が置かれており、方位盤と射撃盤は電気的に結合されている。目標に砲弾を命中させるには敵艦の未来位置を計算して、そこへ向かって砲弾を発射しなければならない。そのためには未来位置とともに、砲弾の飛翔に影響を与える風向、風速、砲弾初速度（湿度が影響する）などの諸元データを射撃盤に入力して、砲塔の旋回角、迎角、照準角、苗頭（びょうとう：旋回角に対する修正量）を算出する。算出された値は電気的に各砲塔に伝達され、各砲塔内の射手と旋回手はそれに基づいて実際に砲を動かす。方位盤と各砲塔も電気的に連結されているので、方位盤の射手が引鉄を引くと各砲塔が一斉に弾を発射した。主砲を発射するには200人以上の人員が必要だった。

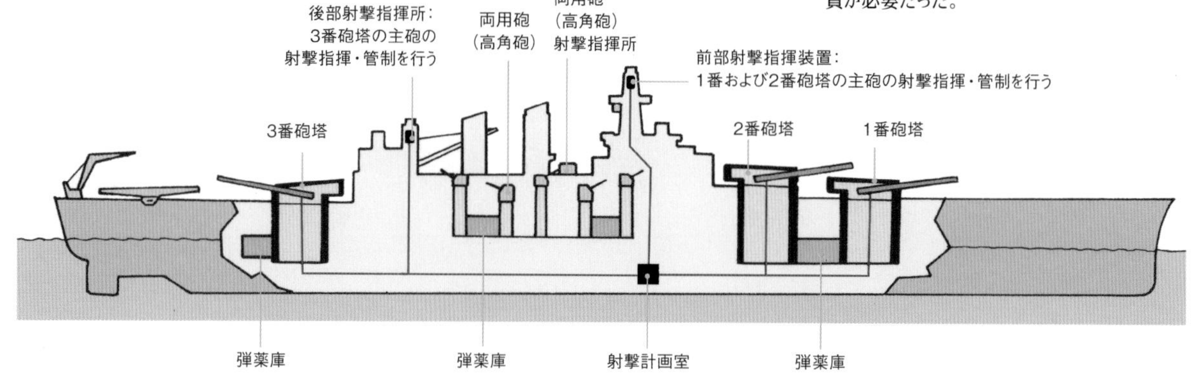

後部射撃指揮所
（射撃用レーダー装備）

両用砲（高角砲）
射撃指揮所
（対空レーダー装備）

前部射撃指揮所
（射撃用レーダー装備）

両用砲（高角砲）
射撃指揮所
（対空レーダー装備）

両用砲（高角砲）

主砲

第二射撃計画室

射撃計画室

--------- 主砲射撃システム

――――― 両用砲（高角砲）射撃システム

●●●●●● 射撃計画室と第二射撃計画室の電気的な結合

第二次大戦初期には、対空射撃を担当する高角砲（両用砲）*B は主砲の射撃指揮装置とは別の高角砲射撃指揮装置により指揮・管制されていたが、副砲の各砲を統一して射撃するための射撃計画室は設置されていなかった。アメリカ海軍では大戦中に艦載レーダーが発達し、対空戦闘にレーダーを使用するようになると、レーダー情報を一か所に集中して高角砲を統一し、指揮・管制したほうが効果的に戦闘を行えることから第二射撃計画室が置かれるようになった。左イラストはアメリカの戦艦や巡洋艦の例で、2つの射撃計画室は電気的に結合され、射撃指揮所からの情報を共有できる。また主砲の射撃指揮装置にも射撃用レーダーが装備され、夜間のレーダー射撃が可能になっている。ちなみに射撃計画室は後にCIC（戦闘指揮所）*C に発展していった。

*B＝高角砲は日本海軍における対空用の艦砲。両用砲はアメリカ海軍が使用した対艦・対空の両方に使用できた艦砲。
*C＝Combat Information Center

してきた巡洋艦だったが、戦後はミサイルの発達により主砲の意義は失われ、ほとんどの巡洋艦はミサイルのプラットフォームに転用されてミサイル巡洋艦となった。

**□駆逐艦**

魚雷を主兵装とする水雷艇を大型化し、耐航性を持たせた艦艇。第二次大戦中の駆逐艦は対潜戦を主任務としてきたが、高速性を活かして対空戦、対水上戦、哨戒、捜索、救助活動などにも使える汎用性の高い艦であった。現在では、多機能レーダーを中心とするイージス・システムを搭載し、戦闘艦の主力のひとつとして重要な位置を占めている。また、汎用航空プラットフォームが運用できる大型の駆逐艦が増えてきたことで、巡洋艦との区別が不明瞭になっている。

### 駆逐艦が生き延びた理由

今日では戦艦という艦種は消えてしまったが、巡洋艦や駆逐艦は生き残っていることは興味深い。

その理由としては、戦艦は建造費が高いこと、大口径の火砲を運用するには多くの手間と人員が必要なこと、ミサイルの出現により火砲では海洋を支配できなくなったことが挙げられるだろう。より小型で、多様な任務を遂行できる汎用性の高い艦艇が求められるようになったわけだ。

## 戦闘艦の装甲

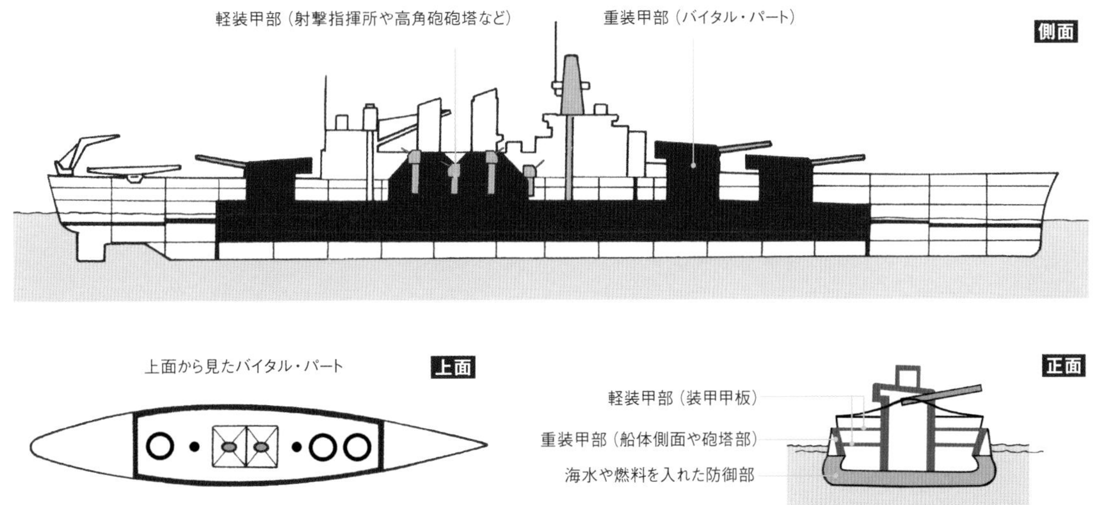


戦闘艦の砲撃には、遠距離から砲撃して敵艦に対して垂直にちかい角度で砲弾を落下させて上甲板などに垂直方向からダメージを与える方法と、近距離から砲撃して敵艦側面などに水平方向からダメージを与える方法があった。このため砲撃戦を主務とするような戦闘艦（戦艦や重巡洋艦）では、水平と垂直の2方向に対する装甲が必要だった。そこでバイタル・パートと呼ばれる重要区画（被弾したら即座に戦闘不能になったり、航行不能に陥ったりする場所）には、覆うように重装甲が施された。

戦闘艦の装甲には、主に表面硬化装甲と均質装甲が使用されている。表面硬化装甲は、硬化させた表面が命中した砲弾を損傷させ、砲弾衝突の衝撃を緩衝するため裏面には柔らかく強靭な性質を持たせた装甲鈑。これはニッケルとクロムを配合した合金鋼の表面に浸炭（しんたん）焼き入れをしたものでKC鋼が有名。浸炭焼き入れとは、浸炭剤の中で鋼を加熱して表面層に炭素を浸透させ、それに焼き入れ、焼き戻しなどの熱処理をしたもの（鋼のような炭素を含む鉄は熱処理を施すことで性質が変化する特性を利用している）。砲弾が深い角度（垂直にちかい角度）で命中する部分に使われた。ちなみに浸炭処理をせずに硬化処理することで強度を増したVH鋼という装甲鈑もあった。
均質装甲は、表面に焼き入れ処理を施していない装甲鈑。柔らかく強靭な性質で、砲弾が浅い角度（水平にちかい）で命中しても割れにくい。ニッケルとクロムを配合した鋼にモリブデンを加えて粘性を持たせたNMC鋼などがある。
砲塔や装甲甲鈑や艦側面部には表面強化装甲、喫水線以下の低い部分には均質装甲というように装甲鈑は使い分けられていた。

## 戦闘艦の動力機関

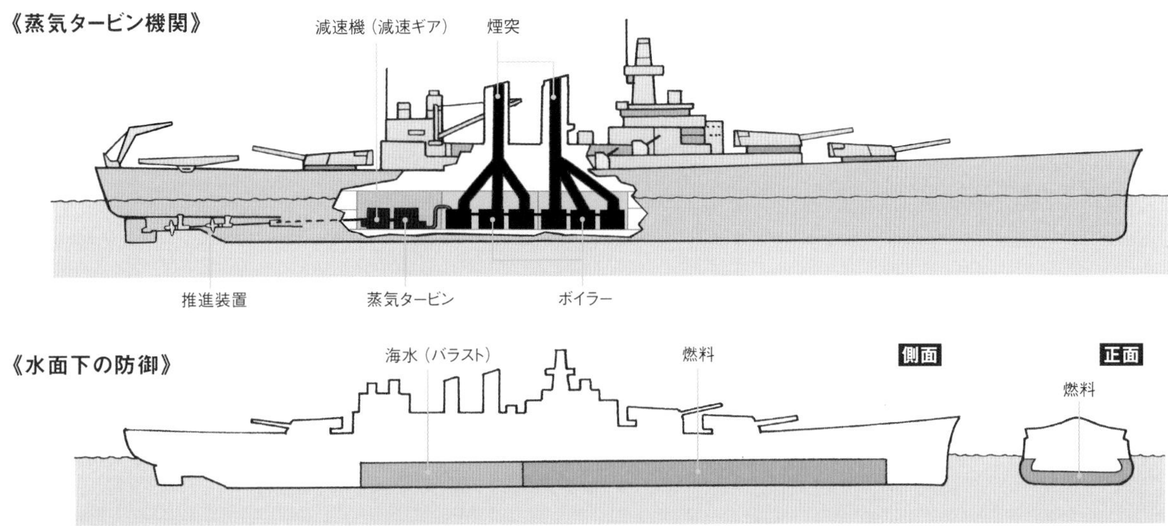


現代の戦闘艦の動力機関には、ガスタービン、蒸気タービン、ディーゼル、原子力があり、ガスタービン機関が主流となっている。しかし、第二次大戦時までは蒸気タービンとディーゼルが一般的であり、特に大型の戦闘艦では蒸気タービン機関が多用された。ディーゼル機関に比べて重量が軽く、大出力が出せるという利点があるからだった。ただし、燃料消費が多いという欠点があった。
蒸気タービン機関の仕組みを簡単にいうと、ボイラーで水を加熱して発生した高温高圧の蒸気をタービン装置内の羽根車に吹きつけて、これを回転させる。タービンの回転数は非常に高いため、減速ギアを用いて回転数を落としてから推進装置に伝達して、スクリュー・プロペラを回転させるというものだ。こうした構造のため動力機関自体が大きくなり、ボイラーを置く缶室と、タービンを置く機械室に分けられている。
また船底を二重にすることで、船底と水面下の船側面に燃料やバラストとなる海水を入れておき、装甲の代わりの防御物ともしている。これにより艦の重量を軽減することができた。

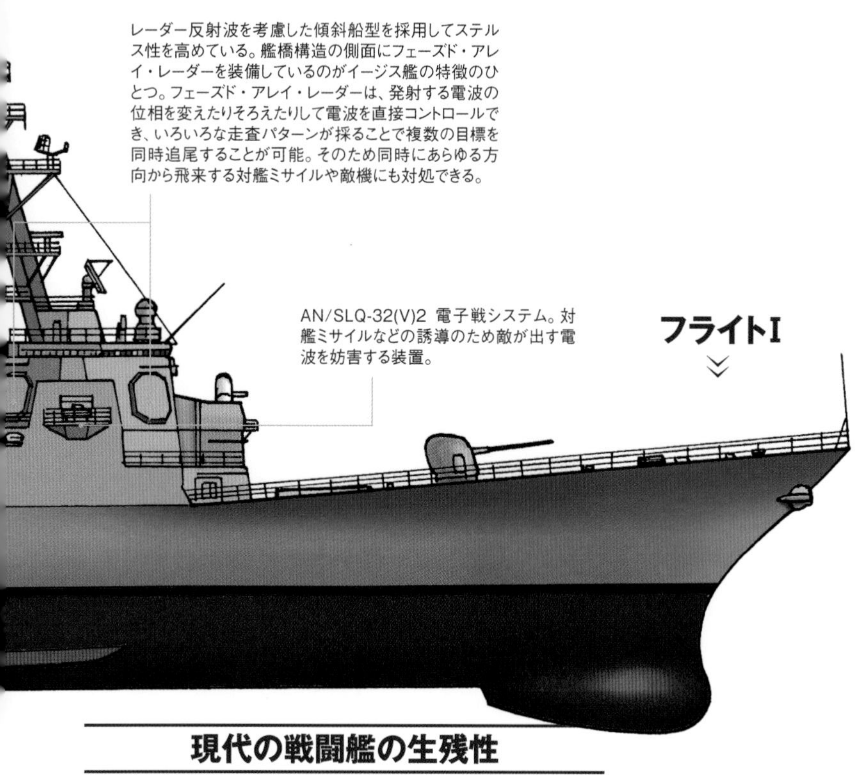

レーダー反射波を考慮した傾斜船型を採用してステルス性を高めている。艦橋構造の側面にフェーズド・アレイ・レーダーを装備しているのがイージス艦の特徴のひとつ。フェーズド・アレイ・レーダーは、発射する電波の位相を変えたりそろえたりして電波を直接コントロールでき、いろいろな走査パターンが採ることで複数の目標を同時追尾することが可能。そのため同時にあらゆる方向から飛来する対艦ミサイルや敵機にも対処できる。
AN/SLQ-32(V)2 電子戦システム。対艦ミサイルなどの誘導のため敵が出す電波を妨害する装置。
フライトI

# アーレイ・バーク級ミサイル駆逐艦

第二次大戦では航空機が水上戦闘艦にとって大きな脅威となり、戦後はジェット化により航空機の脅威はさらに増大した。1970年代に入ると高性能な対艦ミサイルが次々に開発されたことで、艦艇にとって最大の脅威は対艦ミサイルおよびその発射プラットフォームとなる航空機になった。それらから自艦や艦隊を守るのが艦隊空ミサイル。システムで、現在、主流となっているのがイージス・コンバット・システムである。これは艦のすべてのセンサーや武器の一切をイージス・システムの中枢となるコンピュータと連結した統合システムで、対空戦闘のみならず、対水上戦闘、対潜戦闘、さらには弾道ミサイル迎撃まで行える能力を有する。このシステムを搭載した艦艇をイージス艦と呼び、システムや装備する船体は現在も進化し続けている。

イージス・システムは1983年からタイコンデロガ級ミサイル巡洋艦に搭載されているが、設計段階よりイージス・システム搭載を考慮して計画・建造されたのがアーレイ・バーク級ミサイル駆逐艦である。1991年に1番艦が就役した同級は85隻以上が建造されており、アメリカ海軍の水上戦闘艦の中核を担う存在である。また諸外国でもイージス・システムを搭載したミニ・イージス艦は主力艦となっている。イラストは最初のバージョンであるフライトI。

## 現代の戦闘艦の生残性

### イージス艦アーレイ・バーク級

現代の戦闘艦は生残性向上のための金属製装甲を用いていない。VLS*E（垂直発射装置）などから発射される対空ミサイルやCIWS*F（近接防御火器システム）といった対空防御システムにより、敵の対艦ミサイルなどを撃破するのだ。もし命中した場合も艦内に火事が広がらないよう消火システムを完備し、武器システムや動力機関が火災により誘爆しても、破片が飛び散らないようにする（防弾構造材を船体構造に組み込む）など工夫を凝らして、生残性を高めている。

*E=Vertical Launching System
*F=Close In Weapon System

❶5インチMk.45 mod 2単装砲システム ❷Mk.41VLS ❸Mk.15 CIWS ❹発電室 ❺機械室（ガスタービン・エンジン） ❻燃料タンク ❼SPG-62イルミネーター（目標追尾・照射レーダー） ❽CIC ❾SQS-53ソナー

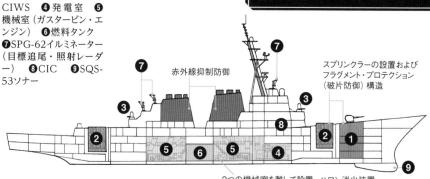

赤外線抑制防御

スプリンクラーの設置およびフラグメント・プロテクション（破片防御）構造

2つの機械室を離して設置。ハロン消火装置およびフラグメント・プロテクション構造

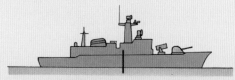

## 戦闘艦の生残性を高めるステルス化

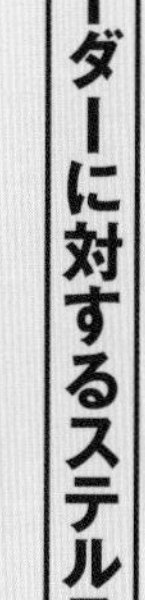


《船体側面に照射したレーダー波の現れ方》

船型を反映したラインが現れる

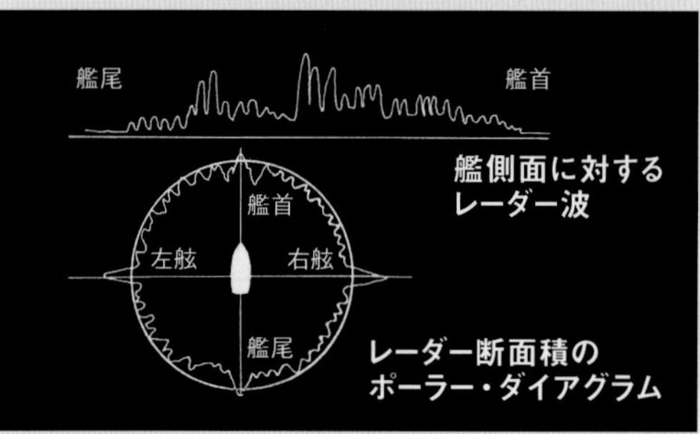


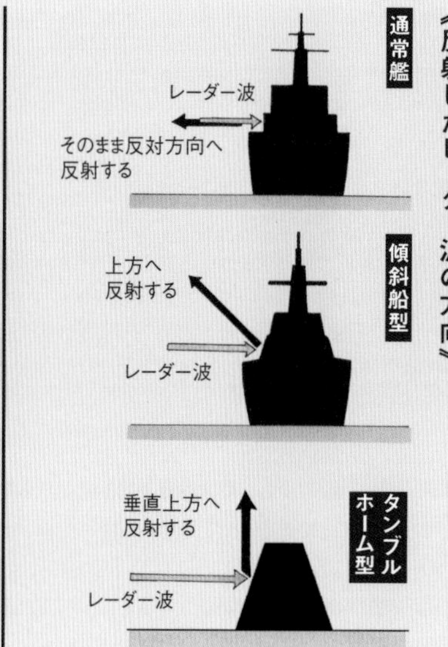


艦艇のステルス化には、レーダー反射波の制御、放出する赤外線の抑制、船体から発する水中雑音の抑制がある。なかでもレーダー反射波と赤外線の対策が重要となる。

艦艇は図体が大きく、舷側や上部構造物にあるさまざまな突起はすべてレーダー波に反射してしまう。そこで船体表面から垂直面をなくしてレーダー反射波の方向を逸らし、敵のレーダーが受信できないようにする工夫がされた。その理想的な形状がズムウォルト級のタンブルホーム型である。

## ズムウォルト級ミサイル駆逐艦 »

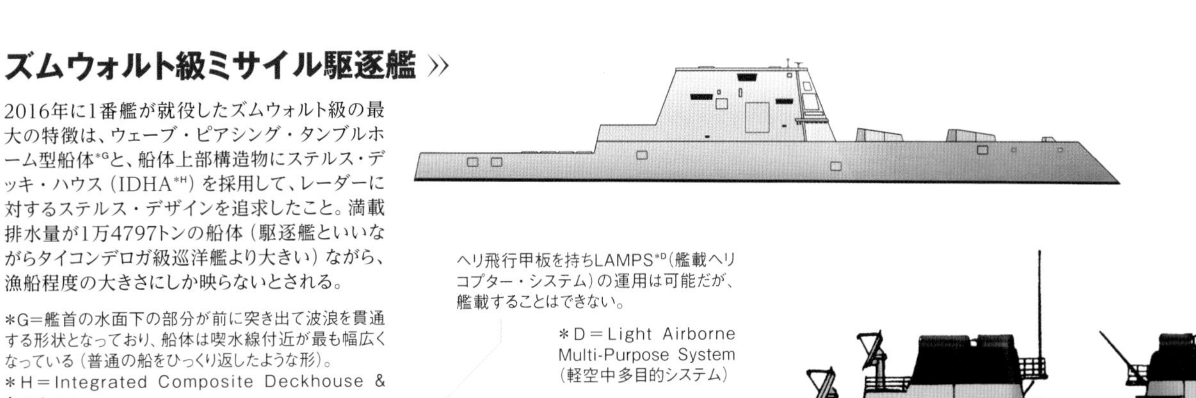

2016年に1番艦が就役したズムウォルト級の最大の特徴は、ウェーブ・ピアシング・タンブルホーム型船体*Gと、船体上部構造物にステルス・デッキ・ハウス（IDHA*H）を採用して、レーダーに対するステルス・デザインを追求したこと。満載排水量が1万4797トンの船体（駆逐艦といいながらタイコンデロガ級巡洋艦より大きい）ながら、漁船程度の大きさにしか映らないとされる。

*G＝艦首の水面下の部分が前に突き出て波浪を貫通する形状となっており、船体は喫水線付近が最も幅広くなっている（普通の船をひっくり返したような形）。
*H＝Integrated Composite Deckhouse & Apertures

ヘリ飛行甲板を持ちLAMPS*D（艦載ヘリコプター・システム）の運用は可能だが、艦載することはできない。

*D＝Light Airborne Multi-Purpose System（軽空中多目的システム）

## まや型護衛艦 »

2020年に就役した海上自衛隊の新型ミサイル護衛艦。前級のあたご型をもとに動力機関を電気推進としてし、ミサイル護衛艦としては初めてLM2500ICEガスタービン・エンジン2基と推進電動機2基によるCOGLAG*I（ガスタービン・エレクトリック・ガスタービン複合推進方式）を採用している。

*I＝COmbined Gas Turbine eLectric And Gas Turbine

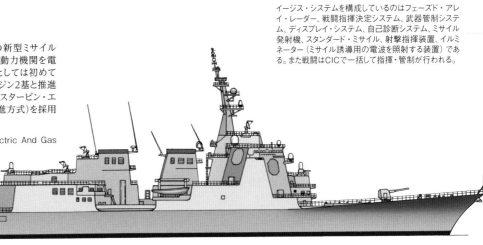

イージス・システムを構成しているのはフェーズド・アレイ・レーダー、戦闘指揮決定システム、武器管制システム、ディスプレイ・システム、自己診断システム、ミサイル発射機、スタンダード・ミサイル、射撃指揮装置、イルミネーター（ミサイル誘導用の電波を照射する装置）である。また戦闘はCICで一括して指揮・管制が行われる。

## 赤外線に対するステルス技術

冷たい海面に浮かぶ艦艇は、赤外線探知装置を通すと昼夜の区別なく白くくっきりと浮き上がって見える。赤外線探知を逃れるには、可能な限り艦を海面にちかい温度に保つしかない。そこでエンジンを熱交換器で冷却したり、排気ガスを冷やして放出したり、あるいは海中に放出するという手段が採られる。逆にいえば水上戦闘において赤外線*Jによる敵艦の探知は有効で、レーダーでは見落としやすい小型水上艦や潜水艦の潜望鏡を発見する手段となる。

*J＝このため最近の水上戦闘艦では、赤外線映像装置（TV映像装置・赤外線映像装置・レーザー測距装置などを組み込んだ熱映像検知システム）を搭載している。

**《航行する艦艇の赤外線画像》**

**《航跡の赤外線画像》**

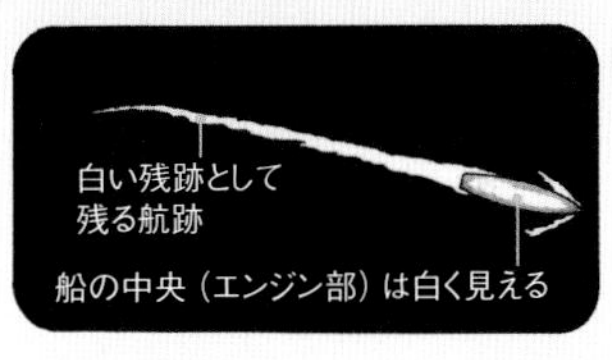


**《排気を冷却して放出》**

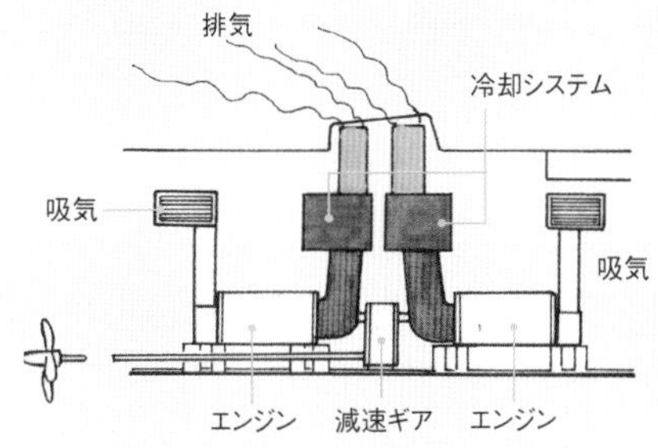


**《排気を海中へ放出》**

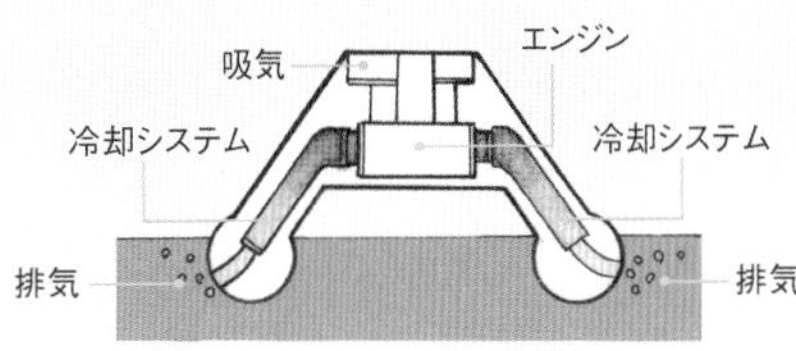

*Main Battle Tanks*

# 戦車

## “陸戦の王者”である戦車は冷戦時代に主力戦車に統合された

第一次世界大戦時に登場した戦車は、第二次大戦の陸上戦闘で活躍し、21世紀の現代でも進化を続けている。

### MBT（主力戦車）の先駆け

第二次世界大戦の終結は、平和の訪れではなく、東西冷戦という新たな戦争の始まりであった。アメリカを中心とする資本主義・自由主義陣営(西側)と、旧ソ連を盟主とする共産主義・社会主義陣営（東側）との対立により、世界は二分された。

この冷戦という状況下で、戦車という兵器も大きく変化することとなった。第二次大戦終結後から一九六〇年代頃までの戦車は、軽戦車・中戦車・重戦車に大別されており、この区分にも運用面で意味があった。

しかし、強力な主砲、適度な装甲、

イスラエル国防軍の主力戦車メルカバMk4M。飛来する対戦車ミサイルをレーダーで探知して自動的に迎撃するトロフィー・アクティブ防護システムを搭載している。メルカバの名称は、旧約聖書のエゼキエル書に登場する「神の戦車」に由来する

高い機動力を中戦車に持たせることができるようになり、火力や装甲に劣る軽戦車や、機動力に劣り運用が制限される重戦車は存在価値を失ってしまった。中戦車のみが生き残り、やがてあらゆる局面で運用できるMBT[*1]（主力戦車）へと発展することとなった。

その先駆けとなったのが、一九六〇年代にアメリカと西ドイツ（当時）が共同で開発に着手した試作戦車MBT-70／KPz-70である。

当時、ソ連は砲弾の自動装塡装置を装備したT-62やT-64といった戦後型戦車を開発しており、その性能は西側諸国の戦車を凌駕していた。

そのためMBT-70／KPz-70の開発には大きな期待が寄せられたが、米独はそれぞれ異なった設計方針を持っており、これがまとまらなかったこと

＊1＝Main Battle Tank

や開発費の高騰などから開発は中止となってしまった。この戦車には夜間暗視装置やFCS[*2]（射撃統制装置）、自動装填装置など当時の新機軸が多数盛り込まれており、それらの技術はのちにM1エイブラムスやレオパルト2の開発に大きく活かされることになる。

## 「世代」による戦車の分類

第二次大戦後から現在までに開発された戦車は、第一世代・第二世代・第三世代・第四世代に大別される（もうすこし細かく見ると、第二・五世代と第三・五世代がある）。MBTが出現するのは第三世代からである。

それぞれの特徴を述べてみよう。

●第一世代：九〇ミリや一〇〇ミリのライフル砲を搭載し、被弾経始[*3]を考慮したデザインの戦車。イギリスのセンチュリオン、アメリカのM46、M47、ソ連のT-54、T-55など。

●第二世代：一〇五ミリ以上のライフル砲を搭載し、アナログ式ながらFCSを搭載するようになった戦車。アメリカのM60、イギリスのチーフテン、ソ連のT-62、T-64など。

●第二・五世代：複合装甲が導入され始め、一二〇ミリ級の大口径砲を搭載した戦車。ソ連のT-72、イスラエルのメルカバなど。

●第三世代：戦車の開発技術が開花した世代で、複合装甲や一二〇ミリ滑腔砲[*4]が標準装備となり、パッシブ式暗視装置の装備により夜間戦闘能力が向上した戦車。西ドイツのレオパルト2、アメリカのM1エイブラムス、イギリスのチャレンジャー1、ソ連のT-80、ウクライナのT-84、日本の90式戦車、中国の99式戦車など。

●第三・五世代：第三世代の車両をベースにしながら、搭載する電子装置のアップデートによりデータリンク機能などが強化され、モジュール[*5]装甲の導入も行われた戦車。アメリカのM1A2、イギリスのチャレンジャー2、フランスのルクレール、イスラエルのメルカバMk4、中国の99A式戦車など。

戦車の大きさや重量が実用性の限界に近づき、また多用途の運用が求められる現代においては、戦車開発の方向性は従来とは異なってきている。それは新しい技術の導入により性能を向上させつつ、サイズダウンやプラットフォームの共有化などにより、開発・生産・運用などの経費削減や効率化を図ろうというものだ。その結果として生み出された日本の10式戦車やロシアのT-14などが、第四世代に相当する戦車といえるだろう。

ロシア軍が2013年から配備を始めたT-72B3（オブイェークト184M3）はT-72シリーズの最新改修モデル。旧式化したT-72Bを改修することでコストパフォーマンスに優れ、現在のロシア軍の主力装備となっている。

### T-14戦車

ロシアが開発した新型戦車T-14は、アルマータ共通戦闘プラットフォームに125mm滑腔砲2A82-1Mと自動装填装置を装備した砲塔を載せている。砲塔は無人で、乗員は車体前部にまとまって乗車する。アルマータは主力戦車、自走砲、歩兵戦闘車などの共通の車台となる。

**全長**：10.8m
**全幅**：3.5m　**全高**：3.3m
**重量**：55t
**最高速度**：90 km/h（整地）
**乗員**：3名

＊2＝Fire Control System
＊3＝敵の砲弾を逸らすために設けられた装甲の傾斜。
＊4＝砲身内にライフリング（らせん状の浅い溝）が施されていない砲。
＊5＝着脱可能な装甲のこと。被弾箇所の装甲を容易に交換できる利点がある。

## M1A2エイブラムス

**全長**：9.83m　**全幅**：3.66m
**全高**：2.37m　**重量**：62.1t
**最高速度**：67km/h（整地）　**乗員**：4名

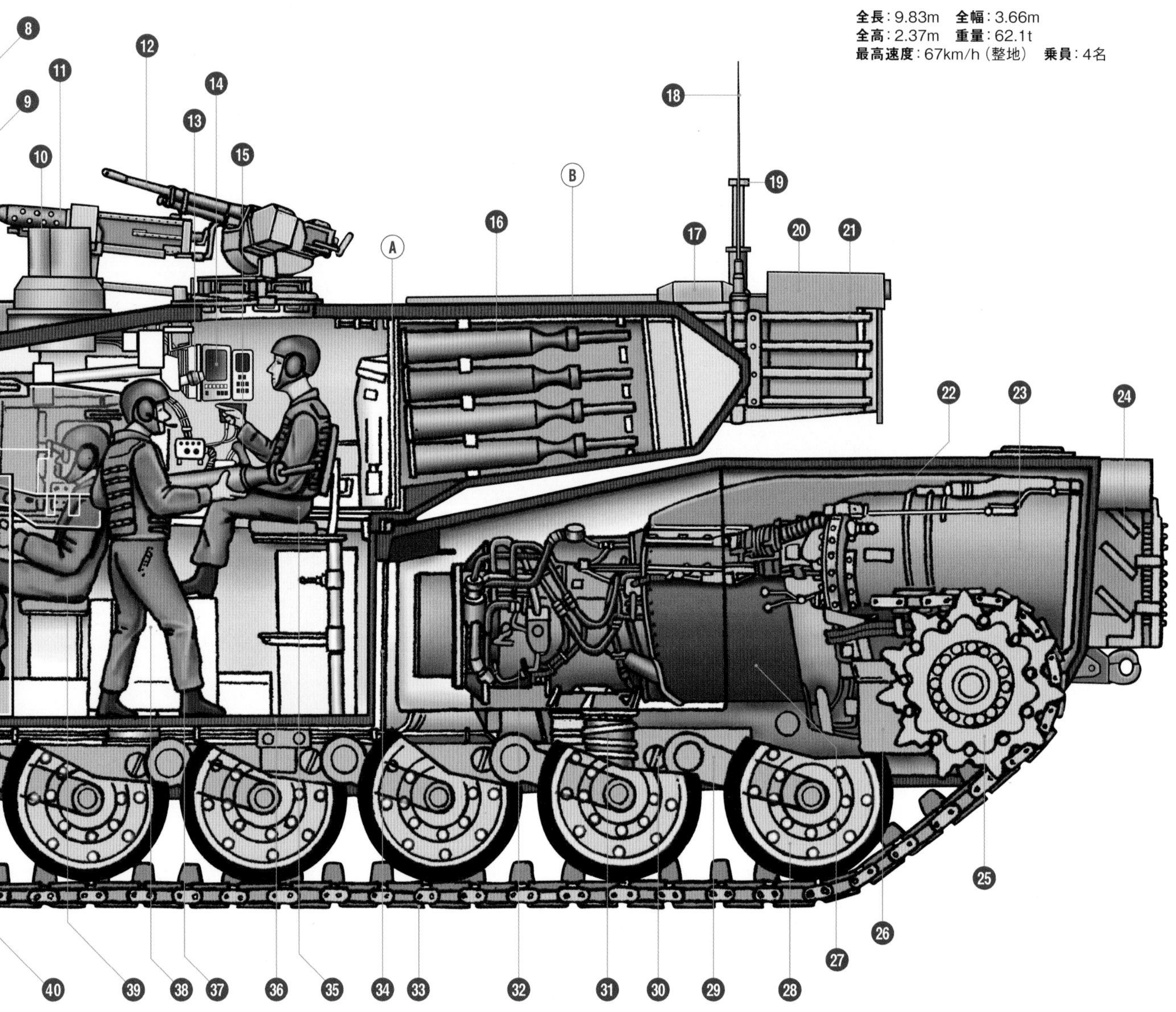


そして車体へ伝わる衝撃をバーがよじれることによりバネとして吸収してしまう。車框（しゃきょう）下部に各側7本ずつ配置され、バーの片側はスウィング・アームのサポート・シャフト部に、もう一方はトーション・バー・アンカー部に接続している。材質は高硬度435H鋼　㉛エンジン支持架　㉜ATG-1500ガスタービン・エンジン：M1戦車は世界初の実用化されたガスタービン戦車である。ガスタービン・エンジンはディーゼル・エンジンに比べ構造が単純で、機動時の音が静か。レスポンスが良く加速性能や登坂能力が高く、寒冷地での始動性が良好などの利点がある。一方、エンジンが高温となるため高級耐熱材料が必要でコストが高い、熱効率が悪いため燃費が悪いなどの欠点もある。ガスタービン・エンジン、熱交換機、エンジン排気誘導ダクト、冷却器送風ファン、トランスミッションが一体化されパワーパックを構成している　㉝履帯：機動輪や転輪、誘導輪を囲むように連結された履板（りばん）の環。これをぐるぐる回転させることで車体が動く　㉞バッフル・プレート　㉟車長：戦車全体の指揮を執る。また車長が小隊や中隊の指揮官の場合は部隊の指揮も執る　㊱砲塔バスケット：戦闘室の床面。砲塔とともに回転する構造になっている　㊲装填手：主砲に砲弾を装填することが主務。また車載機銃や通信機の操作を行う　㊳砲弾ラック　㊴砲手：主砲の操作を行う。敵戦車や攻撃目標に照準をつけて砲を射つ　㊵砲手用照準装置および砲／砲塔コントロール・ハンドル：ハンドルを操作することで砲手はレーザー測距装置の発振や照準操作、砲・同軸機銃の射撃、砲塔の旋回などが行える　㊶旋回リング：砲塔を旋回させるためのレール・リング　㊷操縦手：戦車を操縦する　㊸操縦装置：M1A1からDID*K（操縦手統合ディスプレイ）が搭載されている　㊹履帯張度調整装置　㊺誘導輪：履帯を円滑に回転させるための輪。履帯張度調整装置を伸縮させることで誘導輪をわずかに動かして履帯の張度を調節できる。誘導輪と転輪は同じものなので互換性がある（イラストには描いていないが、履帯を円滑に回転させる装置として、第1と第2および第5と第6転輪の間に上部転輪が設置されている）　㊻車体前部装甲ボックス　㊼フラット・ボトム・ボート型車框：戦車の車体は枠組構造の中に動力装置や駆動装置などを組み込んでいるため、車框とも呼ばれる。M1戦車の車框は装甲鋼板を溶接接合した構造で高い剛性を持っている

＊C＝ウラン濃縮の副生成物として発生する。戦車砲の徹甲弾や装甲に用いられる。　＊D＝Gunner's Primary Sight　＊E＝Improved Commander's Weapon Station)　＊F＝Gunner's Primary Sight Extension　＊G＝Commander's Integrated Display　＊H＝Inter-Vehicular Information System　＊I＝Auxiliary Power Unit　＊J＝いわゆるキャタピラ（登録商標）のこと。日本語では無限軌道とも呼ぶ。　＊K＝Driver's Integrated Display

# M1A2に見る戦車の内部配置

M1A2はアメリカ陸軍の現用主力戦車で、1980年代に採用されたM1エイブラムスの改良型M1A1（主砲に44口径120mm滑腔砲を搭載）の発展型。電子装置類を換装してC4Iシステム[*A]を強化しており、砲塔上部左側に設置されたCITV[*B]（車長用独立熱映像装置）が外形的特徴になっている。車内は前方向から、操縦手が入って戦車を動かす操縦室、操縦室の後部には戦闘室が位置する。イラストには描いていないが、燃料タンクは6基あり、車内に分散配置されている。

＊A＝Command Control Communication Computer Intelligence System
＊B＝Commander's Independent Thermal Viewer

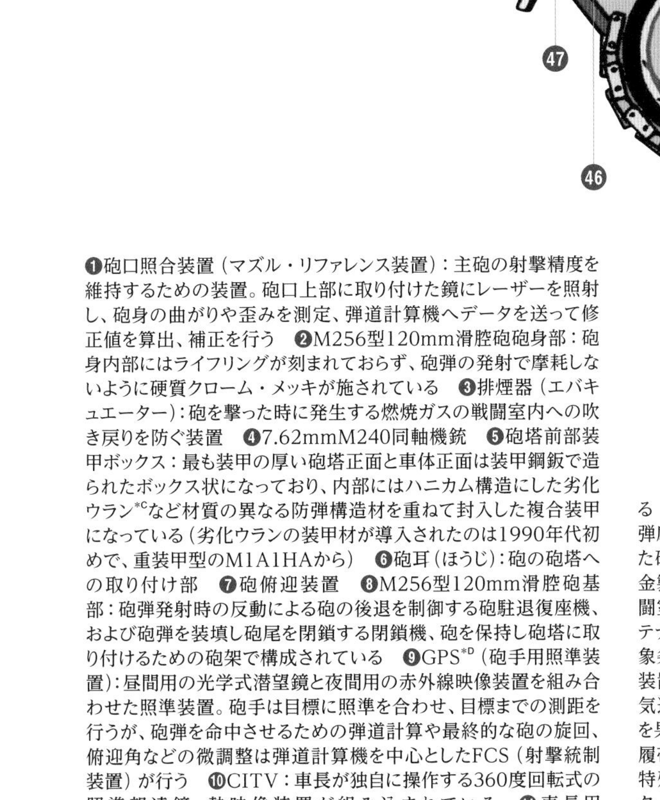

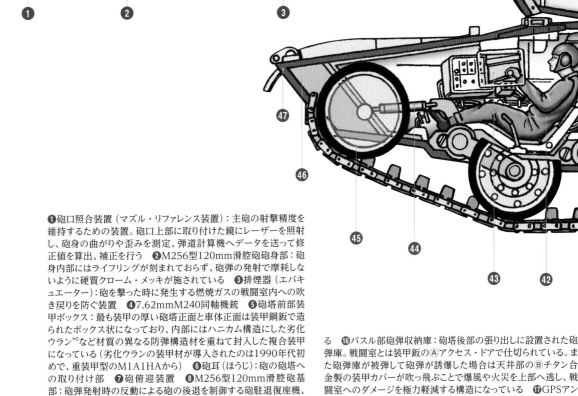

❶砲口照合装置（マズル・リファレンス装置）：主砲の射撃精度を維持するための装置。砲口上部に取り付けた鏡にレーザーを照射し、砲身の曲がりや歪みを測定、弾道計算機へデータを送って修正値を算出、補正を行う　❷M256型120mm滑腔砲砲身部：砲身内部にはライフリングが刻まれておらず、砲弾の発射で摩耗しないように硬質クローム・メッキが施されている　❸排煙器（エバキュエーター）：砲を撃った時に発生する燃焼ガスの戦闘室内への吹き戻りを防ぐ装置　❹7.62mmM240同軸機銃　❺砲塔前部装甲ボックス：最も装甲の厚い砲塔正面と車体正面は装甲鋼鈑で造られたボックス状になっており、内部にはハニカム構造にした劣化ウラン[*C]など材質の異なる防弾構造材を重ねて封入した複合装甲になっている（劣化ウランの装甲材が導入されたのは1990年代初めで、重装甲型のM1A1HAから）　❻砲耳（ほうじ）：砲の砲塔への取り付け部　❼砲俯仰装置　❽M256型120mm滑腔砲基部：砲弾発射時の反動による砲の後退を制御する砲駐退復座機、および砲弾を装填し砲尾を閉鎖する閉鎖機、砲を保持し砲塔に取り付けるための砲架で構成されている　❾GPS[*D]（砲手用照準装置）：昼間用の光学式潜望鏡と夜間用の赤外線映像装置を組み合わせた照準装置。砲手は目標に照準を合わせ、目標までの測距を行うが、砲弾を命中させるための弾道計算や最終的な砲の旋回、俯迎角などの微調整は弾道計算機を中心としたFCS（射撃統制装置）が行う　❿CITV：車長が独自に操作する360度回転式の照準望遠鏡。熱映像装置が組み込まれている　⓫車長用12.7mm機銃（銃架と照準器付き車長用キューポラ・システムでICWS[*E]を構成する　⓬装填手用7.62mm機銃　⓭GPSE[*F]（車長用照準サイト）：砲手用照準装置と接続されており、砲手がGPSで見ている映像が投影される　⓮CID[*G]（車長用ディスプレイ装置）：CITVの画像やIVIS[*H]（車間情報伝達システム）で伝達される部隊や各車の位置、敵情報などを表示できる　⓯車長用パワーコントロール・ハンドル：ハンドルを操作することで車長がレーザー測距装置の発振や砲・同軸機銃の射撃、砲塔を旋回させたりできる　⓰バスル部砲弾収納庫：砲塔後部の張り出しに設置された砲弾庫。戦闘室とは装甲鈑のⒶアクセス・ドアで仕切られている。また砲弾庫が被弾して砲弾が誘爆した場合は天井部のⒷチタン合金製の装甲カバーが吹っ飛ぶことで爆風や火災を上部へ逃し、戦闘室へのダメージを極力軽減する構造になっている　⓱GPSアンテナ　⓲無線機アンテナ　⓳環境センサー：弾道計算に必要な気象条件因子を測定するためのセンサー装置　⓴APU[*I]（補助動力装置）　㉑砲塔外部ラック　㉒エンジン排気誘導ダクト　㉓冷却気送風ファン：潤滑油などへ送風して冷却するラジエターの機能を果たす　㉔冷却用空気取入口　㉕起動輪：エンジンのパワーを履帯[*J]（りたい）に伝え車体を動かす。星型の管軸・外歯噛合式で特殊合金製　㉖X-1100-3Bトランスミッション：トルク・コンバータ、変速機、操向機、制動機の各機構で構成される動力伝達装置。機動輪に動力を伝達する　㉗熱交換器　㉘転輪：車体を支え、履帯が円滑に回転できるようにする。アルミ合金製で周囲にソリッド・ゴムが焼き付けてある。第1、第2、第7転輪部分には車内側にショック・アブソーバーが取り付けられている　㉙スウィング・アーム：転輪と車体を連結し、地面の凹凸に応じて転輪が上下動できるようにする。転輪が上下動することをホイール・トラベルといい、この動作により不整地を走行する際に車体への振動を減らし、高速で走行できるようにする　㉚トーション・バー：履帯から転輪、

## 戦車のFCSと射撃

FCS（射撃統制装置）は、照準装置、弾道計算機、センサー装置、駆動装置から構成される。戦車砲の発射手順は、砲手が照準装置を操作して攻撃目標に狙いをつけるとともに、目標との距離を測ることから始まる。照準装置にはレーザー測距装置、赤外線映像装置、安定装置（眼鏡スタビ式）などが取り付けられており、昼夜間天候に左右されることなく短時間で照準測距ができる。照準装置が得たデータは、センサーのデータ（風向、風速、気温、気圧、砲身の傾きなど）とともに自動的に弾道計算機へ送られる。砲手は弾種、装薬温度などを入力し、照準ハンドルを動かして目標を追尾すると砲塔の旋回角が検出され、弾道計算機はこれをもとに目標に対する射角、方向角を計算し、戦車砲の現在位置からの修正量を算出する。この修正量は電気信号として駆動装置へ伝達されるともに照準装置にフィードバックされ、GPS（砲手用照準装置）のレティクル（照準を合わせるためのマーク）を修正分だけ補正する。砲の駆動装置は入力された射角や方向角の修正量に合わせて砲塔を旋回させ、砲の俯仰角機構を作動させる。駆動装置にはシンクロ・フィードバック機構が組み込まれており、照準に合わせて精密に追従する。目標に対する照準が定まると砲弾が発射される。

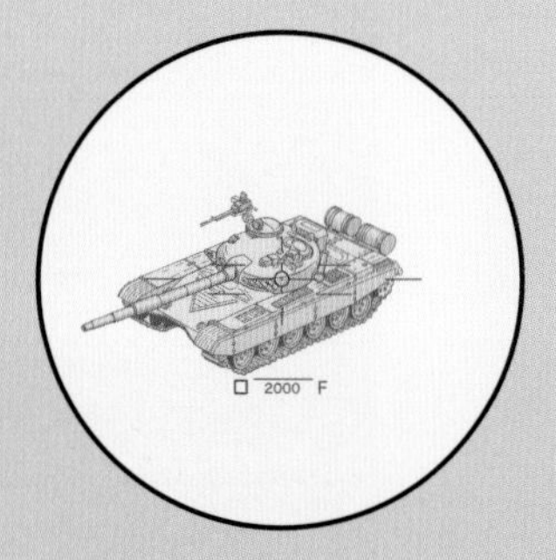

GPSの画像。レティクルと目標の距離が表示されている

# 戦車の照準装置・主砲・砲弾

※イラスト中の赤い数字は85頁の「滑腔砲と砲弾」の解説と、緑のアルファベットは85頁の「戦車砲」の解説と連動している。

### 戦車（M1A2SEP*L）の照準装置と砲

*L＝System Enhanced Package（M1A2の近代化改修型）

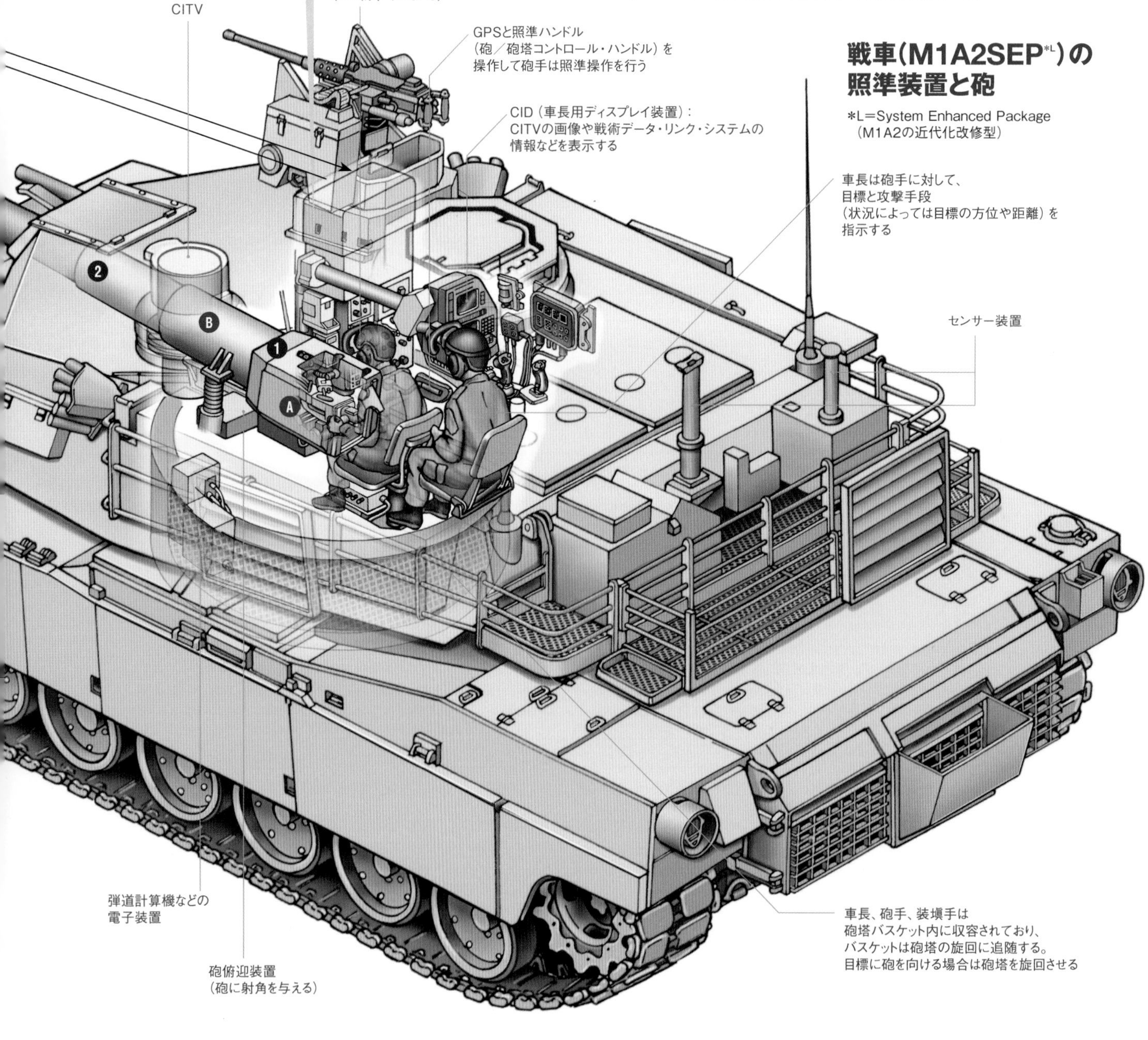

照準装置（M1戦車ではGPS）

CITV

GPSと照準ハンドル（砲／砲塔コントロール・ハンドル）を操作して砲手は照準操作を行う

CID（車長用ディスプレイ装置）：CITVの画像や戦術データ・リンク・システムの情報などを表示する

車長は砲手に対して、目標と攻撃手段（状況によっては目標の方位や距離）を指示する

センサー装置

弾道計算機などの電子装置

砲俯迎装置（砲に射角を与える）

車長、砲手、装填手は砲塔バスケット内に収容されており、バスケットは砲塔の旋回に追随する。目標に砲を向ける場合は砲塔を旋回させる

## 戦車砲

戦車砲の砲弾は、ほぼ平射弾道（直射）で飛翔する。一般的な戦車砲は、砲身、駐退復座機、揺架、閉鎖機から構成され（イラストのM1A2戦車では🅐閉鎖機、🅑駐退複座機および揺架、🅒砲身）、これに防楯（ぼうじゅん）、照準装置、高低装置などが取り付けられる。通常の火砲とは異なり、戦車の戦闘室という狭い空間で使用できるようにコンパクトにまとめられていることが特徴だ。

戦車砲にはライフル砲（砲身内に刻まれたライフリングにより砲弾に高速回転を与えて弾道を安定させる）と滑腔砲（砲身内にライフリングがない）の2種類があるが、現代の戦車のほとんどは120mmクラスの滑腔砲を搭載している。

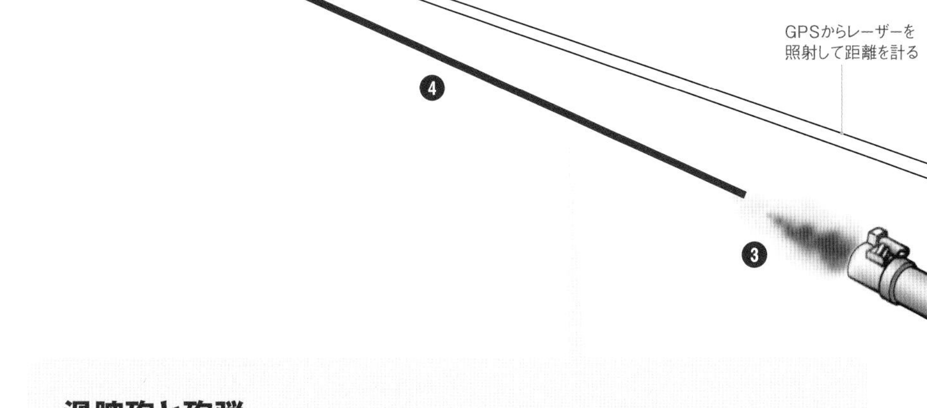


M1A1/A2では
44口径120mm
滑空砲M256を搭載

## 滑腔砲と砲弾

滑腔砲の第一の利点は、装甲を貫通することに特化したAPSFDS弾*M（装弾筒付翼安定徹甲弾）を高速で発射できることだ。APSFDS弾の細長い棒のような弾体（侵徹体）はタングステン合金や劣化ウランなどで造られており、同じ重量のAPDS弾*N（分離弾頭式徹甲弾）よりも運動エネルギーを小さな面積に集中させることができるため、貫通力が大きい。APSFDS弾は弾体にフィンを持つため回転させて安定を保つ必要がなく（高速回転させるとかえって安定性が落ちる）、発射時はサボと呼ばれる筒によって支えられるため、砲身内にライフリングは不要なのだ。また滑腔砲はライフリングがないため、弾体に与える抵抗が少なく砲弾の初速度が速くなるといわれ、砲身の寿命も長い。重量もライフル砲に比べて軽量化できることも利点だ。

### APFSDS弾

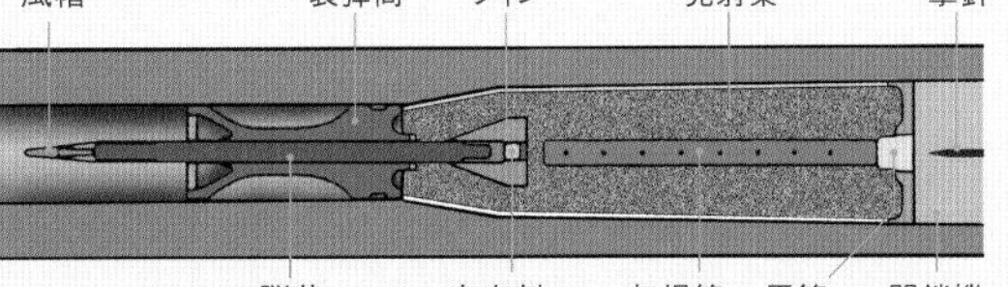


❶APFSDS弾を砲に装填し、砲尾を閉鎖機で閉じる

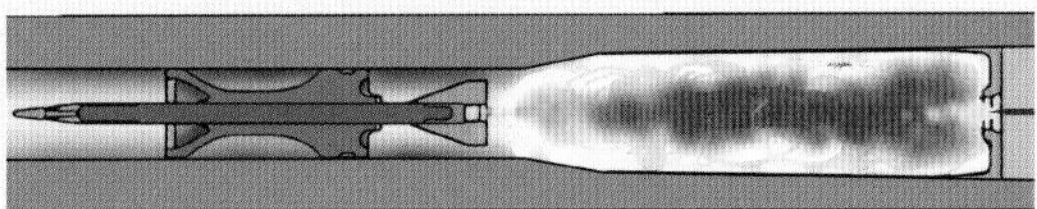

❷撃針が雷管を発火させ起爆管が点火、発射薬が燃焼を始める。砲身内で弾頭が加速される

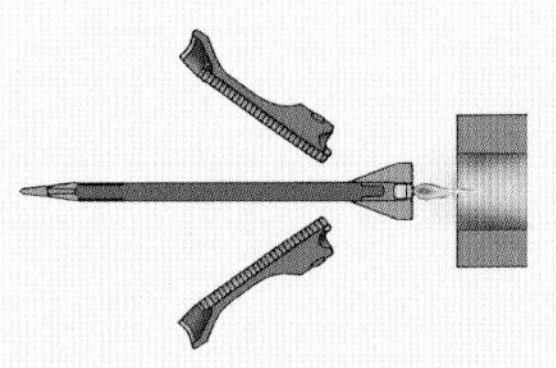

❸砲身から弾頭が飛び出したところで装弾筒が分離する

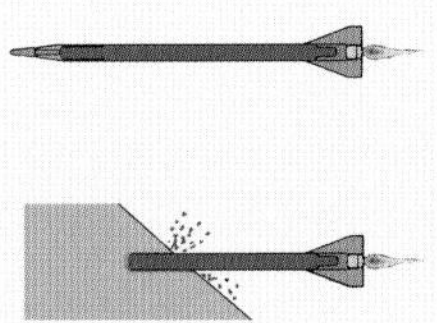

❹弾頭はフィンで安定を保ちながら目標に向かい高速で飛翔する

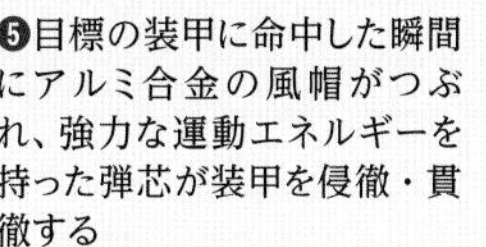

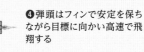

❺目標の装甲に命中した瞬間にアルミ合金の風帽がつぶれ、強力な運動エネルギーを持った弾芯が装甲を侵徹・貫徹する

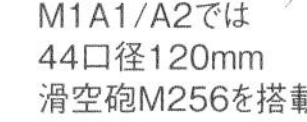

*M＝Armor-Piercing Fin-Stabilized Discarding Sabot
*N＝Armor-Piercing Discarding Sabot

# 戦車の駆動機構・装甲

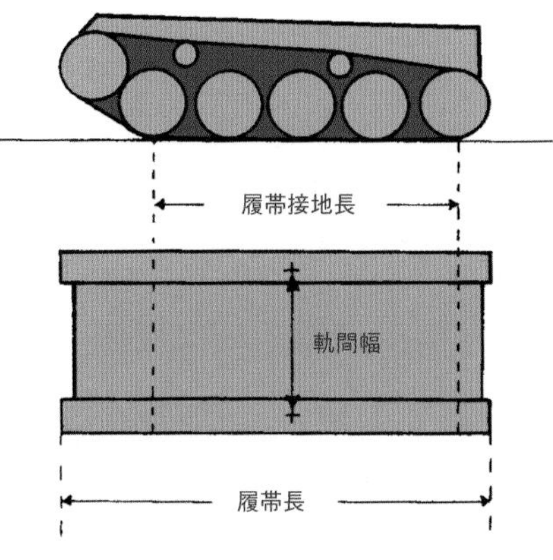

履帯接地長
軌間幅
履帯長

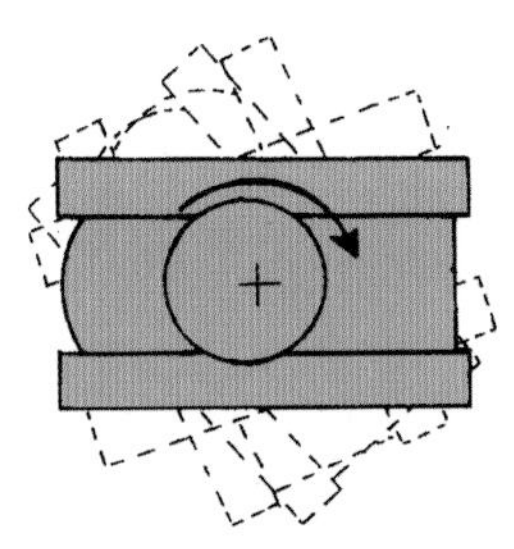

超信地旋回
左右の履帯を互いに逆方向に回転させて、車体の中心を軸としてその場で回転する。

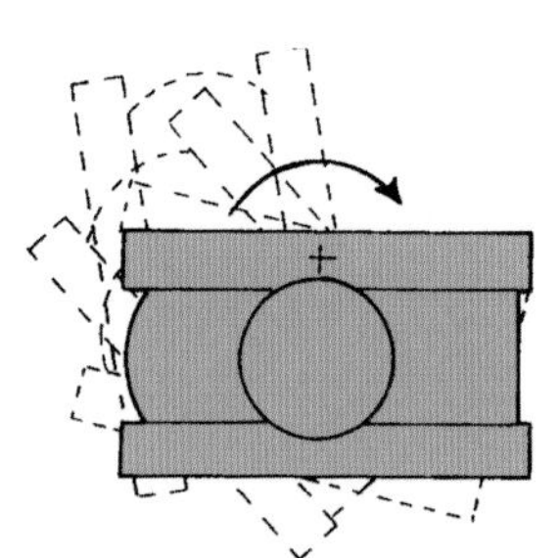

信地旋回
左右の履帯の一方のみを動かして車体を回転させる。

## 戦車の履帯の役割

戦車の最大の特徴は、走行装置に履帯（クローラー）を採用していることだ。履帯は戦車の接地部全体に推進力を伝達するだけではない。強力な火砲を搭載し、重装甲を施した戦車の重量は50tに達する。重い戦車が地上で自在に動くためには、履帯によって接地面積を広げて接地圧を小さくすることで地面にかかる重量を分散し、車体が沈下しないようにしているのだ。戦車の接地圧とは、履帯*○の地面にかかる部分の面積で車体の全重量を割った値をいう。この値は履帯の1cm²あたりにかかる重量を表し、その単位はkg/cm²。ちなみにM-1戦車の接地圧は10.1kg/cm²（履帯幅0.63m、接地長4.75m、全備重量59.0tとして計算）となる。

また、履帯には地面に対する付着力を大きくする役割もある。車輪では、1輪でも穴や壕に落ちてしまうと、それだけで身動きが取れなくなってしまう場合があるが、履帯であれば多少の穴や壕なら落ち込むことなく簡単に超えられる（超壕性が高い）。なお、水陸両用車など水上走行のための推進力を発生させる履帯を持つ車両もある。

*○=もうすこし正確にいうと、（接地長×履帯幅×2）を全備重量で割った値。

## 戦車を動かす機構

エンジンが発生させた動力をトランスミッション（変速機）および操行装置で適度な回転数に調節、終減速機を介して起動輪に伝達し、起動輪が回転することで履帯を動かす。

トランスミッションおよび操行装置
終減速機
エンジン
起動輪
上部転輪
転輪
履帯張度調整装置

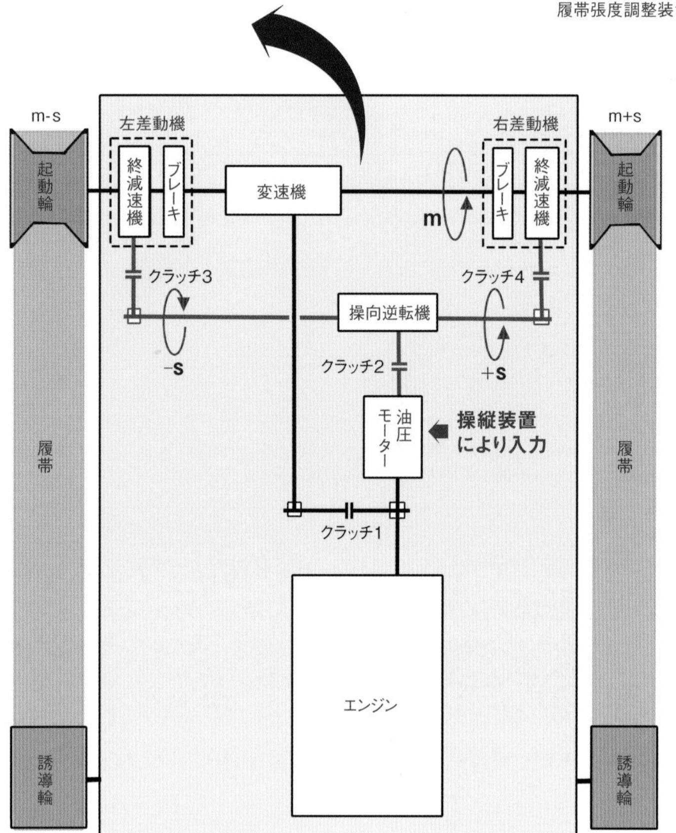


## 操向装置の原理

走行中の戦車は、左右の履帯の回転速度を変えてスキッド・ステアを起こすことで方向を変える（スキッドは横滑り、ステアは操舵の意味）。この操作を行うのが操向装置である。現在の操向装置はトルク・コンバータを取り入れた油圧式となっている。左のイラストは操向装置の原理を示したもの（差動機と操向逆転機の2つの差動装置を持つダブル・ディファレンシャル）。エンジンの回転は変速機を通して左右の差動機（終減速機およびブレーキ）に伝達される駆動系と、操向逆転機（逆転ギア）と左右の差動機に伝達される操向系に分派されている。エンジンの動力が変速機に伝達され、左右の差動機が左右の起動輪をmで回転させているとき、車体は前進している（このとき動力はクラッチ1が接続されているので左右の変速機には伝達され、逆転ギアに伝達される動力はクラッチ2により分離されている）。

前進する車体を左に旋回させるには、操縦装置を左へ動かすとクラッチ2が接続され、油圧モーターが操向逆転機を動かして左差動機へ逆回転sを、右差動機へ同回転sを加える（このときクラッチ3および4は接続される）。すると左差動機はm−s、右差動機はm+sの回転速度を得る。差動機それぞれの回転速度は左右の起動輪へ伝達され、左の履帯の回転速度が落ち、右の履帯の回転速度は増す、その結果、左右の履帯の発生する推進力が異なることにより、履帯が横滑りを起こして車体は左へ旋回する。

## 戦車の装甲

第二次大戦後から1960年代に開発された第二世代の戦車は、車体の大半の部分が装甲鋼鈑を組み合わせ、溶接して造られていた。これは表面を硬化させた圧延均質装甲鋼鈑が一般的で、高抗張力鋼で高速の重い砲弾が持つエネルギーを割れずに吸収する能力と、砲弾の侵入に抵抗する硬さを持っていた。
装甲鋼鈑で構成された車体は全体が均一な厚さではなく、各部位の厚さは被弾率を考慮して異なっていた。敵に相対して地上を走り戦闘する戦車の場合、前面の高い位置ほど被弾の危険性が高い。従って装甲が最も厚いのは砲塔の前面や車体前面、次いで砲塔前側面と車体前側面というようになっていた。
また、被弾率は車体の外形にも影響を与えている。車体前面上方の装甲鈑を段のない前方で傾斜した形にすることで、同じ厚さの装甲鈑を垂直に配した構造に比べて倍以上の防弾力になるとされ（被弾経始の概念）、第二次大戦後に開発された戦車のほとんどが、この形式の傾斜装甲を持つようになった。
ところが、1960年代後半頃から、115mmや120mmといった大口径の滑腔砲を搭載する戦車が登場し、発射される砲弾も戦車の装甲を貫くことに特化した運動エネルギー弾であるAPSFDS弾が出現して貫通力が増大すると、それまでの装甲では対抗できなくなった。また歩兵が携帯する対戦車兵器も発達し、HEAT弾*P（成型炸薬を用いた対戦車榴弾）のような化学エネルギー弾も大きな脅威となった。
このため従来の装甲鋼鈑に加えて導入されたのが複合装甲や中空装甲だ。これらは装甲を強化したい車体部分に装甲鋼鈑で囲ったボックスを作り、内部に物性の異なる素材を積層にした防弾構造材を充填する、あるいは装甲鋼鈑で作ったボックス内に防弾構造材を充填して車体に貼りつけという方法が採られている。このほかにもERA*Q（爆発反応装甲）のように、後付けで装甲を強化する増加装甲も多用されるようになった。
しかし、こうした装甲も劣化ウランを弾芯としたAPSFDS弾には貫通されてしまうため、レオパルト2A5に導入されているモジュール式のショト装甲ユニット（隔壁装甲ユニット）などが開発されている。

*P=High-Explosive Anti-Tank
*Q=Explosive Reactive Armor

### 複合装甲（ラミネイテッド・アーマー）

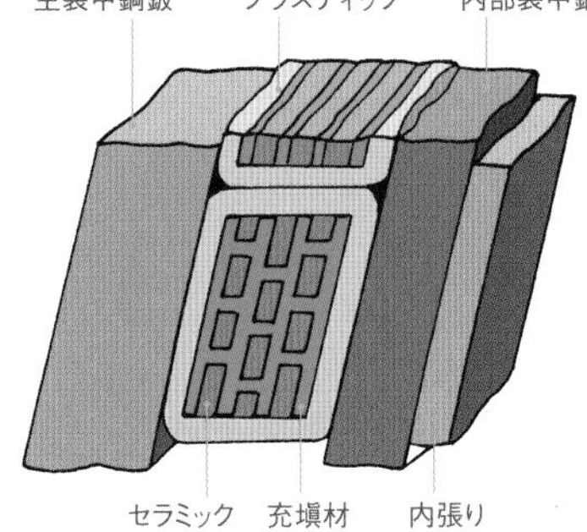


### 中空装甲（スペースド・アーマー）

装甲鈑の間に空間を設けてHEAT弾の威力を減殺しようとするのが中空装甲、装甲鈑の間に板状のセラミックやプラスティックなどをはさみ込んだものが複合装甲（積層装甲）である。複合装甲は鋼鉄とは物性の異なる物質を充填することでHEAT弾のジェット噴流を拡散させたり、APSFDS弾の運動エネルギーを奪って侵徹力を失わせたりすることで防護性能を高める。近年では充填される素材もケブラー繊維、チタニウム合金のシート、合成ゴム、劣化ウランなど多様化しており、より強力な装甲が造り出されている。

### ショト装甲ユニット（レオパルド2A5の装甲）

レオパルト2A5では、防弾鋼鈑とセラミックを組み合わせた複合装甲と、ショト装甲ユニット（2枚の基本防弾鋼鈑の間に複数の装甲鈑が充填してある）を組み合わせたものが使用されている。異なる材質の装甲鈑の間を強力なAPDS弾などの砲弾が貫通している内に、運動エネルギーを吸収して貫通できなくする構造となっている。

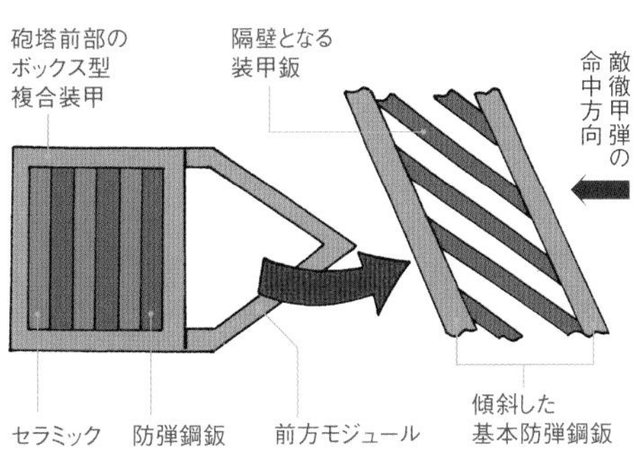

威力が増しつつある対戦車ミサイルや歩兵携行式対戦車ロケットに対抗するため、新しい装甲パッケージとして開発されたのがAPS*R（アクティブ防護システム）だ。戦車に向かって発射されたミサイルやロケット弾をレーダーで探知、妨害波を照射して誘導電波を混乱させたり、防御弾を発射して対戦車ミサイルやロケットを破壊したりするものだ。写真のM1戦車は、砲塔部にAPSの1つである「トロフィー」を装着している（赤い囲み部分）。

*R=Active Protection System

M40A6で狙撃を行うアメリカ海兵隊のスカウト・スナイパー。海兵隊が使用するM40シリーズの最新型で、RACS*Aと呼ばれるモジュラー式のシャーシ*Bを使用している。取り外し式のボックス・マガジンには7.62mm×51NATO弾10発を収納。

＊A＝Remington Accessory Chassis System
＊B＝自動車の「車台」を示す用語だが、「基本骨格」の意味で銃にも使用される。

*Sniper Rifles*

# 狙撃銃

## 遠距離から目標を撃ち抜く狙撃銃は通常の歩兵銃となにがどう違うのか

**通常のアサルト・ライフルの射程外から目標を狙い撃つ狙撃兵(スナイパー)は、戦場で悪魔のように恐れられる。そしてスナイパーが使用するのが狙撃銃(スナイパー・ライフル)だ。**

## アメリカ陸軍のスナイパー・ライフル

### M24

**口径**:7.62mm　**全長**:1092mm
**重量**:4400g
**装弾数**:5発（固定式マガジン）
**有効射程**:800m

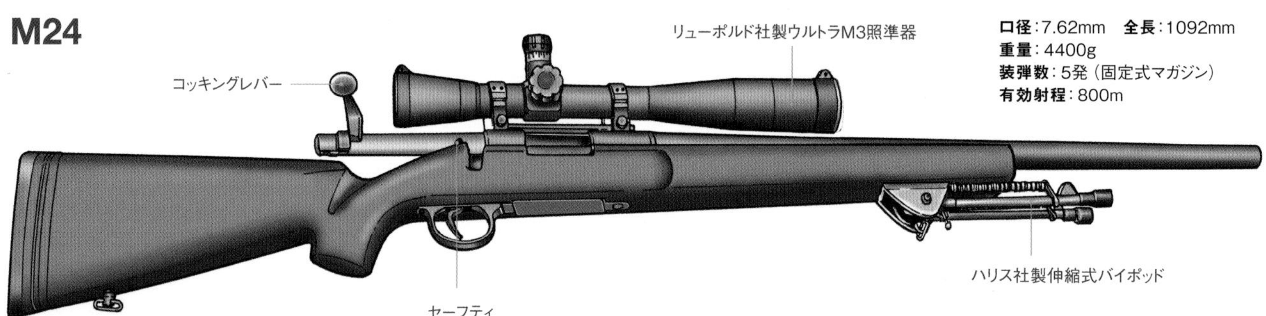


レミントン・アームズ社が誇る狩猟用ライフルであるレミントンM700は、最も強力なセンターファイア式ボルトアクション・ライフルとされる。発射時に弾底部を保護するスチール製の三重リングをボルト部に装備することで威力のある弾薬を使用でき、特殊重量バレル（銃身）を用いて最大射程における精密射撃を可能としたモデルも市販されている。アメリカ海兵隊は1966年にレミントンM700の競技用モデル40Xに改良を加えてM40として採用、ヴェトナム戦争に狙撃銃として投入した。M40はバーミントン・バレルと小改造を施した木製ストックを組み合わせ、レッドフィールド社製の3-9倍率のスコープを装備していたが、ヴェトナムのような高温多湿の地域では木製ストックが射撃精度を低下させる原因となった。そこでマクミラン社のグラスファイバー製ストックにアトキンソン社のステンレス製バレルを組み合わせたM40A1が1970年代中盤に登場する。以降、アメリカ海兵隊ではマイナーチェンジを重ねながら、これまでにM40A2、M40A3、M40A5、M40A6（上写真）を開発、使用している。一方、アメリカ陸軍では1980年代まで、M14オートマティック・ライフルを改良したM21狙撃銃を使用していた。その後継として目をつけたのが、海兵隊で実績をあげていたレミントンM700だった。強力な弾薬を使用できるM700ロング・アクションの機関部にHSプレシジョン製のストックを組み合わせ、リューポルド社製ウルトラM3照準器（10倍固定／レンズ直径40mm）を装備、ハリス社製のバイポッド（二脚架）を取り付けたM24が開発され、アメリカ陸軍は1980年代末に制式狙撃銃として採用している。M24は7.62×51mm NATO弾（308ウィンチェスター弾）を使用して、距離300mで半径約5cmの円に命中させる高い精度を持つ。また、銃本体および照準器やバイポッド、工具や整備用品などの付属品をパラシュート投下可能なハードケースに収納した一式をM24*C SWSと呼ばれる。M24は陸上自衛隊を含む世界中の軍隊や警察で狙撃銃として採用されており、M24A2（弾倉の挿入方式や調節可能なストックに変更）、M24A3（338ラプア・マグナム弾を使用）、M24E1*D ESR（300ウィンチェスター・マグナム弾を使用）のバリエーションがある。

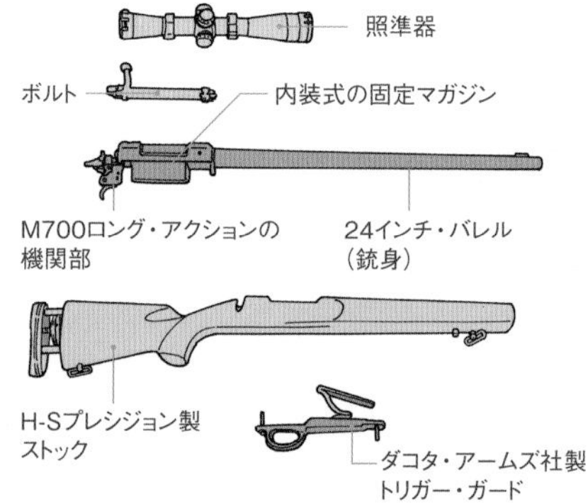


＊C＝Sniper Weapon System　＊D＝Enhanced Sniper Rifle（強化された狙撃銃）

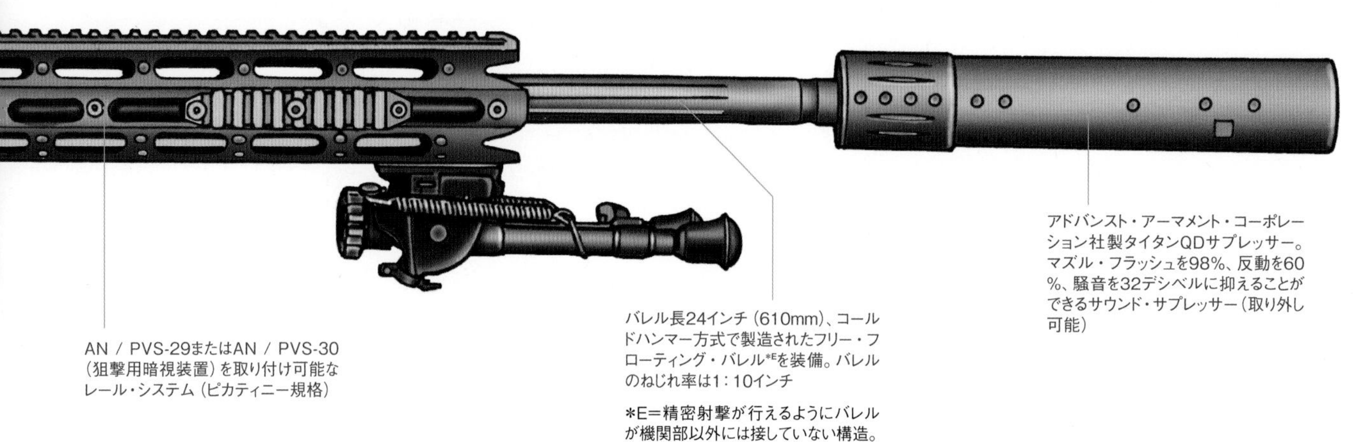

AN / PVS-29またはAN / PVS-30（狙撃用暗視装置）を取り付け可能なレール・システム（ピカティニー規格）
バレル長24インチ（610mm）、コールドハンマー方式で製造されたフリー・フローティング・バレル*Eを装備。バレルのねじれ率は1：10インチ
アドバンスト・アーマメント・コーポレーション社製タイタンQDサプレッサー。マズル・フラッシュを98%、反動を60%、騒音を32デシベルに抑えることができるサウンド・サプレッサー（取り外し可能）

＊E＝精密射撃が行えるようにバレルが機関部以外には接していない構造。

## 進化する狙撃銃

かつては狙撃銃といえば、軍用や狩猟用ライフルから工作精度の高い銃を選別し、これにスコープ(光学照準器)を追加するなどしたものだった。

しかし、現代の狙撃銃はメーカーが製造した銃をそのまま使うのではなく、さまざまな優れたパーツを組み合わせて最良の精密射撃用ライフルとした「狙撃システム」とも呼ばれるものとなっている。さらに近年では最初から狙撃専門に開発された銃も登場しており、装薬銃(火薬により弾丸を発射する銃)という、ある意味「枯れた」兵器でありながら、いまでも進化を続けているのである。

## セミオート式狙撃銃

狙撃銃は構造が単純で精度の高いボルトアクション・ライフル[*1]が主流であったが、セミオートマティック・ライフル[*2]の狙撃銃もある。こちらは仮に初弾を外しても、即座に次弾を発射できる利点がある。

またスナイパーではなく、歩兵分隊や小隊と行動を共にする選抜射手[*3]が使用する狙撃銃をマークスマン・ライフルと呼ぶが、こちらはセミオートマティック式が主流となっている。

(93頁に続く)

＊1＝ボルト(遊底)を操作することで、弾薬の装填と空薬莢の排莢を行う方式のライフル。1発撃つごとにボルトを操作する。
＊2＝引鉄を1回引くと弾丸が1発発射され、同時に次弾が薬室に装填される方式のライフル。半自動式とも呼ぶ。
＊3＝Designated Marksmanの訳語。P.92参照。

## M24A2

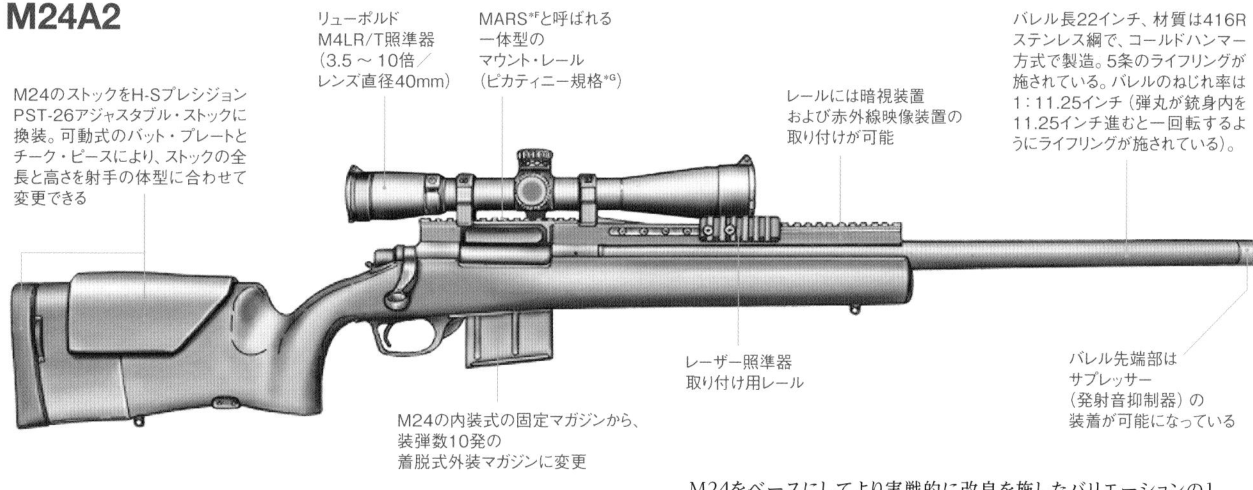

リューポルド M4LR/T照準器 (3.5～10倍／レンズ直径40mm)
MARS*Fと呼ばれる一体型のマウント・レール (ピカティニー規格*G)
バレル長22インチ、材質は416Rステンレス鋼で、コールドハンマー方式で製造。5条のライフリングが施されている。バレルのねじれ率は1:11.25インチ(弾丸が銃身内を11.25インチ進むと一回転するようにライフリングが施されている)。
M24のストックをH-SプレシジョンPST-26アジャスタブル・ストックに換装。可動式のバット・プレートとチーク・ピースにより、ストックの全長と高さを射手の体型に合わせて変更できる
レールには暗視装置および赤外線映像装置の取り付けが可能
レーザー照準器取り付け用レール
バレル先端部はサプレッサー(発射音抑制器)の装着が可能になっている
M24の内装式の固定マガジンから、装弾数10発の着脱式外装マガジンに変更

M24をベースにしてより実戦的に改良を施したバリエーションの1つ。アメリカ陸軍ではM24と併用しており、陸上自衛隊でも2020年頃から運用している。

＊F＝Modular Accessory Rail System
＊G＝ピカティニー・アーセナル(アメリカ陸軍の兵器製造所)のよる標準化規格。

## M2010 ESR

口径：300Win Mag (7.62×67)　全長：1180mm
重量：5500g　装弾数：5発　有効射程：1200m

アメリカ陸軍が2010年に制式採用した長距離精密射撃用のボルトアクション・ライフル。外見はまったく別物に見えるが、M24をベースに開発された狙撃銃であり、M24の機関部とRACSレシーバーが使用されている。レミントン社のMRS[*H]と同じ銃に見えるが、MRSのストックとシャーシを組み合わせているだけで、機関部やレシーバーは別物である。使用弾薬は7.62×51mm NATO弾から300ウィンチェスター・マグナム弾に変更されており、有効射程も増大している。

＊H＝Modular Sniper Rifle

＊I＝照準器のレティクルが投影される距離と、標的までの距離の差。この差(パララックス)が大きいと、レティクルははっきり見えても標的がぼやけてしまう。

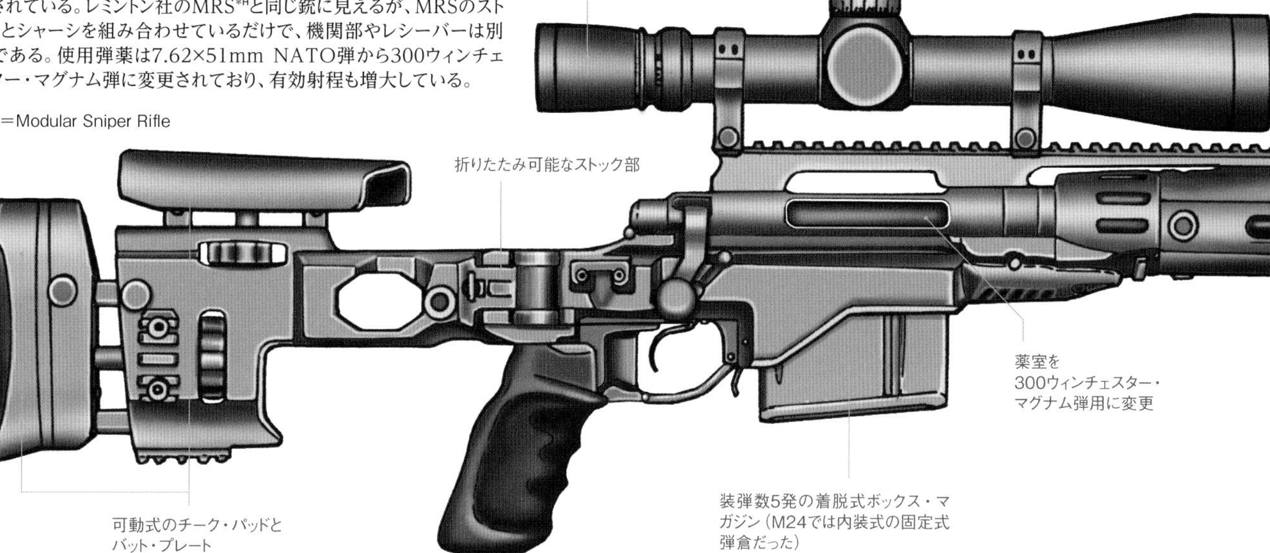

リューポルド社製Mk.4 ER/T照準器(倍率6.5～2／レンズ直径50mm)。高倍率時に生じるパララックス*Iを調整するためのフロント・フォーカス機能が付いている
折りたたみ可能なストック部
薬室を300ウィンチェスター・マグナム弾用に変更
装弾数5発の着脱式ボックス・マガジン(M24では内装式の固定式弾倉だった)
可動式のチーク・パッドとバット・プレート

## Mk13 Mod7

現在使用されているM40A6 RACSよりも高い精度を持つ精密射撃用ライフルとして、アメリカ海兵隊で採用が決定した狙撃銃。アキュラシー・インターナショナルAXシリーズのボルトアクション・ライフルがベースとなっている。300ウィンチェスター・マグナム弾を使用することで、7.62mm×51弾では困難な射程1000m以上での精密狙撃が可能（有効射程1300mといわれる）。

折りたたみ式ストックはグラスファイバー製で、ステンレス鋼のマッチグレード・バレルを採用している。マガジンは取り外し可能なボックス式。

**口径**：300ウィンチェスター・マグナム（7.62×67mm）
**全長**：1207mm
**重量**：5170g　**装弾数**：5発

## Mk22 ARS（MRAD）

2021年3月にアメリカ陸軍がPRS（精密狙撃ライフル）プログラムに基づいて調達を決定したMRAD（マルチロール・アダプティブ・デザイン）ライフル。この銃の最大の特徴は、任務の運用環境に応じて狙撃兵自身が口径の異なるバレルを選択できるモジュラー・システムとなっていること。開発はバレット・ファイアアームズ・マニュファクチャリング社が担当した。

バレルは338ノルマ・マグナム、300ノルマ・マグナム、7.62mm×51NATOの3つの口径が用意されている。シャーシはロック付きの折りたたみ式でアルミニウム製。ライトフォース社製ナイトフォースP-VPS MI-SPECATACR7-35×5634mm照準器、バイポッド、バレットAML338ロッキング・サプレッサーが標準装備となっている。

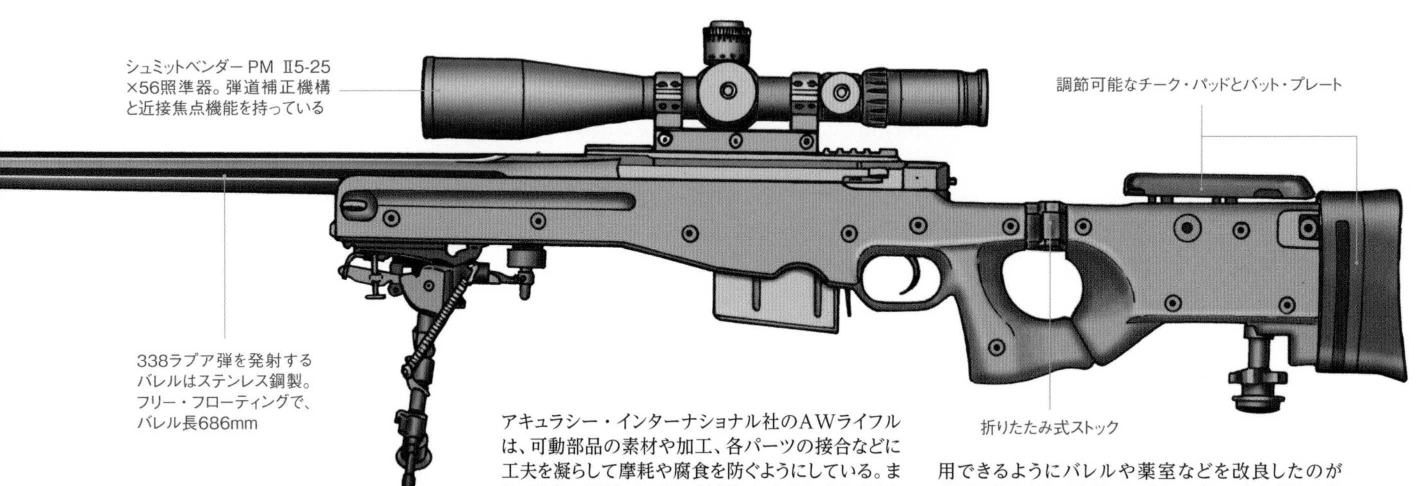


## L115A3

**全長**：1230mm　**重量**：6900g
**装弾数**：5発　**有効射程**：1500m

アキュラシー・インターナショナル社のAWライフルは、可動部品の素材や加工、各パーツの接合などに工夫を凝らして摩耗や腐食を防ぐようにしている。また、極寒の環境下で銃に付着した水分によるボルト部の凍結を防ぐため、ボルト側面に溝を刻むなどの凍結防止対策が採られ、手にミトンをはめたまま引鉄を引けるようトリガー・ガードを拡大するなどの改良により、−40度でも射撃が行えるという。この極寒地対応の機能はそのままに、7mmレミントン・マグナム、300ウィンチェスター・マグナム（7.62×67mm）、338ラプア・マグナム（8.6×70mm）を使用できるようにバレルや薬室などを改良したのがAWM*JモデルであるAWM*Jモデルである。マズル・ブレーキを兼ねたサウンド・サプレッサーが標準装備となっている。イギリス軍では2007年に338ラプア弾使用のモデルをL115A1として制式採用し、それまでのL96A1と置き換えている。イラストは現用のL115A3。2009年にはアフガニスタンで、この銃を使用したイギリス軍狙撃兵が2475mの最長狙撃記録を出している。

＊J＝Arctic Warfare Magnum

## TAC-50 A1

**口径**：12.7mm
**全長**：1448mm
**重量**：11800g

マクミラン社が開発・販売するボルトアクション式の対物狙撃銃。50BGM弾（M2重機関銃で使用する12.7×99mm弾）を使用し、銃弾の初速は秒速823m、有効射程は2000mを超える。カナダ軍ではこの銃を改造してC15 LRSWとして運用している。

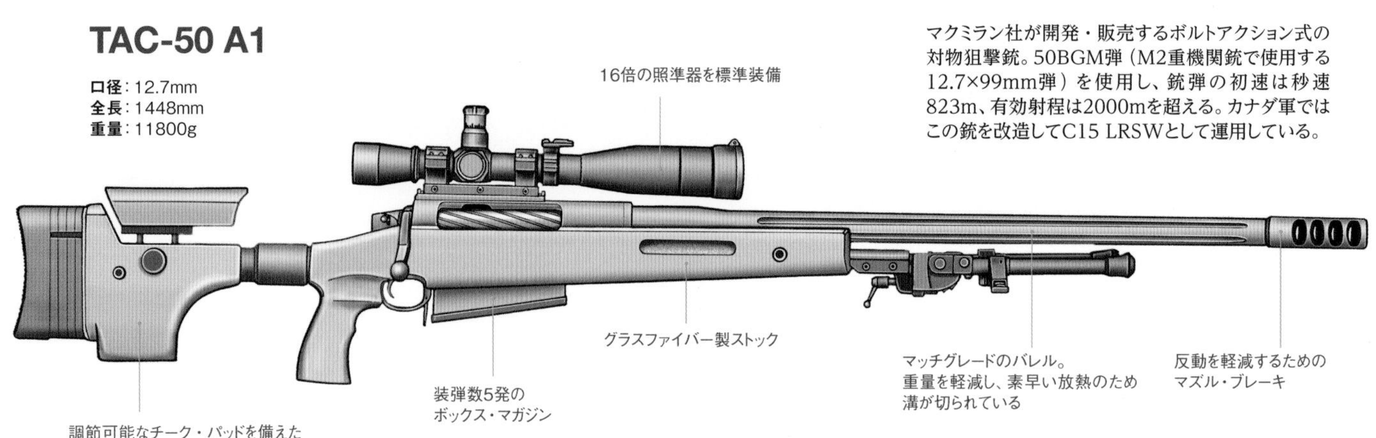

フランスの軍や警察が使用しているボルトアクション式狙撃銃。1966年に採用されたFR-F1（7.5×54mm弾を使用）の後継として、第二次大戦前にフランスのMAS（サン・テティエンヌ造兵廠）が開発したM1936ライフルをベースとして開発された。1984年に制式採用され、現在も使用されている。機関部は基本的にFR-F1と同じだが、7.62×51mm NATO弾仕様に変更。バレルを改良してフリー・フローティングとし、周囲にポリマー製のサーマル・ジャケットを付け、射撃精度を向上させるとともに夜間における射手の被発見率を低くしている。照準器はソプレム昼光スコープ（6×42倍／照準線照明付き）、夜間にはソプレムOB50などの暗視装置を装着できる。FR-F2は現在では選抜射手レベルにも配備されているが、H&K G28への更新が進められている。

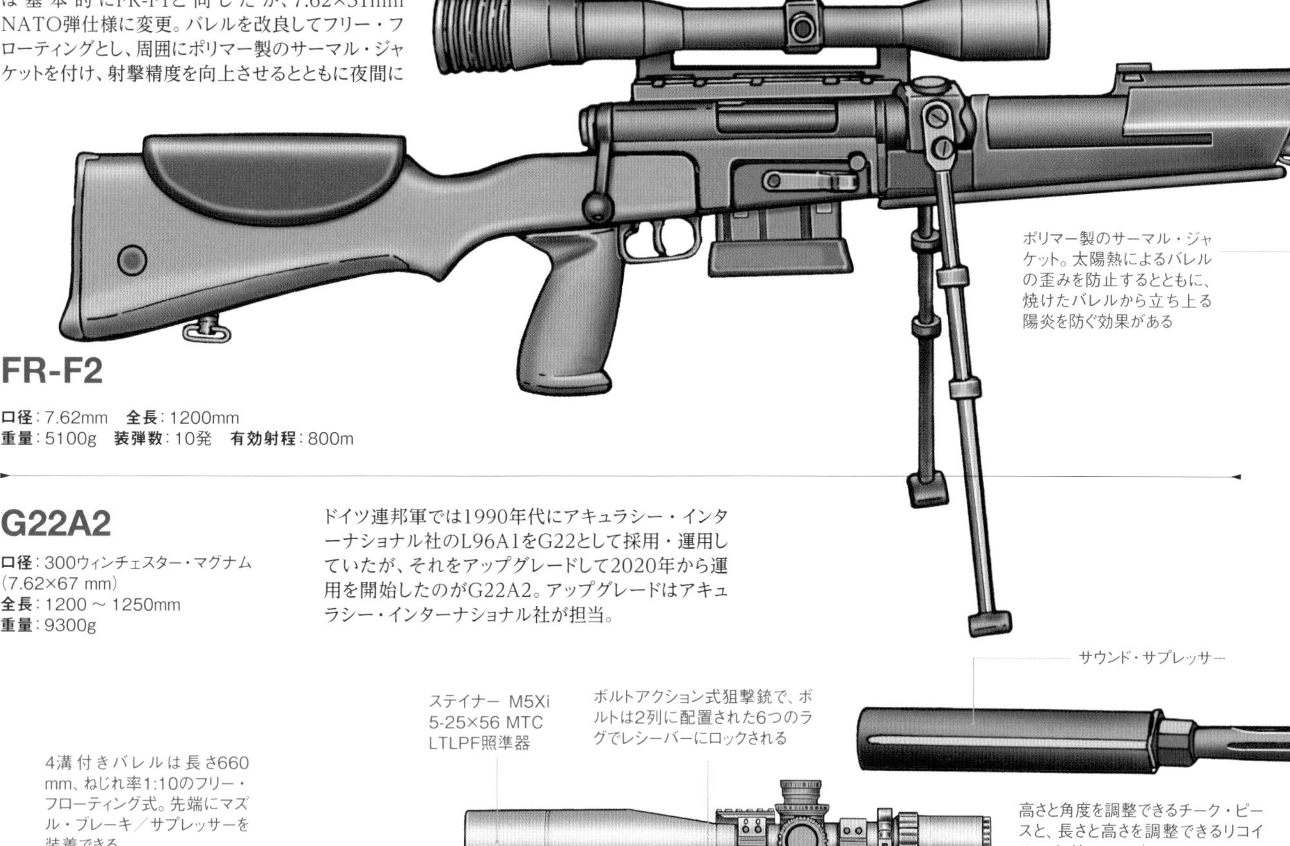
ポリマー製のサーマル・ジャケット。太陽熱によるバレルの歪みを防止するとともに、焼けたバレルから立ち上る陽炎を防ぐ効果がある
サウンド・サプレッサー
ステイナー M5Xi 5-25×56 MTC LTLPF照準器
ボルトアクション式狙撃銃で、ボルトは2列に配置された6つのラグでレシーバーにロックされる
4溝付きバレルは長さ660mm、ねじれ率1:10のフリー・フローティング式。先端にマズル・ブレーキ／サプレッサーを装着できる
高さと角度を調整できるチーク・ピースと、長さと高さを調整できるリコイル・パッド
BT46-LW17 PSR*K アトラス・バイポッド
アクセサリー取り付けレールとキースロット取り付けポイントを持つアルミニウム製ハンド・ガードを備えるAXライフル・システムの新しいシャーシ。短時間で交換可能なバレルは、ボルトでシャーシに固定されている
トリガーの重さを調整可能
モノポッド（単脚）
折りたたみ式ストック
装弾数5発のボックス・マガジン
自立型ピストル・グリップ

## FR-F2

**口径**：7.62mm　**全長**：1200mm
**重量**：5100g　**装弾数**：10発　**有効射程**：800m

## G22A2

**口径**：300ウィンチェスター・マグナム（7.62×67 mm）
**全長**：1200 ～ 1250mm
**重量**：9300g

ドイツ連邦軍では1990年代にアキュラシー・インターナショナル社のL96A1をG22として採用・運用していたが、それをアップグレードして2020年から運用を開始したのがG22A2。アップグレードはアキュラシー・インターナショナル社が担当。

＊K＝Precision Sniper Rifle

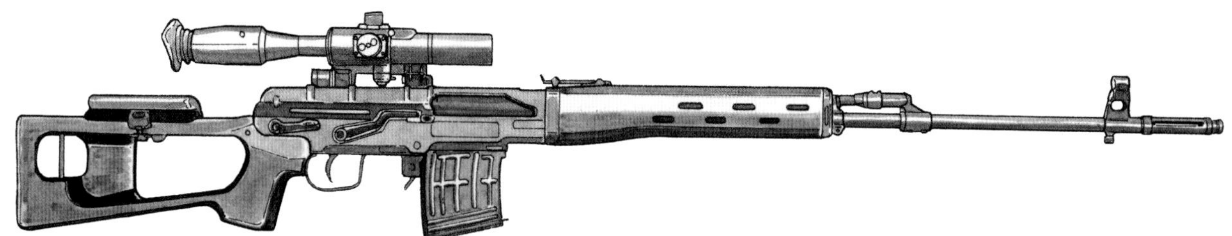

## SVDドラグノフ

**口径**：7.62×54mmR　**全長**：1217mm
**重量**：4400g　**装弾数**：10発

イェフゲニー・F・ドラグノフが設計、1963年にソ連軍が制式採用した狙撃銃。AK-47突撃銃やシモノフSKSカービンをベースに設計されたといわれ、狙撃銃ながら最前線で戦う歩兵が使用するように造られている。セミオートマティック式のため他の狙撃銃に比べて命中精度は落ちるが、手荒な扱いにも耐える頑丈さを持つ。有効射程は戦場においては800m程度とされる。旧ソ連軍では、自動車化ライフル連隊の各小隊にドラグノフを装備した狙撃兵1名が配備され、小隊の前進を妨げる障害を排除する任務を負っていた。現在はハンド・ガードやグリップ、ストックを木製からポリマー製に交換するなど近代化されたドラグノフが使用されている。

## M110 SASS

**口径**：7.62mm
**全長**：1118mm
**重量**：6940g
**装弾数**：10/20発

作動機構はリュングマン方式[*L]。閉鎖機構はロータリー・ボルト式でM16と同じ。薬室は7.62×51mm NATO弾仕様
リューポルド製 Vari-X光学式照準器
バレルはレミントン社製。射撃時の集弾率は0.5MOA（銃と目標が100m離れているとき14.5mmのズレが生じることを示す）
M16とは60%の部品の互換性がある。そのため前線でも銃の整備や部品供給が容易
レシーバー上部やハンド・ガード部分に20mmピカティニー・レールが設置されており、アクセサリー類の装着が可能。フローティング・バレルなのでハンド・ガードはレシーバー前部とのみ結合している
射撃モードはセミオートマティックのみ

ナイツ・アーマメント社が開発したセミオート式狙撃銃SR-25（M16をベースに7.62×51mm NATO弾を使用するようにするように開発された狙撃銃）をアメリカ陸軍はM110 SASS[*M]として採用。2008年からM24 SWSに替わる狙撃銃として配備を始めた。イラク戦争で行われた都市部での狙撃任務（狙撃チームが観測所に配置され、味方の地上部隊の作戦を狙撃により支援する）では交戦距離が短く、複数の敵を瞬時に狙撃しなければならない事例が多かったため、連射速度が速くリロードが簡単なM110 SASSのような銃の方が向いているとされたからだった。しかし、M110SASSはスナイパーたちに歓迎されず、主力狙撃銃M2010を支援する狙撃銃として位置づけられている。また銃の構成部品の耐久性や寿命の短さが指摘されたことから、M110A1（H&K G28E）が開発されている。

*L＝Semi-Automatic Sniper System
*M＝独立したガス・ピストンやシリンダーを持たず、発射ガスを直接ボルト・キャリアに噴きつけて作動させる方式。ダイレクト・インピンジメント（ガス直噴）方式とも呼ぶ。

## マークスマン・ライフル

イギリス陸軍でシャープシューター・ライフル（マークスマン・ライフル）として使用されているL129A1。AR-10をベースにして開発されたセミオートマティック・ライフルで、7.62mm×51 NATO弾を使用する。

歩兵分隊や小隊と行動を共にして、部隊に長距離火力を提供するのが選抜射手（マークスマン、分隊狙撃手とも呼ばれる）だ。800m前後の標的に対して素早く正確な射撃を行えるように訓練されており、スナイパー（射撃や戦術、サバイバル技術など、高度で専門的な訓練を受けている）とは異なる存在である。

その選抜射手が使用する銃がマークスマン・ライフル（DMR[*N]）と呼ばれるセミオートマティック・ライフルである。これはバトル・ライフル（大口径の小銃）やアサルト・ライフルをベースとして、マッチグレードのバレルに換装するなどの改修を行い、射撃精度を高めた狙撃銃である。標準装備としてスコープやバイポッドなどを銃に装着している。スナイパーは特殊な弾薬を使用する場合があるが、選抜射手はほかの歩兵の小銃や機関銃と共通の弾薬を使うことが多い。

イラストはフランス陸軍の歩兵部隊に配属されている選抜射手。手にするのはH&K社のG28狙撃銃で、ⓐシュミットベンダー PM Ⅱ照準器、ⓑQIOPTIQ社製 MERIN-LR暗視装置を取り付けている。G28は7.62×51mm NATO弾を使用するセミオートマティック・ライフルでガス圧作動方式。フリー・フローティング式バレルを採用。ドイツ連邦軍でも運用しており、アメリカ陸軍ではG28の派生型 をM110A1 CSASS、M110A1 SDMRとして採用している。

ⓐ
ⓑ

**口径**：7.62mm
**全長**：965mm/1082mm（ストック伸長時）
**重量**：5800g（本体のみ）
**装弾数**：10/20発
**有効射程**：～600/1000m

*N＝Designated Marksman Rifle

# 照準器と狙撃

## 光学照準器の構造

イラストはライフルの機関部にマウントを介して取り付ける一般的な光学照準器の断面図。レティクル（照準線）は垂直線と水平線による十字線（クロスヘア）式である（ポスト・サイトとも呼ばれる）。このタイプの照準器は上方と中心部がクリアで視界が広いという特長がある。イラストではレティクルが第2焦点にあるが、第1焦点に置かれた照準器もある。

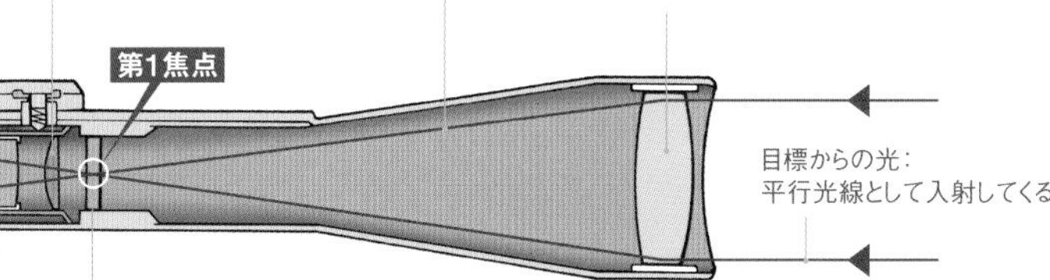

エレクター・チューブ（緑色の部分）：照準器の内部は二重構造となっており、エレクター・チューブの内部にエレクター・レンズとレティクルが置かれている。エレベーション・ターレットとウィンデージ・ターレットを動かすことで、レティクルの上下左右の調整を行う。
エレスター・レンズにより正立像に直された2番目の焦点（第2焦点）が、第2フォーカル・プレーン面に結ばれる。ここに現れた目標の正立像の小さな像にレティクルを合わせている。倍率を上げると拡大された像にレティクルが合わせられる
集光レンズ：第1焦点の像を第2焦点に転送するためのリレー・レンズの役割を果たす
対物レンズにより光は焦点に集められる
対物レンズ：実際には複数のレンズを組み合わせている（直径が大きいほど像が明るくなる）
第1焦点
目標からの光：平行光線として入射してくる
第2焦点
接眼レンズ：2番目の焦点の像を拡大して見ている
エレクター・レンズ：対物レンズが作る像は倒立像になっているので、エレクター・レンズにより正立像に直す。また2枚のエレクター・レンズをエレクター・チューブ内で前進・後退させることで、焦点距離を変化させ倍率を変えられる。
第1フォーカル・プレーンの面上に1番目の焦点（第1焦点）が結ばれるようになっている（第1フォーカル・プレーン面に目標の小さな像ができる）。

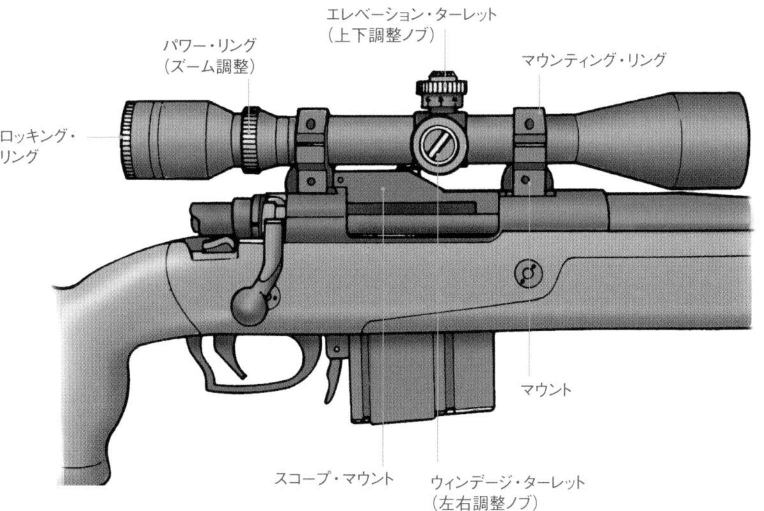

エレベーション・ターレット（上下調整ノブ）
パワー・リング（ズーム調整）
マウンティング・リング
ロッキング・リング
マウント
スコープ・マウント
ウィンデージ・ターレット（左右調整ノブ）

照準器のレティクルと目標を一致させることができるのはわずかな時間だ。息を吐きながらトリガー（引鉄）を徐々に絞っていき、呼吸を止め、レティクルと目標が一致した瞬間にトリガーを引き落とす。呼吸は弾丸が銃口を離れるまで止めておく。

トリガーを引くときは、真っすぐ後ろに静かに引き落とさなければならない。わずかなブレも銃身に影響を及ぼして命中しなくなる。スナイパーが使う狙撃銃のトリガーの重さは1.5kg程度と軽い（一般的な軍用小銃は3kg以上）が、「引く」というよりは「絞る」という感覚だ。射撃ではトリガーのコントロールが一番難しい。

## 強力にして繊細なる狙撃銃

スナイパーの〝眼〟となる照準器は、ズーム機能がついた光学照準器（オプティカル・サイト）（スコープとも呼ぶ）である。倍率は五倍から二五倍程度で、通常は低い倍率で監視し、狙撃時には高倍率にするが、あまり高倍率にすると視野が非常に狭くなって使いにくくなる。

そして照準器は、装着すればそのまま狙撃できるようなものではない。照準線と銃の弾道が一致するように精密な調整が必要であるし、適切な射撃姿勢を取って銃を保持し、照準器を正しく覗かなければ、弾着は必ずズレる。

さらに射程が長くなるほど、風向きや風速、温度や湿度などが弾道に与える影響まで考慮しなければ、命中弾を得ることはできない。

狙撃銃は精密かつデリケートな武器なのだ。

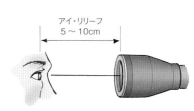

アイ・リリーフ 5～10cm

## 照準器の覗き方

照準器を覗くときには 5～10cm離して、照準器に顔をつけないようにする。照準器は接眼レンズから少し眼を離した状態で覗くと、像が適切に見えるように作られている。この距離をアイ・リリーフという。ちなみに接眼レンズに眼を近づけすぎると射撃時の反動でぶつけて顔にアザができることがある。これを「照準器に嚙みつかれる」という。

SR25Mに取り付けた照準器のサイド・フォーカス・ノブを操作するアメリカ海兵隊のスナイパー。精密射撃を行うような照準器では、レティクルが第2焦点に置かれており、ズーム時にレティクルと対物レンズの焦点距離がずれて、レティクルがはっきり見えても目標がぼやけて見えピントが合わなくなってしまう（パララックス）。それを補正するのがサイド・フォーカス・ノブである。

## 照準器の見え方

光学照準器のレティクルにはさまざまな形状があるが、イラストは十字線のクロスヘア。縦横の照準線にはそれぞれ目盛りが10ずつ振られており、1目盛りは1ミル*Oを示している。たとえば照準器を覗いたとき、イラストのように照準器で捉えた兵士が2ミルに見えたとする。彼の身長が1.8mくらいだとすれば、この兵士までの距離は約900mと、照準器で距離を算出することができる（もっとも戦場のエキスパートであるスナイパーの場合、目視で目標までの距離を測れるように訓練されているが）。なお、ミルと同じように射撃で角度を表す単位にM.O.A（ミニット・オブ・アングル）*Pがある。これは100ヤード（99.11m）先で1インチ（2.54cm）となる角度を1M.O.Aとしており、10m先なら2.8mmとなる。

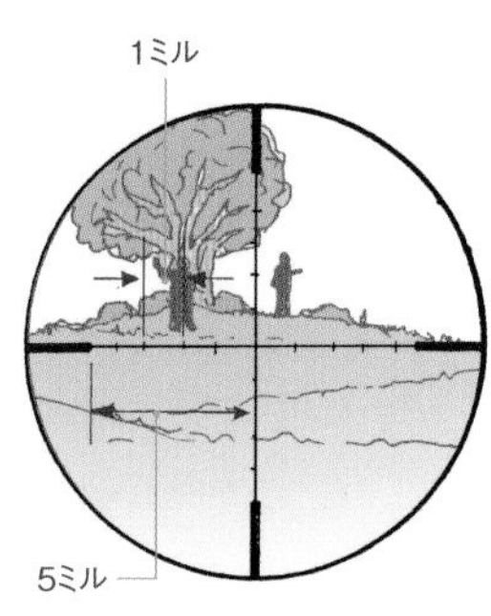


*O＝角度（平面角）の単位で、円周を6400等分した角度が1ミル。1km先で1mの大きさとなる角度が、ほぼ1ミルとなる。
*P＝Minute Of Angle

## 射撃姿勢

狙撃の姿勢はいくつかあるが、300m以上の中距離や500m以上の長距離になると、座射（シッティング）や伏射（プローン）が使われる。左のイラストは膝を立て、その腕に左腕を置いた座射のスタンス。頬をしっかりバットストックにつけ、左手は銃を握った右手を覆うようにストックにあてて、銃を抱えるようにして保持している。
伏射姿勢のとき銃を安定させるため、狙撃銃は二脚を備えたものが多い。また、伏射時に砂袋などに銃を載せて撃つ委託射撃は精密な射撃ができる。

スナイパーは敵に発見されないようにギリー・スーツを着用する。これは戦闘服の前面、大腿部、膝など地面に接する部分をカンバス地で補強し、偽装網に細い短冊状にカットした迷彩色の布を多数はさみ込んである。さらに迷彩効果を高めるため、スナイパー自身が草や小枝などを用いて周囲に溶け込むように調節する。頭から偽装網を被ることも多い。イラストは森林やブッシュに合わせたものだが、砂漠用のギリー・スーツもある。

## 着弾点と影の関係

照準器を真っすぐ覗き、標的と十字線をピタリと一致させなければ、発射した弾丸は命中しない。照準器を真っすぐ覗いているかどうかは、照準器から覗いた光景の周囲の影のでき方でわかる。

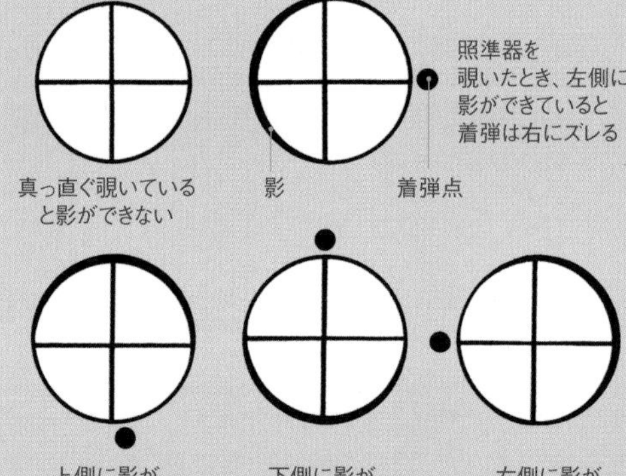

真っ直ぐ覗いていると影ができない
影
着弾点
照準器を覗いたとき、左側に影ができていると着弾は右にズレる
上側に影ができていると着弾は下方にズレる
下側に影ができていると着弾は上方にズレる
右側に影ができていると着弾は左にズレる

## 照準線と目標の関係

照準線を目標にどのように合わせるかにより着弾点が異なってくる。下図は照準線と着弾位置の関係を示したもの。両者の関係を理解していれば、目標のどこに着弾させるかもコントロールできるようになる。

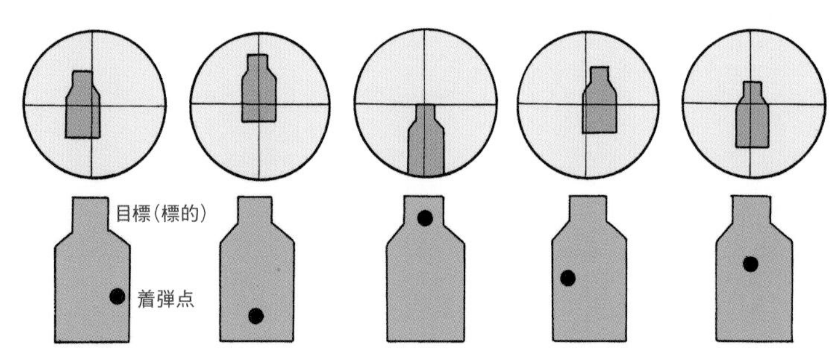


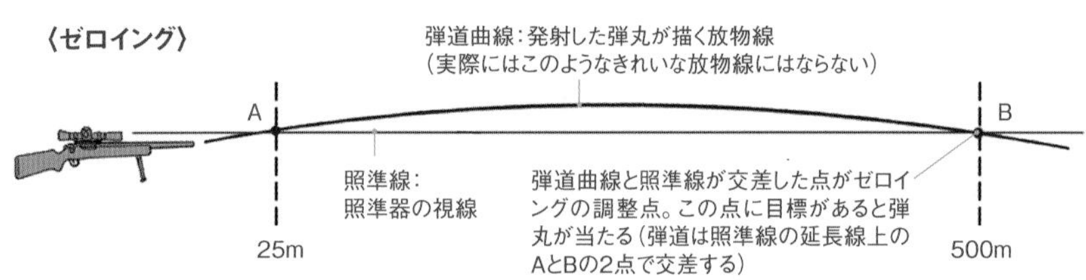


照準器で目標の中心を狙って弾丸を発射したとき、狙った中心に命中するように調整することをゼロイング（零点規正）という。言い換えると、銃の弾道曲線と照準器の照準線がある距離で交差するように調整することである。同じ銃でも使用する弾薬によって弾道曲線は変わるため、その都度調整が必要となる。

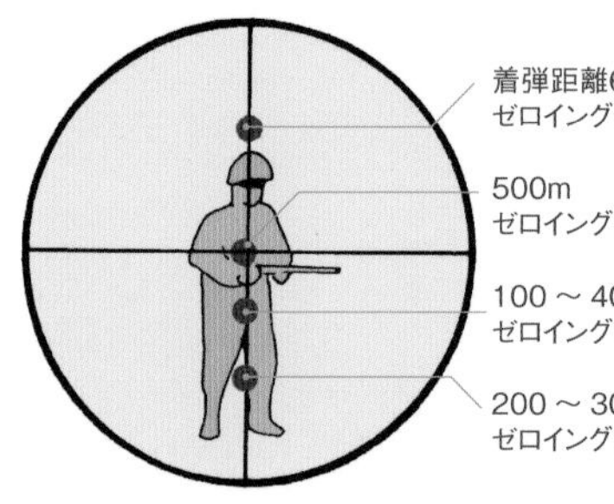


戦闘中に目標までの距離が不明で、狙撃銃が500mでゼロイングされていた場合、とりあえず撃ってみて着弾点から照準を調整する方法がある。照準器のエレベーションやウィンデージを調整せずに、レティクルの中心から目標をズラして撃つのだ。雑なようだが、ハンターやスナイパーが使うホールドオーバー*Qというテクニックである。ただし、弾丸は射距離が延びるほど重力の影響により弾道が大きな弧を描き、また横風の影響もあるため、これらを考慮する必要がある。

*Q＝正確には、撃ち上げることをホールドオーバー、撃ち下ろすことをホールドアンダーという。

*Evolution of Modern Artillery*

# 近現代の火砲

## 陸上戦闘の勝敗を決する「戦場の神」の進化

**火砲の歴史は古いが、その圧倒的な威力と存在感は現在も揺るがない。
火力こそが陸上戦闘の勝敗を決するからだ。近代から現代までの火砲の発達を追う!**

アメリカ陸軍のM777榴弾砲が砲撃した瞬間。牽引式榴弾砲のM777は非常に軽量で、中型汎用ヘリコプターやティルトローター機による吊り下げ空輸が可能。少ない砲員数でも運用できるように工夫され、砲を安定させるために砲耳（ほうじ：砲身の両側面に取り付けられた円筒形の突起で、砲口を上下させる回転軸となる）の位置が低く、全体のシルエットも小さい。アメリカ陸軍と海兵隊、およびカナダ軍などが採用している。

**口径**：155mm　**砲身長**：39口径長（6.045m）
**重量**：4.218t　**全長**：10.7m（射撃時）／9.5m（牽引時）
**最大射程**：30km（通常砲弾）　**発射速度**：5発／分（最大）

### 初期の射石砲（ボンバード）

最初期の火砲で、石の砲弾（キャノンボール）を撃ち出す。運搬用のハンドル（取っ手）がついている。

### 火砲の出現と発達

火砲（大砲）とは、極端にいえば片側の孔を塞いだ金属の筒である。この筒に砲弾とそれを発射する火薬を詰め、火薬に点火してその燃焼ガスの圧力により塞いでいないほうの孔から砲弾を撃ち出すのだ（筒は砲身、塞いだ孔は砲尾、塞いでいない孔は砲口）。

火砲が初めて戦争に使用されたのは十三世紀のイベリア半島においてとされる。一二四七年、カスティーリャ王国軍が当時イスラム勢力の支配下にあったセビリアを包囲したが、この戦いで包囲された守備隊が岩を撃ち出す大砲を使用したという記録がある。この大砲は黒色火薬により石の砲弾を発射する射石砲であった。

## M1897 75mm野砲

フランスのM1897は世界で初めて駐退復座機*Aを備えた近代的野戦砲。口径75mmの軽カノン砲*Bで、弾頭と金属製薬莢が一体化した薬莢分離式の砲弾を使用する。駐退復座機の搭載により従来の火砲より連射速度が飛躍的に向上している。現在の視点から見れば欠点*Cもあるが、当時としては画期的な野砲であった。榴散弾や榴弾のほかにも第一次大戦時にはマスタード・ガスやホスゲン・ガスを充塡した毒ガス弾も使われた。

❶砲身 ❷防盾（ぼうじゅん） ❸揺架（ようか）：上部に砲身を載せるレールが設置され、内部には液気圧式の駐退復座機が収納されている。 ❹閉鎖機：鎖栓式（砲尾の閉鎖を薬莢で行う） ❺発火装置 ❻車輪ブレーキ ❼駐鋤（ちゅうじょ）：シャベルのような形状の設置固定装置。これを地面に食い込ませて射撃の反動を受け止め、砲の後退を防ぐ。 ❽単脚式の脚（きゃく） ❾砲手席（第1砲手） ❿⓫砲操作ハンドル ⓬砲手席 ⓭車輪

**口径**：75mm **砲身長**：2700mm **重量**：1544kg
**発射速度**：15発／分 **有効射程**：8500m（榴弾）／6800m（榴散弾）

*A＝駐退機は砲撃時に砲身のみ後退させて反動を軽減する装置。復座機は砲身を元の位置に戻す装置。これを一体化したものが駐退復座機。
*B＝水平射角や迎角が小さいので直接照準射撃しか行えず、カノン砲に分類される。
*C＝砲架が単脚式で大きな仰角が取れない、左右への砲口調整がほとんどできない、間接照準砲撃ができないなど。

手前に転がっているのは金属製薬莢。

　鉄の砲弾が初めて製造されたのは一三一五年のことで、金属製の砲弾が普及するのは十六世紀に入ってからである。十七世紀には様々な火砲が生産できるまでに技術レベルも向上し、火砲の威力も増大している。また一八三〇年代後半から始まった砲内および砲外の弾道学の研究は、火砲の性能を大きく底上げすることになった。

　近代までの火砲（銃も含む）の歴史において画期的だったこととして、まず砲尾から砲弾を装填する後装砲（ブリーチローダー）の登場がある。火砲は長い間、砲尾が完全に塞がれ、砲口から砲弾を装填する前装砲（マズルローダー）（先込め式）であったが、一八七〇年代には開閉式の閉鎖機（尾栓）を持つ後装砲（元込め式）が主流となった。

　もうひとつが、発射薬と弾頭を一体化した薬莢[2]式の弾薬の採用だ。特に金属製薬莢の弾薬と後装砲の組み合わせは迅速な装填を可能とし、火砲の発射速度を大幅に向上させることになった。そして発射薬が黒色火薬から無煙火薬[3]に移行したことで、現在の火砲へと至ることになる。

### 火砲という兵器の構造

　火砲の原理自体は単純であるが、兵器としての火砲は複雑な構造を持つ。

　砲身の内側には、撃ち出される砲弾に回転を与えて弾道を安定させる腔綫[4]（ライフリング）と呼ばれる螺旋状の溝が切られており、砲身は強靭化のため二重三重になっている（層成砲身[5]）。また砲尾の閉鎖機も装填や排莢にかかる時間を短縮し、より効果的に発射薬が燃焼するように工夫が凝らされている。さらに砲身を載せる砲架が必要であるし、砲身を左右に動かす方向装置、砲身の上下の角度を調整する俯仰装置がなければならない。そして砲弾を撃ち出した際に生じる反動は、砲全体を後退させようとする力として働くため、反動を吸収・緩衝して砲を安定した状態に保たねばならない。これを可能とした駐退復座機は、近代以降の火砲に必須である。

　思いつくまま挙げただけでも、いくつもの装置や機構を組み合わせて火砲という兵器は構成されている。火砲がこのように複雑な構造である理由は、より威力のある砲弾をより遠方に飛ばし、高い命中率を得るためだ。

　こうした砲の俯仰装置や駐退復座機などを備えた近代的な火砲の嚆矢となったのが、フランスの七五ミリM1897である。この砲はのちに開発された各国の火砲に多大な影響を与えた。

### 野戦砲の主力・榴弾砲

　火砲には様々な種類があるが、基本

# 火砲の種類と特徴

イラストは砲兵が運用する[*D]火砲の特徴と運用法（火砲が全盛だった第二次世界大戦当時の能力を表した）。

### 高射砲

主な目標は航空機。目標の近くで時限信管や近接信管により榴弾を爆発させ、破片により航空機を破壊・撃墜する。

### カノン砲

砲弾が低伸弾道[*E]を描き、射距離が長い。高初速（運動エネルギーが大きい）で砲弾を発射できるので、堅固な建物、装甲を施した車両や艦艇（移動する装甲車両や艦艇を含めて）などの攻撃に適している。

### 榴弾砲

カノン砲に比べて射距離は短いが重い砲弾を発射できるので、榴弾や榴散弾など使用できる弾種が多い。着発信管や時限信管により爆発による破片の散布界のパターンを変えるなど多様な射撃ができる。散開した兵や車両などを捕捉でき、面の制圧が可能。また間接照準射撃により曲射弾道[*F]で目視できない敵を攻撃できる。

### 迫撃砲

歩兵部隊が運用する砲で、湾曲の大きな曲射弾道を描き、砲弾が急角度で落下する。そのため塹壕や隠蔽物に隠れた敵の攻撃に適している。間接照準射撃により目視できない敵を攻撃できる。

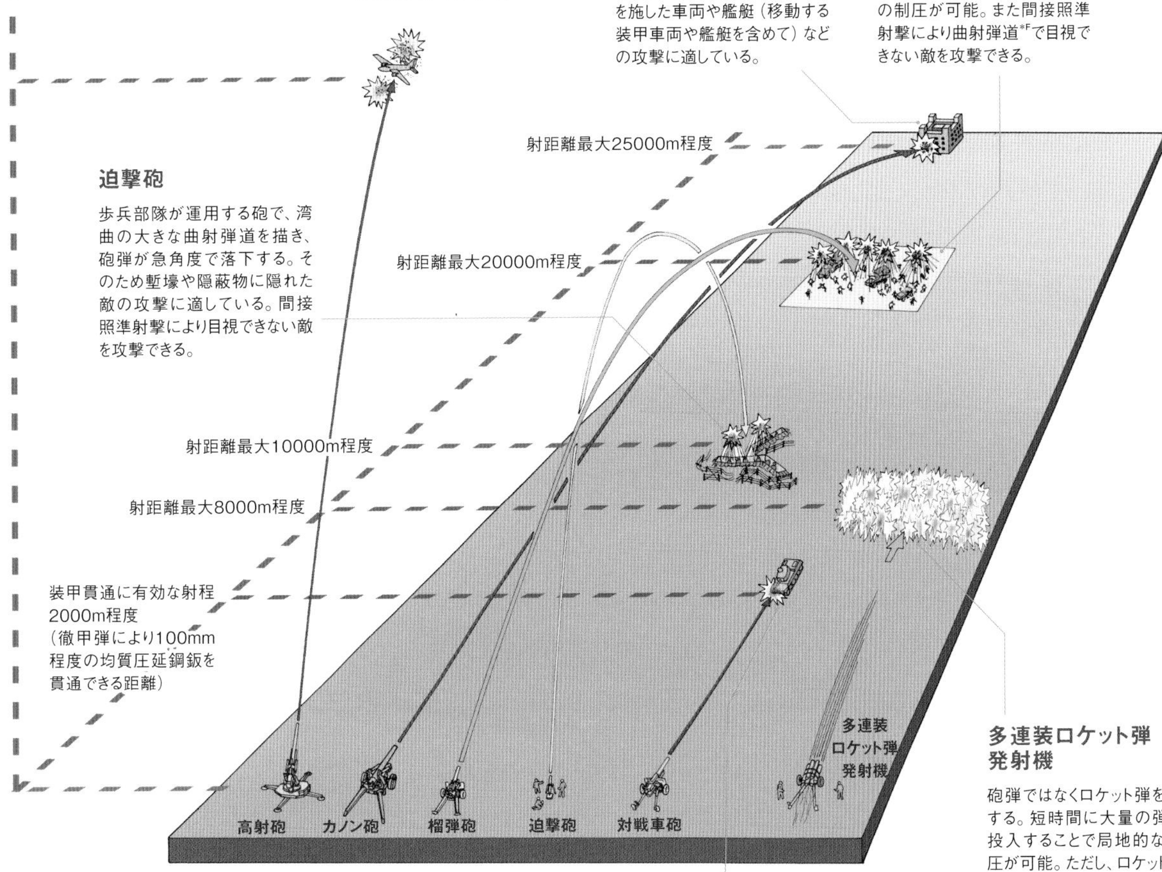


### 多連装ロケット弾発射機

砲弾ではなくロケット弾を発射する。短時間に大量の弾量を投入することで局地的な面制圧が可能。ただし、ロケット弾は風などの影響を受けやすく命中精度が低いので、同時に多数を発射しなければ効果がない。発射時の閃光・炎・煙がすさまじいので、発射後は直ちに移動する必要がある。

### 対戦車砲

目標を視認して直接照準射撃を行うので、砲弾は低伸弾道を描く。砲兵が扱うような対戦車砲の多くは徹甲弾（様々な種類がある）を長砲身から高速で発射し、運動エネルギーで戦車の装甲を貫通・破壊するもの。

*D＝イラスト以外にも臼砲、攻城砲、山砲、海岸砲などの火砲があった。
*E＝直線にちかい弾道のこと（平射弾道）。
*F＝砲に角度をつけて発射される砲弾の弾道。

的には[*6]カノン砲、[*7]榴弾砲、[*8]迫撃砲に大別できる。これらのうち、野戦砲（野外戦闘で使用される機動性を持った火砲）の主力といえるのが榴弾砲である。地域目標の制圧、陣地攻撃、味方への火力支援など多様な目的に使えるためだ。なお、第二次大戦期までは、榴弾砲は射程の長短と弾道の特性において、長射程・低進弾道のカノン砲と区別されたが、現代では榴弾砲の射程が伸びたこと、使用できる弾種の豊富さなどから区別がなくなり、榴弾砲が主流となっている。

　火砲は陸上戦闘の初期段階に投入され、その勝敗を大きく左右する兵器のひとつである。野戦砲兵が使用するような火砲は一〇～三〇キロメートルという射程を持ち、直接目視できない敵

（一〇〇頁に続く）

*1＝後装砲自体は15世紀頃には出現していたが、砲尾を密封する閉鎖機構が技術的に不完全で信頼性が低かったため、前装砲が使われ続けた。後装砲が主流となったのは工業力が高まって工作精度が向上した近代になってからである。　*2＝すべての砲弾が薬莢式になったわけではなく、戦艦の主砲など大口径砲には薬嚢式が向いている。　*3＝無煙火薬は同量の黒色火薬の約3倍のエネルギーを持つ。なお、黒色火薬に比べて煙が少ないだけで、無煙火薬も燃焼すれば白煙が発生する。　*4＝「腔綫」は当用漢字になかったため、自衛隊では「腔線」と表記される。またライフリングを施した銃砲を施条（しじょう）銃（砲）と呼ぶ。その形状から「旋条（せんじょう）」という表記が使われることもある。ちなみにライフリングを持たない銃砲は滑腔（かっこう）銃（砲）と呼ばれる。　*5＝砲身の外側に砲身の外径よりもわずかに内径の細い外筒を熱で膨張させてはめ込んだ構造の砲身。外筒は冷えると収縮して内側の砲身を締めつけて強度が増す。また、砲身に鋼線を巻きつけてから外筒をはめ込む方法（鋼線法）もある。　*6＝cannon　日本では「加農」の文字が当てられた。　*7＝howitzer　榴弾砲の「榴」は植物の柘榴（ザクロ）のこと。爆発して無数の破片が飛び散る砲弾をザクロの果実に見立てた。　*8＝mortar　英語では迫撃砲も臼砲（砲身が短い曲射砲）もmortarと呼ぶ。

## カノン砲と榴弾砲

カノン砲は砲身が長く、そのぶん命中精度が高い。弾道は低伸して射程が長い。砲弾を高速で撃ち出して高い運動エネルギーを与えるため、砲弾は炸薬(爆薬)より装薬(発射薬)の比重が高くなっている。榴弾砲は曲射弾道を取り、カノン砲に比べて射程も短く、砲弾を低速で撃ち出すため砲身の厚さも薄く軽くできる。このため砲弾も装薬を減らして炸薬を多くできる(爆発の威力を高められる)。榴弾砲は地形や射撃目標に応じた砲弾を選択できるので汎用性が高い。榴弾砲の砲弾でポピュラーなのが榴散弾と榴弾*Gである。

*G=カノン砲も榴弾や破甲榴弾などを使うため、カノン砲と榴弾砲は使用する砲弾の違いによる区別ではない。

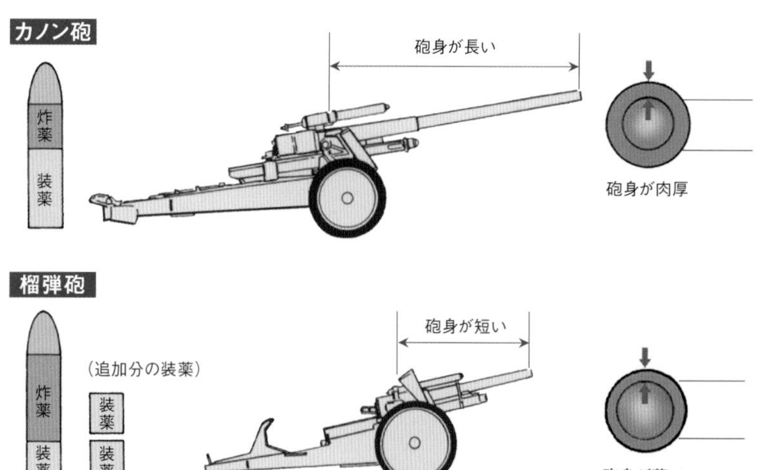


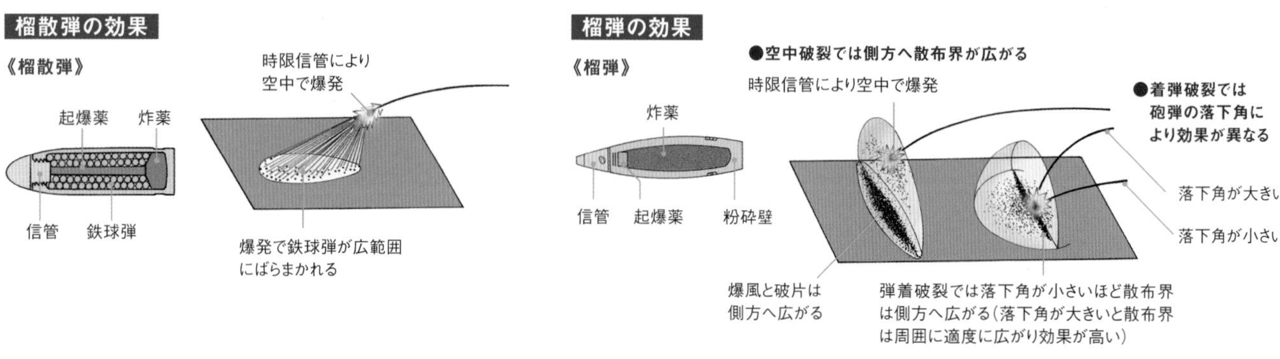


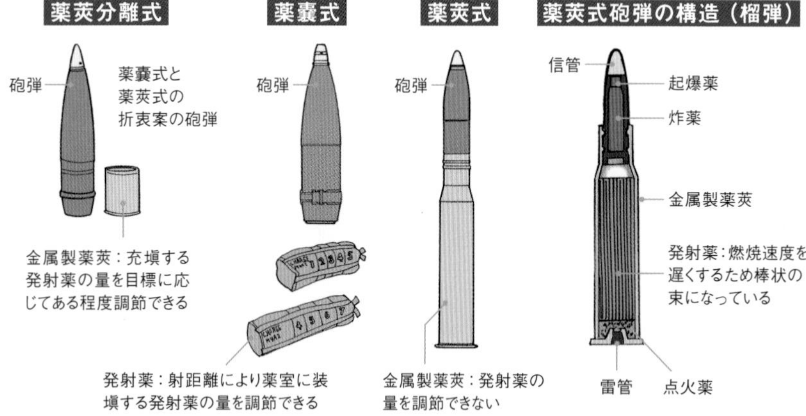


## 弾薬の構造

弾薬には薬莢(やっきょう)式と薬嚢(やくのう)式*Hがある。薬莢式は発射薬を充填した金属製容器と砲弾が一体化されており、発射薬を燃焼させる点火薬や雷管も組み込まれている。金属製薬莢は砲尾を密封することで発生した燃焼ガスが漏れて砲が破損したり砲手が死傷したりすることを防げる。そのため閉鎖機も鎖栓式のように簡単な構造で済む。一方、薬莢に充填できる発射薬の量が決まってしまうので、発射薬を布製の袋に収納する薬嚢式のように飛距離によって発射薬の量を調節できない。

*H=薬莢式の砲弾を使う砲を「莢砲(きょうほう)」、薬嚢式の砲弾を使う砲を「嚢砲(のうほう)」と呼ぶ。一般に莢砲と嚢砲の分岐点は口径125mmくらいで、これ以下の砲は薬莢式が適している。

## 迫撃砲――歩兵部隊が装備する直協支援火器

歩兵部隊が装備する迫撃砲は、単純な構造で搬送や操作が簡便に行えるように造られている。砲腔内に高圧をかけなくても発射できるため、砲弾は装薬を少なく炸薬を多くしており破壊力は大きい。間接照準により射角45度以上で発射され、砲弾は湾曲率の大きい曲射弾道を描く。砲兵が扱う火砲のような長射程と正確さはないが、歩兵の直協支援火器として軽迫撃砲(口径60mm以下)、中迫撃砲(口径60～81mm程度)、重迫撃砲(口径100mm以上。120mmクラスが主流)が運用されている。

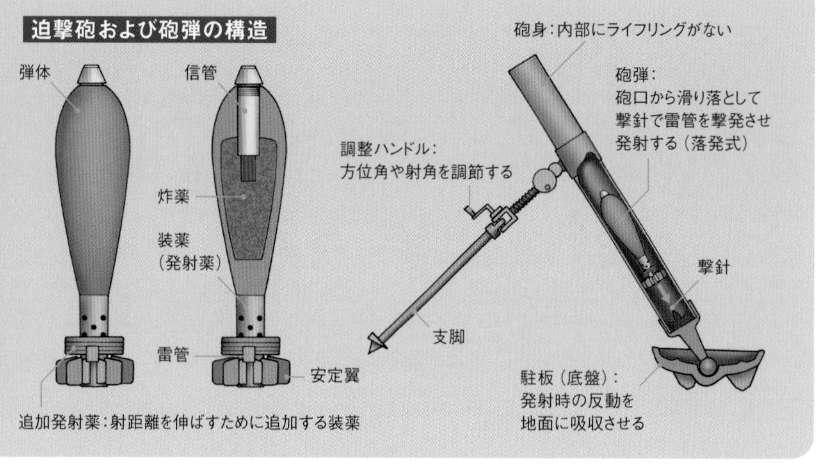

## 火砲の構造

火砲の砲身は、その材料が耐えうる最大圧力以内で砲内圧力が最大になるように設計されている。また砲身内部で最も高い燃焼圧力がかかるのが薬室後端部で、この力を砲尾圧という。実際に砲身を後座させるのは砲尾圧である。

下のイラストは砲弾発射時の火砲の動きを示している。砲弾を撃ち出すための燃焼圧力の反作用として、火砲全体を後退させようとする力が働く。その力を揺架上で砲身を後退させて緩衝・吸収するのが駐退機、後退した砲身を元の位置へ戻すのが復座機である。通常、両者は一体化されて駐退復座機と呼ばれる。この装置により、砲弾を発射しても火砲は設置位置から動くことなく、再照準を行う必要がない（射撃速度が劇的に向上する）。さらに火砲に装着した照準器などの機器を衝撃から保護する効果もある。

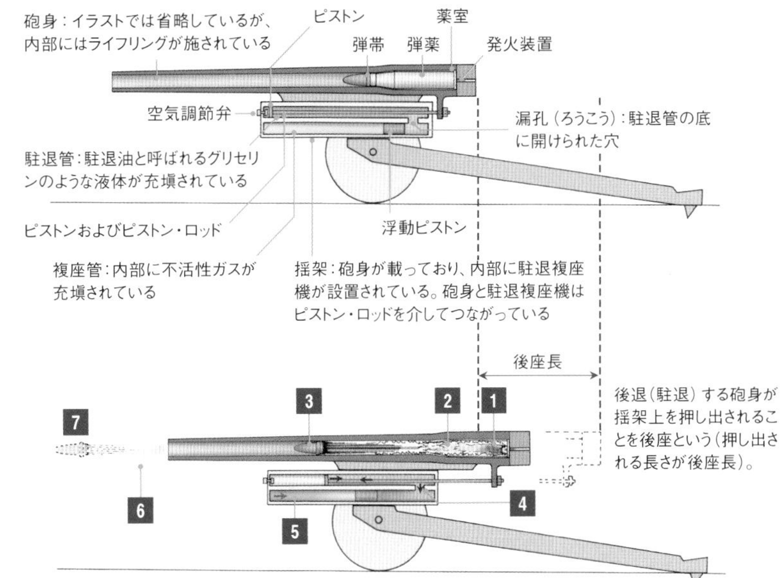


**1** 発火装置が砲弾の雷管を叩いて点火薬を発火。点火薬は発射薬を燃焼させる。発射薬の燃焼ガスの圧力で砲弾が砲身内を前方に動き出すと、その反作用により砲身が後座を開始する。 **2** 発射薬はゆっくり燃焼し、砲弾を前進させる圧力もゆっくり上昇する（ゆっくりといっても、その燃焼速度は100mm/s*I以上で、燃焼圧力は100～1000MPa*Jになる。 **3** 砲弾の弾帯がライフリングに食い込んで、前進する弾丸を回転させる。 **4** 砲身の後退とともに、砲身に連結されたピストン・ロッドも後退。駐退管に充填された駐退油はピストンに圧されて漏孔より複座管の中に流れ込み、浮動ピストンを押して複座管に充填された不活性ガスを圧縮する。この時の駐退油の流動抵抗が後退する砲身の勢いを緩衝する。 **5** 砲身の後退が停止すると、浮動ピストンにより圧縮され続けていた不活性ガスは空気バネとして働く。浮動ピストンを押し返して漏孔を通って駐退油を駐退管の中に押し戻す。この時の流動抵抗がピストンを元の位置に押し戻すとともに、砲身を復座（発射前の位置に戻す）させる。 **6** 砲弾が砲口から飛び出すと、砲内の高圧ガスが大気中に放出され、爆風衝撃が発生する。これにより砲弾は加速され最大速度になる。一方、このガスの流れは砲弾の姿勢などに影響を与えて命中精度を低下させる。 **7** 砲弾は衝撃波と伴流（はんりゅう）を引きながら大気中を飛翔する。

*I=速度の単位（ミリメートル毎秒）。 *J=圧力の単位（メガパスカル）。100MPa≒1000気圧（人間が大気から受けている圧力は約1気圧）。

## 砲身の構造

### 口径と砲身長

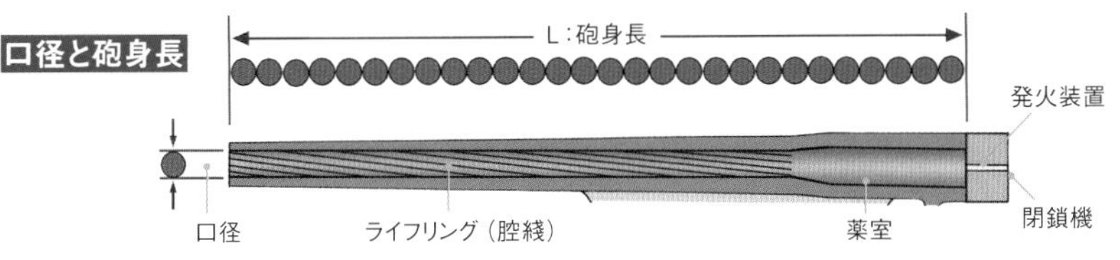


火砲における砲身長とは砲口から薬室の後端までの長さをいう。砲身長は口径（砲弾直径）の倍数値でも表せ、その場合は口径長と呼ばれ、「L/」に口径長の数字を付けて表す。イラストの砲は砲身長が口径の28倍で、口径長はL/28である。

### ライフリング

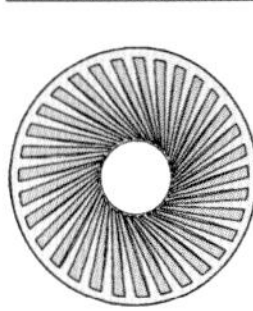

砲身内部に刻まれた螺旋状の溝。砲弾は砲身内を通過する際にライフリングにより回転を与えられ、砲口を飛び出した後はジャイロ効果により弾道が安定する。なお、火砲に施されるライフリングは国により異なる。たとえば第二次大戦時には、連合軍の砲は砲尾から砲口までが同じねじれ度になっているが、ドイツ軍の砲は砲口に近づくにつれてねじれ度が大きくなるようになっていた。

## 火砲の各部名称（M1 155mm榴弾砲）

第一次大戦中に開発されたフランス製のシュナイダー M1917C 155mm榴弾砲の後期型として、M1榴弾砲は1938年にアメリカで開発され、1942年から部隊配備されて歩兵師団の支援砲兵大隊（12門装備）の装備として使用された。信頼性が高く、戦後は近代化改修されてM114となって、日本を始めとする自由主義国に大量に供給された。

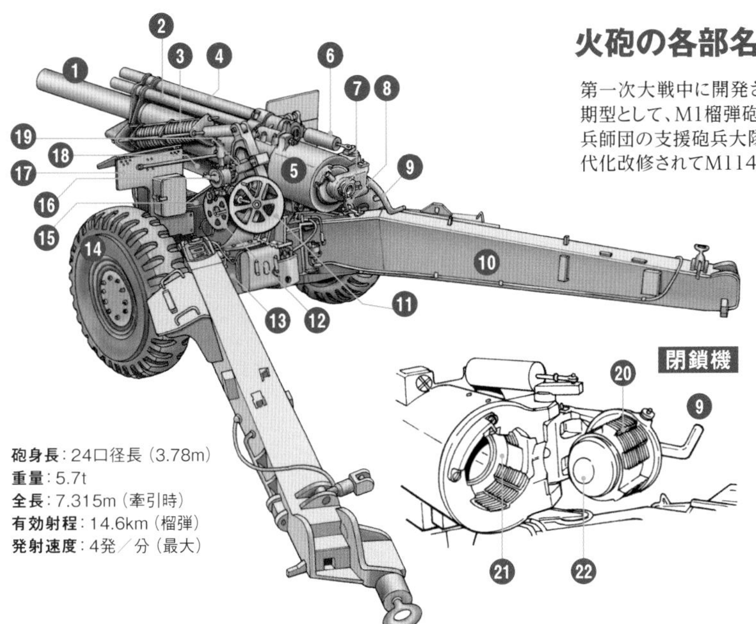

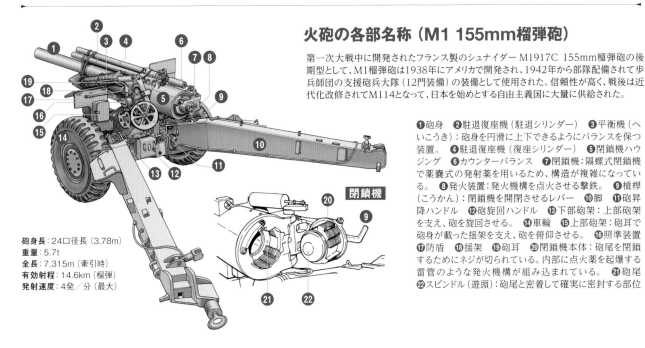

**砲身長**：24口径長（3.78m）
**重量**：5.7t
**全長**：7.315m（牽引時）
**有効射程**：14.6km（榴弾）
**発射速度**：4発／分（最大）

❶砲身 ❷駐退復座機（駐退シリンダー） ❸平衡機（へいこうき）：砲身を円滑に上下できるようにバランスを保つ装置。 ❹駐退復座機（復座シリンダー） ❺閉鎖機ハウジング ❻カウンターバランス ❼閉鎖機：隔螺式閉鎖機で薬嚢式の発射薬を用いるため、構造が複雑になっている。 ❽発火装置：発火機構を点火させる撃鉄。 ❾槓桿（こうかん）：閉鎖機を開閉させるレバー ❿脚 ⓫砲昇降ハンドル ⓬砲旋回ハンドル ⓭下部砲架：上部砲架を支え、砲を旋回させる。 ⓮車輪 ⓯上部砲架：砲耳で砲身が載った揺架を支え、砲を俯仰させる。 ⓰照準装置 ⓱防盾 ⓲揺架 ⓳砲耳 ⓴閉鎖機本体：砲尾を閉鎖するためにネジが切られている。内部に点火薬を起爆する雷管のような発火機構が組み込まれている。 ㉑砲尾 ㉒スピンドル（遊頭）：砲尾と密着して確実に密封する部位

## 間接照準射撃

火砲から直接目視できない敵を攻撃する射撃法で、砲弾が曲射弾道を描く榴弾砲で多用される。間接照準射撃は地形を利用して山や丘の背後などから射角を大きく取って射撃する方法で、敵に射撃位置を特定されにくく攻撃を受けにくい利点がある。イラストは射撃陣地（基準砲）から目標も観測所も目視できない場合の間接照準射撃を示す（イラストの見方は左頁の解説を参照）。

無線を使って砲撃目標の情報を報告するアメリカ軍の指揮・観測班。第二次大戦当時から無線機が多用されている。

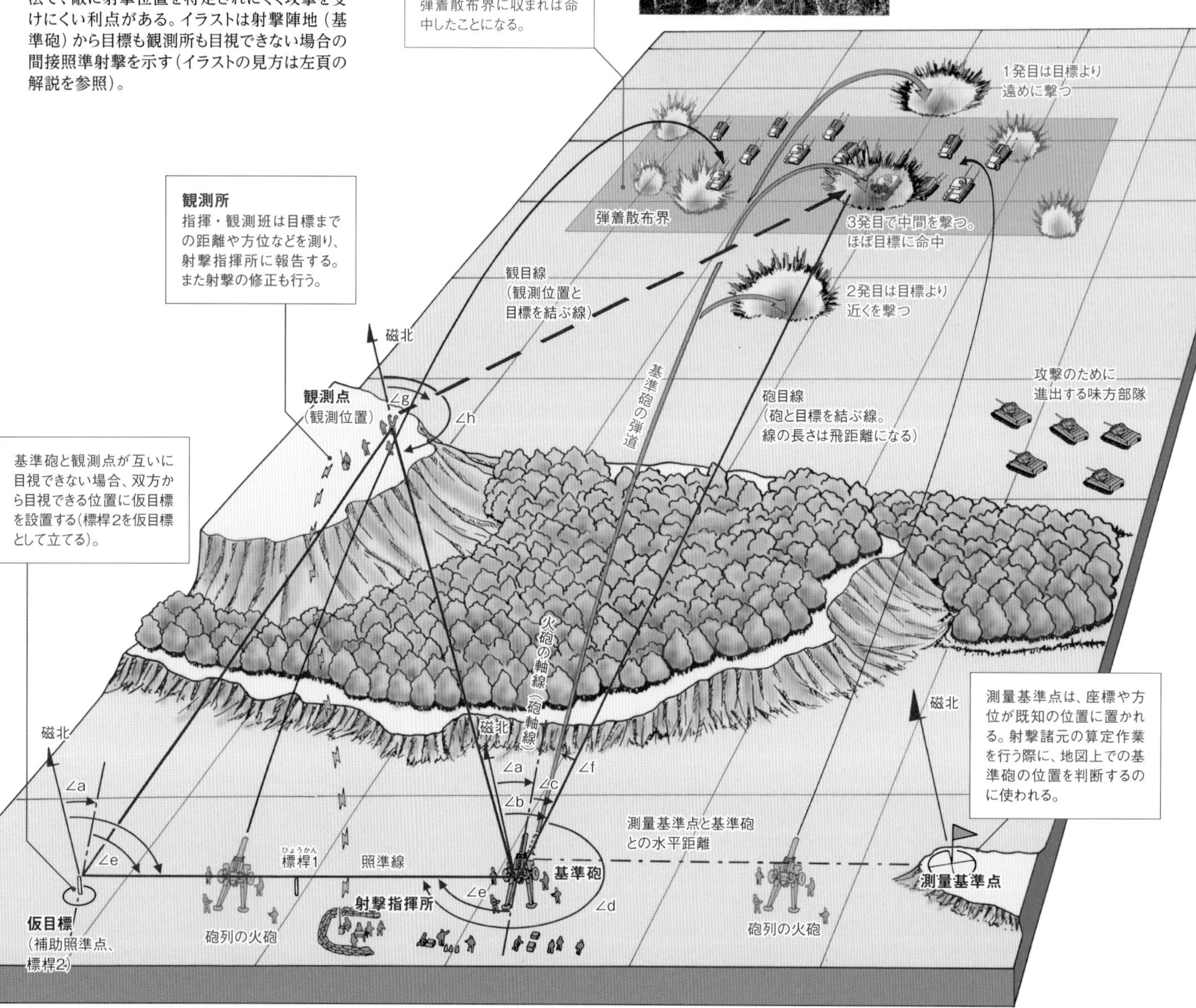

3発目が命中したところで、基準砲の左右に横1列に並べた砲列の火砲は、基準砲と同一目標に一斉に射撃を開始する。榴弾砲では、撃った砲弾の1/4が弾着散布界に収まれば命中したことになる。
1発目は目標より遠めに撃つ
弾着散布界
3発目で中間を撃つ。ほぼ目標に命中
2発目は目標より近くを撃つ
観測所
指揮・観測班は目標までの距離や方位などを測り、射撃指揮所に報告する。また射撃の修正も行う。
観目線（観測位置と目標を結ぶ線）
磁北
観測点（観測位置）
∠g
∠h
基準砲の弾道
砲目線（砲と目標を結ぶ線。線の長さは飛距離になる）
攻撃のために進出する味方部隊
基準砲と観測点が互いに目視できない場合、双方から目視できる位置に仮目標を設置する（標桿2を仮目標として立てる）。
火砲の軸線（砲軸線）
磁北
∠a
∠f
∠c
∠b
測量基準点は、座標や方位が既知の位置に置かれる。射撃諸元の算定作業を行う際に、地図上での基準砲の位置を判断するのに使われる。
磁北
測量基準点と基準砲との水平距離
磁北
∠a
∠e
標桿1
照準線
基準砲
∠e
∠d
射撃指揮所
測量基準点
仮目標（補助照準点、標桿2）
砲列の火砲
砲列の火砲

●赤線および赤字は、基準砲の発射する砲弾を目標に命中させるために砲に与える諸元データおよびそれを算出するための要素を示す。∠a：砲軸線の方位角（磁北と砲軸線のなす角）、∠b：射撃方位角（磁北と砲目（ほうもく）線のなす角。射撃のために火砲に与える角）、∠c：旋回角（砲軸線と砲目線のなす角）、∠d：方位角（砲目線と照準線のなす角）、∠e（砲軸線と照準線のなす角）、∠f：俯迎角（射角）、∠g：磁北と観目線のなす角、∠h：基準砲と観測位置を結ぶ線と磁北のなす角。∠fを除いてそれぞれの角は水平角。各角度は磁北と砲軸線を基準としている。また照準線は基準砲と仮目標を結ぶ線で、基準砲の照準器と2本の標桿（エイミング・ポスト）で基線となる直線を設定する。
●青字部分は実際の射撃法および射撃の評価法を示す。
●緑字部分はその他の説明および名称を示す。

も間接射撃で攻撃できる。また敵の火砲より射程が長ければ、一方的に敵を攻撃できることになる。この状態を「アウトレンジ」という。

こうしたことから、野戦は大概の場合、火砲による砲撃から始まる。戦闘の初期段階においては、敵兵力の滅殺を狙って徹底的に火砲で相手を叩き、その後、他の地上部隊が残った敵を攻撃するという戦術が採られてきた。つまり野戦砲兵の任務は、味方の歩兵部隊や機甲部隊の作戦を支援し、敵にできるだけ大きな打撃を与えることである。

もっとも、遠距離からの攻撃が可能という点で忘れてはならないのが航空兵力であるが、今回は主旨から外れるので触れない

火砲は野戦だけでなく、市街戦においても有効だ。都市を攻撃・占領しよ

## 解説 火砲の発射準備から命中弾を得るまで

砲兵が間接照準射撃で目標を攻撃するためには様々な作業が必要になる。たとえばある砲兵部隊が、前進する味方部隊を火力支援するように射撃命令を受けたとする（右頁のイラスト）。部隊は目標への射撃に適した位置へ移動、射撃陣地を構築して射撃準備に入るが、砲側での作業の他に、測量と射撃諸元*Kの計算が必要であり、計算にはかなりの時間を要した。さらに、実際に射撃を行うまでに以下のような作業が必要になる。

1 移動とともに指揮・観測要員を先発させて、目標を目視できる場所に観測所を設置する。観測所は間接照準射撃を行う砲兵部隊の「眼」となる。射撃陣地からは目標を目視することができないためである。

2 観測所の任務は、射撃する目標の位置座標を決定するために測量を行い、着弾位置を把握して砲の照準を修正させ、目標に砲弾を命中させることである。通常、観測所は複数設置される。また前進する味方部隊を直接支援する場合は、指揮・観測要員は前進する部隊に同行することもある。

3 射撃指揮所では観測所からの測量データや測量基準点の位置座標などを基にして、地図上で作図を行い、砲撃目標（目標の座標）と砲列中心（基準砲の座標）間の射距離（砲目線の長さ）と射撃方位角、両者の標高差から高低角などを求める（右頁のイラストの赤線や赤字の部分）。

4 次に、求められた射距離と高低角から、発射する砲弾に適した発射薬の量を決定する。この時、砲弾の飛翔は気象や物理的な状況によって変化するため、これらの数値に基準砲の射撃諸元に基づいて修正を加える。部隊は複数の火砲を装備しているので、そのうちの1つを基準砲として作業を行う。

5 さらに砲撃する目標の規模や状況を考慮して、発射する砲弾の種類、砲弾数、射撃時間などを決定すると、算定作業がいちおう終了となる（現代ではこうした計算は射撃指揮用コンピュータにより短時間で終えられる）。

6 修正を加えた諸元データに合わせて基準砲をセットする。射撃は複数の火砲で行うため、砲列の火砲は基準砲の諸元データを基にして個々の設定（部隊の基準砲を各々の火砲の照準器で覗いて照準をつける）を行う。

7 いよいよ砲弾を発射する。しかし、実際の射撃では計算通りになることはほぼなく、たいてい初弾は命中しない。砲弾がどのように飛翔し、着弾するかは、撃ってみなければわからない。そこで3発程度の試射を行って観測所で着弾状況を観測し、砲の射向や射角に修正を加える作業が必要になる（右頁のイラストの青字部分）。

なお、野砲の砲撃は大別してバレージ（弾幕射撃）とコンセントレーション（集中射撃）がある。前者は前進する味方の前方に砲弾で幕を張るように着弾・爆発させて援護する射撃で、敵の移動の阻止にも使われる。後者は特定の目標を攻撃・撃破するための高密度の射撃をいう。

*K＝火砲の初速（弾種や発射薬ごとに異なる）、射距離に対する俯迎角、砲弾の飛翔距離、落下角、偏流、補助高低角、さらに発射する砲弾、発射薬、砲弾に装着する信管など、それぞれの状況に応じた場合の弾道データを砲の照準状態を基準としてあらかじめ計算したもの。発射した砲弾は重力の作用で湾曲した飛翔コースを描いて飛び、風の影響や砲弾自体の回転により横に流れる（偏流）など、様々な動きをする。さらに気温や湿度は装薬の燃焼速度に影響を与え、砲弾は十分な発射速度を与えられないと必要な飛翔距離が得られない。また部隊が装備する砲の状態も弾道に影響を及ぼす。こうした様々な因子から、実際の射撃では射撃諸元に修正を加えて、先に挙げた射角などの数値を決定する。

M114 155mm榴弾砲を撃つアメリカ軍兵士。

うする側にとっては、歩兵や戦闘車両の攻撃の支援に使える。防御する側は攻撃してくる敵を叩くことに使用できる。しかし、敵味方が入り乱れての戦闘となった場合は、射程の長さを活かしたアウトレンジ攻撃よりも、砲撃の精度が重要になってくる。

### 野戦砲の長射程化と砲弾の進化

射程が長いほど敵をアウトレンジで攻撃できるため、野戦砲は長いあいだ射程を延伸することに注力されてきた。

火砲の射程を伸ばす手段のひとつとして、砲弾の初速*9を上げる方法がある。口径（砲身の内径＝砲弾の直径）が同じでも、砲身長が長くなれば砲弾に与えられるエネルギーが増すので、発射時の初速度が上がって砲弾も遠くへ飛ぶことになる。

例えば同じ一五五ミリ砲でも、三九口径長と四五口径長がある。口径長とは砲身の長さを口径の倍数で表したもの（99頁中段参照）なので、三九口径長は一五五ミリ×三九で六〇四五ミリ（六・〇四五メートル）、四五口径長は一五五ミリ×四五で六九七五ミリ（六・九七五メートル）となり、砲身の長さは後者のほうが一メートルちかく長くなる。

口径長（砲身長）が長ければ、ゆっ

*9＝砲弾（銃弾）が砲口（銃口）を飛び出る時の速度。

GPS衛星

# M777 155mm榴弾砲と M982誘導砲弾による砲撃

イラストはアメリカ軍のM777榴弾砲による誘導砲弾の発射方法を示したもの。ベースブリードによる射程の延伸とGPS誘導により、40km先の目標にも命中させられる。

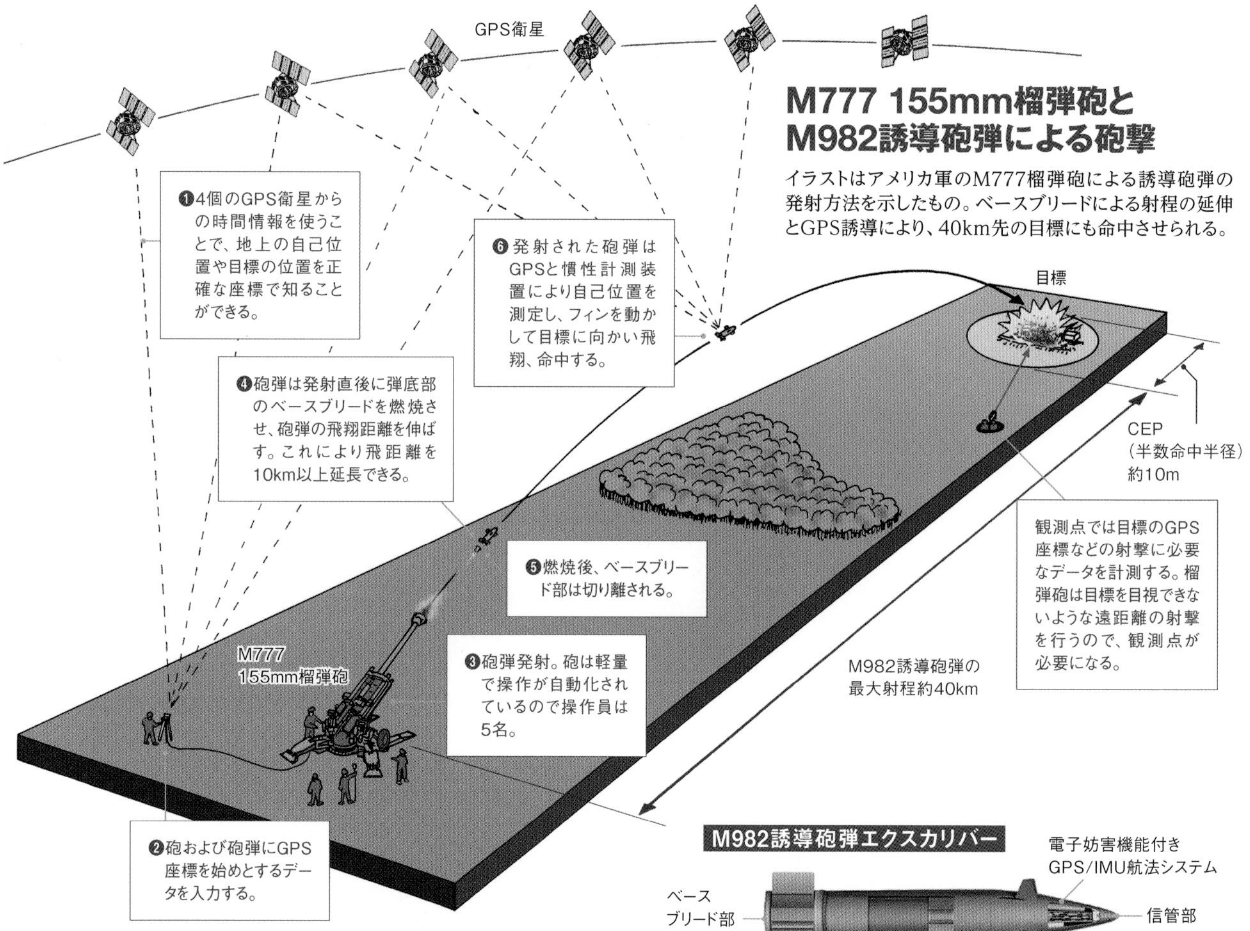

❶4個のGPS衛星からの時間情報を使うことで、地上の自己位置や目標の位置を正確な座標で知ることができる。

❷砲および砲弾にGPS座標を始めとするデータを入力する。

❸砲弾発射。砲は軽量で操作が自動化されているので操作員は5名。

❹砲弾は発射直後に弾底部のベースブリードを燃焼させ、砲弾の飛翔距離を伸ばす。これにより飛距離を10km以上延長できる。

❺燃焼後、ベースブリード部は切り離される。

❻発射された砲弾はGPSと慣性計測装置により自己位置を測定し、フィンを動かして目標に向かい飛翔、命中する。

M777
155mm榴弾砲

目標

CEP
（半数命中半径）
約10m

観測点では目標のGPS座標などの射撃に必要なデータを計測する。榴弾砲は目標を目視できないような遠距離の射撃を行うので、観測点が必要になる。

M982誘導砲弾の
最大射程約40km

## M982誘導砲弾エクスカリバー

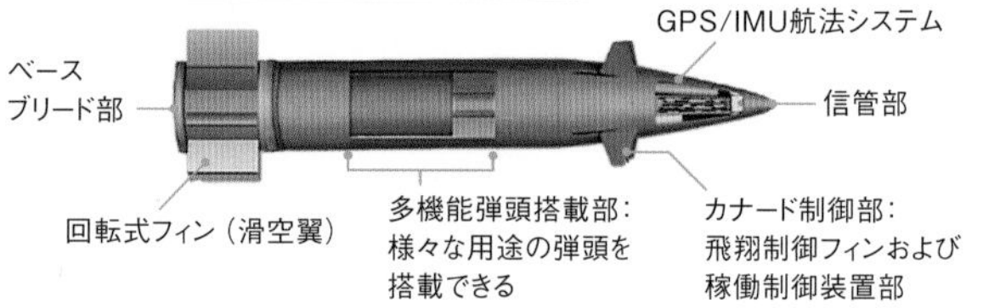

電子妨害機能付き
GPS/IMU航法システム

ベース
ブリード部

信管部

回転式フィン（滑空翼）

多機能弾頭搭載部：
様々な用途の弾頭を
搭載できる

カナード制御部：
飛翔制御フィンおよび
稼働制御装置部

155mm口径の誘導砲弾[*L]で、着弾精度の向上のためGPS/IMU[*M]（全地球測位システム／内蔵測定ユニット）が組み込まれ、発射された砲弾は自ら目標に向かって飛翔する。弾底部にベースブリードを装着しており、射程を40km程度まで延長できる。また砲弾はモジュラー式で、使用目的に応じてSADARM[*N]のような対装甲車両用から対人用の地雷まで弾体部を交換できる多目的運搬弾となっている。

*L＝アメリカ陸軍の新型砲兵システムとして開発されていたクルセイダー自走砲で運用される予定で開発された（クルセイダー自体は計画中止となった）。
*M＝Inertial Measurement Unit
*N＝Sense And Destroy ARMor

くり燃焼して圧力の減衰が少ない発射[*10]薬を使用して、砲弾が砲口から撃ち出される直前まで、砲腔内の圧力を高めて大きなエネルギーを砲弾に与えられる。つまりそれだけ砲弾を加速できるため、初速を上げられることになる。

　しかし、砲身が伸びると重量が増して機動性が低下し、砲身自体が重力の影響を受けて垂れ下がるなどの問題が発生する。

　現在、自走砲を含めた野戦砲は主流が一五五ミリ・クラスだが、五二口径長を超えるものが一般的となり、射程も三〇キロメートルに達している（第二次大戦時の一五五ミリ・クラスのカノン砲では最大射程が二五キロメートル程度）。ここまでくると、砲の構造を改良したり、発射薬を変えたりすることで射程を延伸することは限界となってきた。

　そこで考えられたのが、砲弾自体を改良して射程を伸ばす方法だ。かくして開発されたのがロケット補助推進弾や[*11]ベースブリード弾などだ。これらの砲弾を使用することで、野砲の射程は一五五ミリ砲であれば四〇キロメートル程度まで延伸できた。

　しかし、当然ながら飛翔中に様々な影響を受ける砲弾は、無誘導ならば射程が長くなるほど命中精度が落ちる（もともと野砲は目標をピンポイントで攻撃するような兵器ではなく、多量の火力を集中して面を制圧する兵器である）。さらに構造上、砲弾に回転を

ドイツ陸軍の装備するPzH（パンツァーハウビッツェ）2000自走砲。レオパルト戦車の車体を利用して52口径の155mm榴弾砲を搭載している。砲の装塡および照準は自動で行われる。

**全長**：11.67m　**重量**：55.3t
**最大射程**：30km（ベースブリード弾なら40km）
**発射速度**：8発／分　**最高速度**：60km/h
**航続距離**：420km　**乗員**：5名

*10＝砲身の長い砲には燃焼速度の遅い発射薬、砲身の短い砲には燃焼速度の速い発射薬を使う（燃焼速度が適切でないと砲が壊れてしまう）。発射薬は粉末ではなく粒状に成形されており、成分が同じでも大きさや形状を変えることで燃焼速度をコントロールする。　*11＝弾底部に可燃剤を詰めた容器を取り付け、発射とともにこれを燃焼させてガスを噴き出す構造の砲弾。このガスに推進力はないが、飛翔中に弾底部に回り込む空気を防ぐことで空気抵抗を減らして射程を延長できる。

与えて撃ち出すため、偏流(へんりゅう)という現象をともない、射程が伸びるほど目標から逸(そ)れることになる。そこで命中精度の低下を補うものとして、多目的運搬砲弾や誘導砲弾が開発されることになる。前者は多数の子弾を収容した砲弾で、目標上空で子弾をバラ撒いて一瞬のうちに広範囲を制圧できる。後者は誘導システムを搭載した砲弾で、一五五ミリ砲ではＭ９８２エクスカリバーが有名。これはＧＰＳ（全地球測位システム）と折り畳み式の滑空翼により誘導される。

## 現代の火砲の特徴

今日の野戦砲は、ＧＰＳやレーザー測距儀、視準器(コリメーター)（平行光線が得られる装置）、方向盤（方位磁針により正確な方位を測定する装置）などを使用することで、位置座標の決定や測量を非常に正確かつ短時間で行えるようになっている。

また射撃諸元の計算は射撃指揮用コンピュータの発達により、算定作業に要する時間が飛躍的に短縮されている（一九七〇年代頃まで、こうした作業は師団規模の砲兵部隊で五～六時間かかるといわれていた）。

さらに近年はドローンの導入により、観測所を設置する必要がないほど測量や観測技術は発達している。ただし、砲撃の基本は電子装備や機材が発達した現代でも変わらないし、こうした装備が使用できない状況も想定して、昔ながらの方法でも射撃が実施できるように砲兵は訓練されている。

現代の砲撃戦の特徴として、対砲迫[*12]レーダーやドローン、戦術データ・リンクの発達により、砲撃を行うとすぐに敵に射撃位置を探知されてしまう危険性がある。そのため砲兵は敵の反撃を受けないほど遠方からアウトレンジ攻撃できる長射程の火砲を装備するか、短時間の射撃後、敵の反撃を受ける前に陣地変換（シュート・アンド・スクート）しなければならない（現在では同一地点での射撃時間は二分以内にすべきとされている）。

火砲に機動性を持たせるため、砲や自動装填装置など射撃に必要なシステム一式を搭載して車両化したのが自走砲だ。火砲の自走化は第二次大戦中から始まっているが、現在の自走砲は射撃位置に着いてから数十秒以内で初弾を発射できる。また現代では、歩兵部隊ですらＡＰＣ[*13]（装甲兵員輸送車）などの車両により移動速度が速くなっている。機甲部隊や歩兵部隊に追随して有効な火力支援を行うには、自走砲の登場は必然だったといえる。こうしたことから一九九〇年代頃より新世代の自走砲が開発・運用されるようになった。ドイツのＰｚＨ２００、イギリスのＡＳ90、日本の99式自走一五五ミリ榴弾砲などがその代表だ。

とはいえ、火砲の自走化が進む一方で、従来の牽引式火砲も健在である。様々な電子装置を搭載した自走砲は高性能だがそれだけ高価格だ。一両でも高価な自走砲を充分な数だけ調達して運用するには莫大なカネがかかり、それだけの費用をまかなえる国はそれほど多くない。多少不便だとか性能が劣っても、数をそろえるために廉価な牽引式火砲を採用するという国も多い。これは一二〇ミリ迫撃砲などの大口径迫撃砲（最近は性能も向上している）が軍備にカネをかけられない国々で人気があるのと同じ理由だ。

また、飛行機やヘリコプターで緊急展開する部隊では、重量のある自走砲を運用することは不可能なので、空輸可能な牽引式火砲が必要になる。こうしたニーズから、アメリカ軍が運用するＭ７７７一五五ミリ榴弾砲に代表されるように、大口径でありながら汎用ヘリで空輸できる火砲が開発・運用されている。

フランス軍の運用するカエサル（トラック搭載砲兵システム）は52口径の155mm榴弾砲をメルセデス・ベンツのウニモグ6輪駆動トラックに搭載した装輪式の自走砲。トラックに大口径砲を搭載したため射向や射角の制限が大きく、砲が剥き出しなので乗員や砲手を保護する能力もないが、価格や運用コストが安い。また軽量なのでC-130などの輸送機で空輸可能なのが最大の利点。

**重量**：17.7t　**全長**：10m　**最高速度**：100km/h　**乗員**：5名

トラック搭載砲兵システムは火砲の自走化のひとつの流れともいえ、陸上自衛隊でも19式装輪自走155mm榴弾砲を開発、実用試験中である。

**重量**：25t以下　**全長**：11.4m　**最高速度**：約100km/h

*12＝飛翔する砲弾の弾道を捉えるレーダー。榴弾砲や迫撃砲の小型・高速の砲弾を観測して、砲弾の発射位置を特定できる。　*13＝Armored Personnel Carrier

［著者］ **坂本 明**（さかもと あきら）

長野県出身。東京理科大学卒業。雑誌『航空ファン』編集部を経て、フリーランスのライター&イラストレーターとして活躍。メカニックとテクノロジーに造詣が深く、イラストを駆使したヴィジュアル解説でミリタリーファンに強く支持される。著書に『最強 世界の戦闘艦艇パーフェクトガイド』『最強 世界の歩兵装備パーフェクトガイド』『最強 世界の空母・艦載機図鑑』（小社）、『最強 自衛隊図鑑』『最強 世界の軍用銃図鑑』（学研プラス）、『［図解］最強 海兵隊のすべて』（コスミック出版）など多数。愛犬家。

**［初出一覧］**
**『歴史群像』（学研プラス／ワン・パブリッシング刊）**

| | |
|---|---|
| ジェット戦闘機 | No.154（2019年4月号） |
| 航空機搭乗員のサバイバル・ツール | 描きおろし |
| 垂直離着陸戦闘機 | No.164（2020年12月号） |
| 攻撃ヘリコプター | 描きおろし |
| 弾道ミサイル | No.146（2017年12月号） |
| 空母の艦上機発着艦システム | No.152（2018年12月号） |
| 揚陸艦艇 | No.165（2021年2月号） |
| 水上戦闘艦 | 描きおろし |
| 戦車 | 描きおろし |
| 狙撃銃 | 描きおろし |
| 近現代の火砲 | No.168（2021年8月号） |

**［写真］** U.S. ARMY、U.S. NAVY、U.S. AIR FORCE、U.S. MARINE、DOD、British Army、Armée de Terre Française、Heer、Esercito Italiano、IDF、Вооруженные Силы России、陸上自衛隊、航空自衛隊、海上自衛隊

**［参考文献］** FM6-40 FIELD ARTILLERY GUNNERY／AD-A123 077 FIELD ARTILLERY CANNON WEAPONS SYSTEMS AND AMMUNITION HANDBOOK／FM17-12 TANK GUNNERY／TM55-1520-236-10 M1 OPERATORS MANUAL／AMCP 706-327 ENGINEERING DESIGN HANDBOOK FIRE CONTROL SERIES SECTION1／NAVAIR 01-H1AAD-1 NATOPS FLIGHT MANUAL NAVY MODEL AH-1Z HELICOPTER／NAVAIR 01-H1AAC-1 NATOPS FLIGHT MANUAL NAVY MODEL AH-1W HELICOPTER／A1-V22AB-NFM-000 NATOPS FLIGHT MANUAL NAVY MODEL MV-22B TILTROTOR／TM 1-1520-251-10 TECHNICAL MANUAL OPERATOR'S MANUAL FOR HELICOPTER , ATTACK , AH-64D LONGBOW APACHE／T.O.GR1F-16CJ-1 FLIGHT MANUAL F-16C/D／SHIP SHAPES ANATOMY AND TYPES OF NAVAL VESSELS／FM 3-05.222 SPECIAL FORCES SNIPER TRAINING AND EMPLOYMENT／FM 23-10 SNIPER TRAINING／BASIC FIGHTER MANEUVERING SECTION ENGAGED MANEUVERING T-45 STRIKE／『弾道ミサイル防衛』防衛省／『防衛省規格 火器用語（射撃）』防衛省／『兵器と防衛技術シリーズ6 火器弾薬技術のすべて』防衛技術ジャーナル編集部編／『軍事研究』各号 ジャパン・ミリタリー・レビュー／『船舶運用学の基礎』和田忠著 成山堂書店

# イラストでわかる！
# 兵器メカニズム図鑑

| | |
|---|---|
| 発行日 | 2021年12月28日 第1刷発行 |
| 著者 | 坂本 明 |
| 発行人 | 松井謙介 |
| 編集人 | 長崎 有 |
| 編集長 | 星川 武 |
| 編集協力 | 野方いぐさ |
| デザイン | 株式会社 ファントムグラフィックス |
| 発行所 | 株式会社 ワン・パブリッシング<br>〒110-0005 東京都台東区上野3-24-6 |
| 印刷所 | 日経印刷株式会社 |

**◉この本に関する各種お問い合わせ先**
内容等のお問い合わせは、
下記サイトのお問い合わせフォームよりお願いします。
https://one-publishing.co.jp/contact/

不良品（落丁、乱丁）については
業務センター Tel 0570-092555
〒354-0045 埼玉県入間郡三芳町上富279-1

在庫・注文については
書店専用受注センター Tel 0570-000346



ワン・パブリッシングの書籍・雑誌についての
新刊情報・詳細情報は、下記をご覧ください。
https://one-publishing.co.jp

歴史群像ホームページ https://rekigun.net/